高职高专教育“十一五”规

药用大型真菌生产技术

植物生产类及中药类等专业用

崔颂英　主编

中国农业大学出版社

编审人员

主　　编　崔颂英　辽宁农业职业技术学院

副 主 编　牛长满　辽宁农业职业技术学院

　　　　　伦志明　黑龙江农业经济职业学院

　　　　　杨秋英　辽宁农业职业技术学院

　　　　　李万德　湖北生态工程职业技术学院

　　　　　周　颖　信阳农业高等专科学校

参　　编　张　晶　辽宁农业职业技术学院

　　　　　邢路军　河北旅游职业学院

　　　　　李宇伟　郑州牧业工程高等专科学校

　　　　　王志勇　咸宁职业技术学院

　　　　　杜　萍　黑龙江农业经济职业学院

审　　稿　暴增海　淮海工学院

出版说明

高等职业教育作为高等教育中的一个类型，肩负着培养面向生产、建设、服务和管理第一线需要的高技能人才的使命。大力提高人才培养的质量，增强人才对于就业岗位的适应性已成为高等职业教育自身发展的迫切需要。教材作为教学和课程建设的重要支撑，对于人才培养质量的影响极为深远。随着高等农业职业教育发展和改革的不断深入，各职业院校对于教材适用性的要求也越来越高。中国农业大学出版社长期致力于高等农业教育本科教材的出版，在高等农业教育领域发挥着重要的作用，积累了丰富的经验，希望充分利用自身的资源和优势，为我国高等职业教育的改革与发展做出自己的贡献。

经过深入调研和分析以往教材的优点与不足，在教育部高教司高职高专处和教育部高职高专农林牧渔类专业教学指导委员会的关心和指导下，在各高职高专院校的大力支持下，中国农业大学出版社先后与100余所院校开展了合作，共同组织编写了一系列以“十一五”国家级规划教材为主体的、符合新时代高职高专教育人才培养要求的教材。这些教材从2007年3月开始陆续出版，涉及畜牧兽医类、食品类、农业技术类、生物技术类、制药技术类、财经大类和公共基础课等的100多个品种，其中普通高等教育“十一五”国家级规划教材22种。

这些教材的组织和编写具有以下特点：

精心组织参编院校和作者。每批教材的组织都经过以下步骤：首先，征集相关院校教师的申报材料。全国100余所高职高专院校的千余名教师给予了我们积极的反馈。然后，经由高职高专院校和出版社的专家组成的选题委员会的慎重审议，充分考虑不同院校的办学特色、专业优势、地域特点及教学改革进程，确定参加编写的主要院校。最后，根据申报教师提交的编写大纲、编写思路和样章，结合教师的学习培训背景、教学与科研经验和生产实践经历，遴选优秀骨干教师组建编写团队。其中，教授和副教授及有硕士以上学历的占70%。特别值得一提的是，有5%的作者是来自企业生产第一线的技术人员。

贴近国家高职教育改革的要求。我国的高等职业教育发展历史不长，很多院校的办学模式和教学理念还在探索之中。为了更好地促进教师了解和领会教育部的教学改革精神，体现基于职业岗位分析和具体工作过程的课程设计理念，以真实工作任务或社会产品为载体组织教材内容，推进适应“工学结合”人才培养模式的课程教材的编写出版，在每次编写研讨会上都邀请了教育部高教司高职高专处、教育部高职高专农林牧渔类专业教学指导委员会的领导作教学改革的报告；多次邀请教育部职业教育研究所的知名专家到会，专门就课程设置和教材的体系建构作专题报告，使教材的编写视角高、理念新、有前瞻性。

注重反映教学改革的成果。教材应该不断创新，与时俱进。好的教材应该及时体现教学改革的成果，同时也是教育教学改革的重要推进器。这些教材在组织过程中特别注重发掘各校在产学结合、工学交替实践中具有创新性的教材素材，在围绕就业岗位需要进行知识的整合、与实际生产过程的接轨上具有创新性和非常鲜明的特色，相信对于其他院校的教学改革会有启发和借鉴意义。

瞄准就业岗位群需要，突出职业能力的培养。这些教材的编写指导思想是紧扣培养"高技能人才"的目标，以职业能力培养为本位，以实践技能培养为中心，体现就业和发展需求相结合的理念。

教材体系的构建依照职业教育的"工作过程导向"原则，打破学科的"系统性"和"完整性"。内容根据职业岗位（群）的任职要求，参照相关的职业资格标准，采用倒推法确定，即剖析职业岗位群对专业能力和技能的需求——→关键能力——→关键技能——→围绕技能的关键基本理论。删除假设推论，减少原理论证，尽可能多地采用生产实际中的案例剖析问题，加强与实际工作的接轨。教材反映行业中正在应用的新技术、新方法，体现实用性与先进性的结合。

创新体例，增强启发性。为了强化学习效果，在每章前面提出本章的知识目标和技能目标。有的每章设有小结和复习思考题。小结采用树状结构，将主要的知识点及其之间的关联直观表达出来，有利于提高学生的学习效果和效率，也方便教师课堂总结。部分内容增编阅读材料。

加强审稿，企业与行业专家相结合，严把质量关。从选题策划阶段就邀请行内专家把关，由来自于企业、高职院校或中国农业大学有丰富生产实践经验的教授审核编写大纲，并对后期书稿进行严格审定。每一种教材都经过作者与审稿人的多次的交流和修改，从而保证内容的科学性、先进性和对于岗位的适应性。

这些教材的顺利出版，是全国100余所高职高专院校共同努力的结果。编写出版过程中所做的很多探索，为进一步进行教材研发提供了宝贵的经验。我们希望以此为基点，进一步加强与各校的交流合作，配合各校教学改革，在教材的推广使用、修订完善、补充扩展进程中，在提高质量和增加品种的过程中，不断拓展教材合作研发的思路，创新教材开发的模式和服务方式。让我们共同努力，携手并进，为深化高职高专教育教学改革和提高人才培养质量，培养国家需要的各行各业高素质技能型专门人才，发挥积极的推动作用。

中国农业大学出版社

2008年6月

内容提要

本书是中国农业大学出版社组织编写的高职高专“十一五”规划系列教材之一。全书内容共有15章，涵盖了药用大型真菌生产的基础知识、制种基本条件与技术、菌种选育技术、栽培技术和病虫害防治技术五部分内容。其中制种技术和栽培技术是重点学习内容，所占篇幅也比较大。教材编写过程中，编写团队从工学结合的角度入手，以生产项目为载体，按照在真实的生产环境中模拟企业化管理的理念展开教材内容，做到了理论与实践的高度统一。本书不仅可以作为高职高专院校农林类相关专业的教材，还可以作为中等职业技术学校相关教师和广大食(药)用菌生产、经营及爱好者的参考用书。

前　言

药用大型真菌一般是指能够形成大型子实体或菌核的高等真菌，其中大部分属于担子菌亚门，少数属于子囊菌亚门。药用大型真菌在生长、发育的过程中，菌丝体、菌核或子实体能够产生酶、蛋白质、脂肪酸、氨基酸、肽、多糖、生物碱、甾醇、萜类、甙类以及维生素等具有药理活性和对人体疾病有抑制或治疗作用的物质。临床上直接利用菌丝体、菌核、子实体，或是利用从其中分离出来的有效物质作为药用制剂和保健食品的原料。《中国经济真菌》（卯晓岚，1998）收录了我国具有经济价值的大型真菌 1 341 种，其中药用大型真菌 451 种，已经用于抗肿瘤治疗的有 302 种。药用大型真菌的生产，对于开发药用制剂和保健食品市场，具有重要的意义。

中国农业大学出版社组织全国几所高职高专院校从事食（药）用菌教学、生产、科研工作的教师编写了这部教材。教材按照高职高专人才培养目标，选取了基础知识、制种基本条件与技术、菌种选育技术、栽培技术和病虫害防治技术五个方面的内容。编写体例以生产项目为载体，在真实的生产环境中模拟企业化管理展开教材内容，具有工学结合、理实统一的特色。本课程是农林类及中药类专业的主干课程或专业必修、选修课程。通过课程学习，学生可掌握大型药用真菌的基础知识、基本技能，并具备设计、组织、实施生产的职业素质和职业能力。

教材编写分工如下：崔颂英（目录、内容提要、前言、彩色组图、超级链接、素质拓展、除署名外的全部图表的制作、第七章），牛长满（第四章），崔颂英、牛长满（第五章），伦志明、崔颂英（第六章、第八章），杨秋英（第一章、第七章），李万德、崔颂英（第三章、第十三章），周颖（第十二章、第十四章），张晶（第二章），邢路军（第十章），李宇伟、崔颂英（第十一章），崔颂英、王志勇（第九章），崔颂英、杜萍（第十五章）。

崔颂英、牛长满、张晶、杨秋英进行了前期统稿工作，崔颂英对全书进行了最后的定稿工作，淮海工学院暴增海教授为教材审稿。在此对暴先生、教材编写团队全体人员的辛勤劳动深表谢忱！由于编者水平有限、编写时间仓促，如果教材使用过程中疏漏之处给您造成了不便，敬请谅解！同时也衷心希望您能够及时与我们联系，对教材的使用与建设提出更好的意见和建议！

崔颂英

2009 年 4 月 20 日

目　录

第一章　药用大型真菌基础知识

知识目标

- 了解我国药用大型真菌资源和药效成分的相关知识。
- 熟悉药用大型真菌药理作用和临床应用的相关知识。

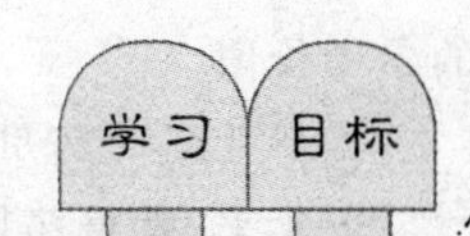

第一节　我国的药用大型真菌资源

一、我国药用大型真菌的来源

真菌药剂的基础原料是药用真菌。大型真菌的种类很多，人们对其经济价值的认识是随着经验的积累，特别是科学技术的进步而不断发展的，从而使药用真菌记载的种类不断丰富。我国的药用大型真菌探究其来源，可分为6类。

1.古代典籍记载的药用大型真菌

我国现存最早的药学专著是《神农本草经》，所载药用大型真菌有灵芝、茯苓、桑耳、猪苓、罐菌、雷丸、僵蚕等10余种，对每种的产地、采收、加工炮制、制剂、配伍、禁忌、服法等用药原则都进行了简要说明。在魏晋以后编撰的本草著作，如《名医别录》、《唐本草》、《本草拾遗》、《食疗本草》、《证类本草》和《日用本草》等著作中，所记药用大型真菌种类有了大幅增加。到明朝李时珍著《本草纲目》已将“芝栭类”作为一个独立的生物类群，所载药用大型真菌有灵芝、木耳、杉菌、香蕈、天花蕈、蘑菰蕈、鸡枞及见于“木部”的茯苓、猪苓等共20余种，充分展示出药用真菌在中药学上的独立地位。

2.药典和药品标准记载的药用大型真菌

在药典和国家、地方药品标准中所记载的药用大型真菌的种类虽然不多，但是对其药物性能的基础研究有很充分的论述，对新药的开发具有重要的指导意义。随着研究工作的深入，有些药品的功用和主治范围已经超越药典、药品标准的记载，因此要通过文献检索，扩大视野，以实现在老药基础上开发出新药。

3.民间习用的药用大型真菌

丁恒山的《中国药用孢子植物》(1982)中记载药用真菌144种,其中绝大部分是民间习用的药用大型真菌种类。有些药用大型真菌的利用具有明显的区域特色。例如,浙江庆元民间用苦粉孢牛肝菌治疗风火牙痛;福建民间使用茶薪菇加生姜炖服,治疗头晕、头痛、腰腹疼痛;湖北房县等地使用血红银耳治疗妇科疾病;天门用黑蛋巢菌治疗胃气痛;河北和内蒙古使用白蘑的菌核治疗胃痛等。民间习用的药用大型真菌的特点是多用于治疗常见病和多发病,这对于开发新药具有重要的参考价值。

4.新开发的药用大型真菌

近年来,随着药用大型真菌研究的深入,对过去用途不明或在民间有一定应用经验的真菌,如白耙齿菌、层卧孔菌、云芝、猴头、安络小皮伞菌、发光假蜜环菌、树舌等,均已经开发出新药。还有一些品种的大型真菌已经进入研制和临床试验阶段。寻找新的药用大型真菌已经日益受到重视。

5.有待开发的药用大型真菌

药用大型真菌是一个有待深入开发并颇具潜力的领域,是药学研究工作者倍加关注的对象。根据国内外有关文献的预测,几年后,利用波缘多孔菌、长根菇、茴香杯蕈、黄色耙齿菌、竹小肉座菌、铆钉菇、刺毛纤孔菌等可以开发出多种新药。目前在这方面已经取得了很大的突破。

6.从毒蘑菇中筛选的药用大型真菌

有些毒蘑菇的毒素成分具有潜在的药用价值。蟾蜍素是毒伞属比较普遍存在的剧毒成分,具有类似于危害脑神经的活性物质 γ-氨基丁酸的作用,可抑制中枢神经痛觉的传导。根据国外学者的报道,蟾蜍素不能直接应用于临床,但是其衍生物四氢异恶唑吡啶醇则是一种高效镇静剂,且毒性很小,而且不具有像吗啡一样使人上瘾的特点,目前该药已经在国外进行了开发。在毒蝇伞中还有一种类似四氢异恶唑吡啶醇的活性物质,有很强的抗抽搐功能,能终止在动物身上诱发的癫痫病发作。国外的学者正在对这种活性物质进行研究,以发现治疗精神病的新药。另外,在毒粉褶伞、魔牛肝菌、毒红菇、亚稀褶黑菇、鳞皮扇菇、黄粉牛肝菌等毒蘑菇中寻找新的特效药物,已经在药学界日益受到重视。

二、我国药用大型真菌的开发

药用大型真菌的开发,主要包括两个方面的内容,一是药用大型真菌制剂的开发,二是药用大型真菌保健食品的开发。药用大型真菌保健食品,是指证明具有特定保健功能的药用菌或食、药兼用真菌制成的食品,即适宜于特定人群食用、具有

调节机体功能、辅助治疗疾病食品。药用大型真菌制剂是以具有生物活性的天然或人工栽培的菌类子实体、菌核及其发酵产物或其单体成分,根据药物的性质、用药目的及给药途径,加工制成的一定剂型的制剂或原料药。

药用大型真菌制剂在我国早就已经开发并利用。在《金匮要略》、《太平圣惠方》、《外台秘要》、《普济本事方》、《千金翼方》等古代医籍中,都记录了很多药用真菌的制剂,包括丸剂、散剂等多种剂型,是祖国传统医学的重要组成部分,其中有不少真菌药剂沿用至今。近年来,药用大型真菌制剂的研制,一直是新药开发的重要领域。自1985年实施《药品管理法》以来,经部、省批准的单方或复方制剂就有"香云肝泰片"、"复方灵芝片"、"灵芝胶囊"、"灵芝北芪片"、"安洛痛注射剂"、"木耳舒筋丸"、"香菇菌多糖片"、"金水宝胶囊"、"至灵胶囊"、"心肝宝胶囊"、"益康胶囊"、"槐耳冲剂"、"复方树舌片"、"猴头菌片"、"亮菌片"和"猪苓多糖注射剂"等100多个品种,充分展示出了药用大型真菌制剂在医药领域的应用前景。

药用大型真菌制剂是药用真菌与临床医学相连接的桥梁,菌类保健食品的研制与开发,对于发掘药用真菌在人类医疗保健事业上的潜力、扩大药用真菌研究的涵盖面、促进真菌的深入研究以及人类健康都有很重要的意义。

第二节 药用大型真菌的药效成分

我国的药用大型真菌资源十分丰富,已经开发的药用大型真菌仅是真菌资源中的极少一部分。加强药用大型真菌的药效研究将对扩大药用大型真菌资源、增加对药用大型真菌生理活性的认识、进一步开拓药用大型真菌的药用价值、控制药用大型真菌的质量、在分子水平上探讨药用大型真菌的发育发展过程、进一步开展药用大型真菌培育新技术研究起到积极的推动作用。

一、药用大型真菌常见的多糖

药用大型真菌多糖和从高等植物中提取的多糖相似,它们都是由7个分子以上存在于自然界中的醛糖和酮糖通过糖甙键缩合而成的多聚物。这些物质存在于大型真菌的子实体、菌核或菌丝体中,也可以从它们发酵的菌液中提取得到。

药用大型真菌多糖具有多方面的生物活性,特别是近年来发现一些药用大型真菌多糖具有显著的抗癌活性和调节机体免疫功能的作用,引起了人们的广泛注意。我国发现有价值的真菌多糖也有近30种之多,其中香菇多糖、猪苓多糖、灵芝多糖、云芝多糖等多种多糖制剂已经通过鉴定投放市场,收到很好的经济效益和社会效益。

1. 灵芝多糖

从灵芝中分离得到一种水溶性抗肿瘤单糖，组成为葡萄糖∶木糖∶阿拉伯糖＝18.3∶1.5∶1.0，能显著抑制小鼠肉瘤(S-180)的生长。

从赤芝的子实体中分离得到一种粗多糖 D，又从这种粗多糖中分离得到多糖 D6，它能促进蛋白质、核酸的合成，对血清、肝脏及骨髓细胞蛋白质或核酸是更新、合成有促转录过程，加速分裂增殖均起促进作用，它是灵芝扶正固本的主要有效成分之一。

从树舌中分离得到 5 种多糖和 1 种抗癌葡聚糖，同时也具有免疫调节作用。

从松杉灵芝和日本灵芝均分离得到多糖类成分。

从紫芝中分离得到 14 种多糖成分，发现它们大多数由两种单糖结合而成的，其中有 5 种多糖对 S-180 有抑制作用。

2. 香菇多糖

从香菇的菌丝体中分离得到的多糖，它不仅对 S-180 等同种移植瘤，而且对同系癌、自发癌的生长周期也能明显抑制，并对化学致癌、病毒致癌均有预防效果，并具有免疫调节作用。

3. 云芝多糖

从云芝的菌丝体中分离得到 3 种多糖，从发酵液中分离得到 2 种多糖，这些多糖均是含有蛋白质的葡聚糖。其中 PS-K 能明显抑制动物肿瘤，而且抗瘤谱很广，是近年来引人注目的癌免疫化疗药物。

4. 猪苓多糖

从猪苓中分离到的多糖主要是以己醛糖-葡萄糖为单位链接的葡萄糖，具有抗肿瘤、免疫调节和抗放射等作用。

5. 茯苓多糖

从茯苓中分离得到的多糖化合物，用化学方法处理可使之转化成为羧甲基茯苓多糖，该糖具有抗肿瘤、免疫调节、保肝、减轻放射治疗副作用等活性。

6. 银耳多糖

从银耳的子实体中分离得到的多糖 TF，是由岩藻糖、阿拉伯糖、木糖、甘露糖、葡萄糖和葡萄糖醛酸组成的。从其固体发酵培养的银耳孢子中分离得到的多糖 TSF，从银耳和酵母状分生孢子中分离出一种酸性异多糖。这些多糖体除了有增加免疫功能和明显抑制 S-180 的作用外，尚具有抗放射作用等。

7. 木耳多糖

从黑木耳的子实体中提取得到黑木耳多糖，含岩藻糖、阿拉伯糖、木糖、甘露糖、葡萄糖和葡萄糖醛酸，能增强小鼠免疫功能和抑制 S-180 的作用，对组织细胞

损伤有保护作用。

从毛木耳中分离得到毛木耳多糖 AP-1，药理实验证明其能促进血小板聚集作用。

8. 金针菇多糖

从金针菇中分离得到4种多糖 EA_3、EA_5、EA_6 和 EA_7。其中 EA_3、EA_5、EA_7 为多糖体，EA_6 为糖蛋白，是一种免疫促进剂，能增强T细胞功能、激活淋巴细胞及吞噬细胞，促进抗体产生，并能诱导干扰素的产生。EA_6 为糖蛋白，含蛋白质30%，由16种氨基酸组成的，多糖部分由葡萄糖、半乳糖、甘露糖、阿拉伯糖和木糖组成，可抑制S-180的生长，并能增强机体的免疫功能。

9. 其他药用大型真菌多糖

从猴头菌、裂褶菌、安络小皮伞、雷丸、裂蹄木层孔菌、竹黄以及竹荪等药用大型真菌中都分离得到多糖或糖蛋白，它们多具有抗肿瘤和增强免疫功能的生理活性。

二、药用大型真菌常见的萜类化合物

萜类或萜类似物包括自然界存在的许多类型化合物，具有(C_5H_8)的通式，其含氧和饱和程度不等的衍生物，根据其组成可分为单萜、倍半萜、二萜、二倍半萜和三萜、四萜、五萜乃至多萜类。这类化学成分广泛分布于高等植物、菌类和海洋生物中。

目前，自药用大型真菌中分离得到的萜类成分多属于倍半萜、二萜和三萜等，它们显示不同的生理活性和具有有趣的化学结构，因此发展比较快，分离得到的化合物也比较多。

(一)倍半萜类化合物

倍半萜类化合物主要从担子菌纲的真菌中得到的，可以分为11种结构类型。

1. Hirsutanes 类

1947年自毛韧革菌中首次分离得到 Hirsutic acid，从另外一种层叠韧革菌中分离得到 complicatic acid。从鲑贝革盖菌中分离得到 hirsutene。1991年从榆耳中分离得到榆耳三醇。

2. Protoilludanes 类

伊鲁醇是在1950年从杯伞属真菌中分离得到的第一个 protoilludance 类倍半萜。之后 neoilludol $\triangle^6$-protoilludene 和 $\triangle^7$-protoilludene-6-ol 相继被分离出来。近年来，国内外科学工作者自人工培养的蜜环菌的菌丝体中分离得到一系列的 protoilludenes 类倍半萜到芳香酸酯类化合物，这些化合物均具有不同程度的抗菌活性。

3. Illudane 类

从发光菌中分离得到具有很强抗癌活性的倍半萜 Illudin S。1963 年分离得到 dihydroilludin S。1971 年从一种杯伞中分离得到 dihydroilludin M。

4. Marasmanes 类

从球果小皮伞中分离得到具有毒性和抗菌活性的 Marasmanes 类型的倍半萜 marasmic acid。化合物 isovelleral 是从绒白乳菇菌和皮棘乳菇菌中分离得到。此外,从拟层孔菌属中分离得到化合物。

5. Sterpuranes 类

从紫韧革菌中分离得到 3 个 Sterpurance 类型倍半萜,它们分别为 Sterpuric acid,hydroxysterpuric acid 和 hyproxysterpuric acid ethylene acetal。

6. Fomannosanes 类

从多年层孔菌中分离得到 fomannosin。

7. Illudalanes 类

从 Clitocybe illudens 的培养物中分离得到 3 个 illudalanes 类倍半萜,illudalic acid、illudoic 和 illudacetalic acid。

8. Secoilludalanes 类

从黑蛋巢菌属真菌中分离得到 5 个 sscoilludalane 类倍半类萜:cybrodol、isocybrodol、cybrodal、cybrodic acid 和 trisnor cybrodoiide。

9. Lactaranes 类

Daniewshi 等从红乳菇菌中分离得到 lactarorufin A 和 B。从苯绿乳菇中分离得到 anhydrolactarorufin A,3-deoxylactarorufin A,lactarorufin N。从乳菇菌中分离得到 5 个乳菇醇,lactarolide A、3-O-ethyllactarolide A、blernnin B、lactarolide B 和-O-ethyllactarolide B。

10. Secolactarans 类

Lactaral 是从一个乳菇菌属真菌中分离得到的 secolactarans 类型倍半萜。另外两个五环内酯 lactaronecatoron A 和 blennin C,从不同种的乳菇属真菌中分离得到。

11. Isolactaranes 类

从红乳菇中分离得到的 Lsolactarane 类型化合物 isolactarorufin 是一种四环倍半萜内酯类。

12. 其他结构类型倍半萜类

从斑盖金钱菌中分离得到 2 种单环倍半萜 collybolide 和 isocollybolide。从潮湿乳菇分离得到 3 种另外的双环倍半萜 uridin A、uridin B 和 drimenol。从蒜皮小

皮伞的培养液中得到倍半萜 alliacolide,从桑卷担菌及白绒鬼伞菌中分别分离得到倍半萜 helicobasidin、lagopodin A 和 lagopodin B,以及 hydroxylagopadin B、deoxyhelico basidin 等。

(二)二萜类化合物

从真菌中分离出来的二萜类化合物无论结构类型还是化合物数量都比倍半萜类化合物要少,但随着分离技术的进步和新测定方法的应用,会有更多的二萜类化合物被发现。

从一种黑蛋巢菌的培养液中分离得到 2 个二萜类化合物 cyathin A_3 和 allocyathin B_3。之后又分离得到 cyathin B_3、cyathin C_3、cyathin A_4、neoallocyathin A_4 和 cyathin C_5,从该类真菌另一种 C. africanus 中除了分离得到 2 种化合物外,还分离得到另外 4 种二萜类化合物 cyafrin A_4、cyafrin B_4、allocyafrin A_5 和 cyafrin A_5。

从 C. carlia 中分离得到 6 个二萜类化合物 cyathatriol11-0-acetylcyathatriol, 15-0-acetylcyathatriol, 11, 15-0-diacetylcyathatriol, cyathin B_2 和 allocyathin B_2。这些二萜类化合物都具有抗菌活性。从 C. striatus 中分离得到 striatin A、striatin B 和 striatin C。

还从侧耳属中分离得到 pleuromutilin 和 mutilin。还从粗环射脉菌中分离得到 2 个具有抗菌活性的二萜 phlebiakauranol 和 phlebianor kauranol。

(三)二倍半萜类化合物

二倍半萜类化合物在真菌中有发现,但是很少。

(四)三萜类化合物

三萜类化合物也是一类重要的真菌代谢产物。从香粘褶菌、密粘褶菌、茯苓、硫磺菌、红黑卧孔菌、洁丽香菇、肉色栓菌、斜褐孔菌、松生拟层孔菌、桦剥管菌、铁杉木齿菌、有色木齿菌等真菌中分离得到一系列的三萜化合物。特别是近年来,人们对传统中药非常重视,从灵芝中分离得到 100 多个三萜化合物,它们大部分属于高度氧化的羊毛甾烷的衍生物,大致可以分为 5 个类型。

这些三萜类化合物由于得量很少,对其药理活性的研究很少。

三、药用大型真菌常见的色素类化合物

色素类化合物在真菌中广泛分布。根据目前得到的成分,主要分为双聚色酮类化合物和芘蒽醌类衍生物 2 种类型。

1. 双聚色酮类化合物

1912 年从麦角菌中分离得到一种色素 ergoflvin。1966 年测定其分子结构为

2个异物体,分别为 ergochrysin A 和 ergochrysin B。之后又分离得到 secalonic A、secalonic B、secalonic C。从一种棘壳孢菌中分离得到 secalonic acid G。

2. 芘蒽醌类衍生物

这类化合物主要从竹红菌中分离得到一类有效成分,主要代表为竹红菌素甲。

四、药用大型真菌常见的生物碱类成分

生物碱(alkaloids)是真菌中的一类重要代谢产物,根据已经分离得到的化合物可以分为两大类型:吲哚类生物碱和嘌呤类生物碱。

1. 吲哚类生物碱

吲哚类生物碱主要是从麦角菌中分离得到的生物碱类。种类很多,主要有6对,每对互为旋光异构体:麦角新碱、麦角异新碱,麦角克碱、麦角异克碱,麦角卡里碱、麦角异卡里碱,麦角克宁碱、麦角异克宁碱,麦角胺、麦角异胺,麦角生碱、麦角异生碱。它们都是麦角酸的衍生物,其中左旋体有生物活性,是麦角的有效成分;右旋体生物活性不显著,是异麦角酸的衍生物。

麦角菌寄生在植物野麦上,产生田麦角碱和野麦角碱;麦角菌寄生在植物狼尾草上产生狼尾草麦角碱。这些麦角碱都具有类似麦角生物碱的药理作用。

2. 嘌呤类生物碱

嘌呤类化合物是药用大型真菌中一类重要代谢产物,是构成药用大型真菌的有效成分之一。

从薄盖灵芝人工发酵的菌丝体中分离得到腺嘌呤、腺苷和灵芝嘌呤。从蜜环菌人工发酵的菌丝体中分离得到腺苷,N^6-(5-羟基吡啶 2-甲基)腺苷、3-甲基腺苷、N^6-甲基腺苷、N^6-二甲基腺苷、N^6-(5-羟基嘧啶-2-甲基)嘌呤等化合物。经药理试验证明前两个化合物为降血脂的有效成分,其中3-甲基腺苷具有很强的脑保护作用。从香菇中分离得到香菇嘌呤 3-[9-(6-氨基嘌呤)]-丙酸。香菇嘌呤具有显著降低胆甾醇的生物活性。从蛹虫草中分离得到的虫草素是一种抗菌素。

五、药用大型真菌常见的氨基酸、多肽和蛋白质类成分

大型真菌中含有丰富的氨基酸和蛋白质类成分,是衡量真菌食用价值的重要指标。另外一些真菌中的氨基酸、多肽、蛋白质类,具有抗癌的生物活性,更进一步激发了人们对药用大型真菌这类成分的研究兴趣。

(一)氨基酸

①从毒蝇菌中分离到一种口蘑氨酸,具有杀苍蝇的作用。

②从角鳞白鹅膏中分离得到一种鹅膏氨酸,具有杀苍蝇的作用。

③从毒蝇菌中除分离得到鹅膏氨酸外，还得到另一种氨基酸，称为血色氨酸muscazone，作用于中枢神经系统，既产生弱镇静作用，又能使兴奋达到皮层而导致精神混乱的状态。

(二)多肽类

从毒蕈中得到3种环状多肽类成分，称为α-毒蕈环肽、β-毒蕈环肽和次毒蕈环肽，它们都是结晶形的环状多肽，分子中除含有一般常见的氨基酸外，还有6-羟基色氨酸，γ,δ-二羟基亮氨酸以及γ-羟基亮氨酸等不常见的氨基酸，它们是毒蕈的毒性成分。

(三)蛋白质

①金针菇的子实体、菌丝体和发酵液中均含有抗癌蛋白。从中分离提取得到一种蛋白质，称其为朴菇素。朴菇素对小白鼠艾氏腹水癌(Ec(As))和S-180有很好的抑制作用。在患有艾氏腹水癌和S-180的小白鼠身上注射朴菇素，第10天就可以显示出抗癌效果，到第15天，大部分癌细胞就可以显示消失，而且对细胞无毒害。

除了含有上述朴菇素外，金针菇子实体尚分离出金针菇毒心蛋白。这种蛋白质具有降低血压、溶解人O型血细胞(红细胞)的作用，也有抑制小白鼠艾氏腹水癌的作用。

从金针菇深层培养菌丝体中分离得到一种蛋白质，称为POF，口服或注射POF蛋白均能提高小鼠免疫功能，抑制S-180的生长。

②从灵芝菌丝提取物中分离出一种在体外有促细胞分裂活性而体内具有免疫活性的新蛋白质。灵芝蛋白LZ-8能凝集羊的血红细胞，但不凝集人的血红细胞。在体内试验中，如果重复给药，LZ-8能防止老鼠的系统过敏性的产生。在体外试验中，它的生理活性类似外源凝集素，对鼠脾细胞和人体外部淋巴细胞有促进细胞分裂的能力，以及羊血红细胞的凝集作用。

六、药用大型真菌的其他类型化合物

药用大型真菌除了含有上述各主要类型成分外，还含有许多其他类型的成分。

(一)甾醇类化合物

甾醇类化合物是构成药用大型真菌的又一化合物。常见有如下几种：

1. 麦角甾醇及其衍生物

麦角甾醇是在许多药用大型真菌中都被分离得到的化合物。如麦角菌、灵芝和日本灵芝的子实体，猪苓、冬虫夏草和金针菇等菌中都含有这个化合物。这个化合物是一种重要的原维生素D，它受紫外线照射可以转化为维生素D_2，可用于防治软骨病。

从赤芝中分离得到6α-羟基-麦角甾-4,7,22-三烯-3-酮;6β-羟基-麦角甾-4,7,22-三烯-3-酮;麦角甾-7,22-二烯-3-醇;麦角甾-7,22-二烯-3-酮。从金针菇发酵物中还得到过麦角甾醇。

2. β-谷甾醇及其衍生物

β-谷甾醇也是很多药用大型真菌的化学成分,从灵芝、金针菇和蜜环菌等都分离得到过这个化合物。它和D-葡萄糖缩合成甙称为胡萝卜甙,这也是药用大型真菌中常见的化学成分。

(二)有机酸、多元醇、酚和酯类化合物

有机酸是药用大型真菌另一类重要的化学成分。从发酵培养的蜜环菌菌丝中分离得到煤地衣酸和苔藓酸以及花生酸花生醇的酯;从头状秃马勃提取一种马勃酸,对葛兰阳性细菌、阴性细菌及霉菌有抑制作用,从金针菇中分离得到的肉桂酸、杜鹃花酸和对羟基苯甲酸等成分。

甘露醇和赤藓醇等多元醇在灵芝、冬虫夏草和蜜环菌菌丝体中都分离得到过,其他许多真菌也多存在着这类成分。

(三)微量元素以及有机微量元素

微量元素对人体的营养和健康具有重要的作用。微量元素在药用大型真菌中是广泛存在的。如冬虫夏草、竹荪、灵芝、香菇等都含有丰富的微量元素,尤其是灵芝中的有机锗被认为是灵芝防癌、抗癌的有效成分。

第三节　药用大型真菌的药理作用

药用大型真菌如灵芝、银耳、茯苓、冬虫夏草、香菇、雷丸等,自古以来就广泛用于防治疾病,是中医药宝库中的重要组成成分。长久以来,国内外学者对药用大型真菌的药理作用进行了深入的研究,取得了大量的研究进展。

一、抗肿瘤作用

迄今为止已在实验动物的肿瘤模型上筛选过200种左右的担子菌纲大型真菌的提取物,特别是多糖类对S-180、艾氏腹水癌等多种移植性肿瘤具有抗肿瘤作用。

从平盖灵芝(树舌)子实体中分离出来的多糖G-2、从薄盖灵芝(铁山灵芝)和岛灵芝菌丝体提取的多糖、从灵芝(赤芝)中提取的含有少量蛋白质的4种多糖、从灵芝(赤芝)中提取的灵芝多糖肽以及灵芝菌丝提取物等都具有显著的抑制肿瘤的

作用。灵芝多糖的抑瘤机制之一是增强机体的免疫功能，如增强自然杀伤细胞(NK)活性，促进白细胞介素2(IL-2)生成，诱导γ-干扰素(γ-IFN)产生等。

从银耳子实体中分离到多糖A、B和C，对S-180有明显的抑制作用，多糖C(碱性提取部分)作用最强。

香菇的热水提取物能抑制ICR小鼠皮下接种的S-180肉瘤的生长，以后从其中获得香菇多糖(Lentinan)，不仅能够抑制S-180和艾氏腹水癌，而且还能预防化学性和病毒致癌物的致癌作用。

云芝多糖(PSK，商品名Krestin)、云芝多糖肽(PSP)、茯苓多糖和羧甲基茯苓多糖、裂褶菌多糖(Schizophyllan)、猪苓多糖、冬虫夏草等亦有抗肿瘤作用，对实验动物的移植性肿瘤有抑制作用。

真菌类药物特别是其所含多糖的抗肿瘤作用具有其他抗肿瘤药物不可比拟的特点：

①多数均无细胞毒性，在体外均不能抑制肿瘤细胞生长；少数非多糖成分如灵芝酸对离体培养的肝肉瘤具有细胞毒性作用。

②宿主中介性抗肿瘤作用，即上述真菌多糖虽无直接细胞毒性，但全身给药后，具有体内抗肿瘤作用，能使动物移植性肿瘤缩小或消退。

二、免疫调节作用

真菌类药物能够影响机体的多种免疫功能，具有免疫调节作用。

1.增强单核巨噬细胞功能

灵芝类制剂(包括灵芝多糖类)、银耳多糖、银耳孢子多糖、香菇多糖、香菇菌多糖、云芝多糖、羧甲基茯苓多糖、猪苓多糖、蜜环菌多糖、冬虫夏草制剂(包括菌丝体和子实体提取物)等均能增强正常小鼠及注射免疫抑制剂小鼠或荷瘤小鼠的单核巨噬细胞的吞噬功能。

2.增强细胞免疫功能

灵芝多糖、树舌多糖、松杉灵芝(子实体、菌丝体及发酵液)多糖、香菇多糖、银耳多糖、云芝多糖K(PS-K)、云芝多糖肽(PSP)、发酵生产的云芝多糖(KS-2)、裂褶菌(胞内和胞外)多糖、羧甲基茯苓多糖等均能增强二硝基氯苯或二硝基氟苯致敏的正常小鼠的迟发型超敏反应。

细胞水平的研究还发现，灵芝多糖、银耳多糖、香菇多糖、冬虫夏草提取物、PSP、裂褶菌多糖等均可增强刀豆素A或植物血凝素刺激的淋巴细[illegible]反应。灵芝多糖、香菇(发酵菌丝)多糖还可以增强正常小鼠淋巴细胞的混合淋巴细胞培养反应。灵芝多糖(GL-B)还拮抗环孢素A、氢化可的松、丝裂霉素C、氟脲嘧啶和阿糖胞苷对小鼠混合淋巴细胞培养反应的抑制作用。这些研究表明,上述真菌类药物能促进T细胞的增殖。

3.促进细胞因子的产生

真菌类药物特别是真菌多糖类能促进多种细胞因子的产生,并因此而影响机体免疫功能。

灵芝多糖和银耳多糖可明显促进小鼠脾淋巴细胞产生白介素2,并可以拮抗环孢素A和氢化可的松对脾淋巴细胞产生白介素2的抑制作用。研究发现给小鼠灌胃灵芝多糖能促进小鼠脾细胞白介素2、白细胞介素6和肿瘤坏死因子(TNF)的mRNA表达。这表明灵芝多糖可能在转录水平影响这些因子的产生,银耳多糖也有相似作用。

香菇多糖、云芝多糖、冬虫夏草制剂(冬虫夏草和虫草菌丝)、羧甲基茯苓多糖亦可促进小鼠脾细胞产生细胞白介素。

4.增强体液的免疫反应

灵芝多糖(BN_3C)、松杉灵芝(子实体、菌丝体及发酵液)多糖、银耳多糖、香菇多糖、云芝多糖肽都可以促进IgM的产生,提高体液免疫反应。冬虫夏草制剂能促进体外培养的小鼠脾淋巴细胞增殖,提高脾淋巴细胞E-玫瑰花结形成率,并可明显对免疫抑制剂引起的脾重量减轻和E-玫瑰花结形成率降低。

体外试验结果还指出,灵芝多糖(GL-B)、银耳多糖均可促进LPS诱导的小鼠脾淋巴细胞增殖反应。香菇多糖在体外尚可提高美洲商陆蛋白(PWM)诱导的B淋巴细胞合成IgM和IgC的能力。

三、抗放射与促进骨髓造血功能

从赤芝子实体中提取出的灵芝液具有一定的抗放射作用,可明显降低$^{60}Co\ \gamma$射线照射引起的小鼠的死亡率,并使平均存活时间明显延长。

银耳多糖具有明显的抗放射和抗化疗损伤的作用。研究表明,银耳多糖对致死剂量$^{60}Co\ \gamma$射线诱发的大白鼠骨髓细胞染色体畸变有防护作用,从而证明银耳多糖制剂在辐射遗传上有防护作用。银耳多糖对环磷酰胺引起的小鼠骨髓细胞微核率也有明显的抑制作用。

冬虫夏草和虫草菌丝水提液不仅能升高正常小鼠的血小板数,而且还能升高$^{60}Co\ \gamma$射线照射的血小板数。此外,虫草菌丝水提液尚可使吸入苯所致小鼠白细胞减少恢复正常水平。进一步研究发现,冬虫夏草水煎乙醇提取液结晶制剂(CS-Cr)腹腔注射能明显促进小鼠骨髓粒-单系祖细胞(CFU-GM)的增殖。

云芝多糖、茯苓多糖、猴头多糖等有一定的减轻化疗损伤的作用。

四、保肝解毒作用

灵芝、紫芝、薄树芝、灵芝孢子、香菇、猪苓、云芝等制剂（提取物）对化学性肝损伤有不同程度的保肝解毒作用。研究发现，给小鼠灌胃灵芝酊能减轻四氯化碳（CCl_4）中毒性肝炎的病理组织学改变，并增强肝脏的解毒功能。研究还发现，灵芝或紫芝酒提物对 CCl_4 损伤肝细胞引起的 SGPT 升高均有降低作用。灵芝酒提物还使 CCl_4 肝炎动物升高的肝脏甘油三酯含量降低。银耳多糖、香菇多糖、猪苓多糖、灵芝多糖 D_6 和从薄树芝菌丝体中提出的薄醇醚等都具有保肝解毒作用。

对肝脏的蛋白质、核酸代谢有明显促进作用，这可能是上述真菌类药物保肝作用的机制。

五、对心血管系统的作用

1. 对心肌缺血的保护作用

灵芝制剂如灵芝液、灵芝菌丝乙醇提取液、密纹薄芝发酵液、野生紫芝酒制剂以及人工栽培的紫芝酒剂均能促进心肌摄取 ^{86}Rb，增加心肌营养性血流量，增加心肌供氧，这也可能是灵芝制剂对心脏保护作用的重要环节。

一些冬虫夏草的代用品如蝙蝠蛾拟青霉发酵物的醇提取物能减慢心率和减少心输出量，增加冠脉血流量及抗实验性心律失常。

2. 降低血脂和预防实验性动脉粥样硬化斑块形成

实验家兔长期口服灵芝浓缩液或糖浆可使实验性动脉粥样硬化板块形成缓慢且轻，但对血脂变化无影响。用自发性高血压大鼠进行实验，实验组在饲料中加入5%的灵芝菌丝粉，对照组不加，4 周后实验组血浆及肝中胆固醇含量、血压比对照组明显降低。

银耳多糖和银耳孢子多糖、香菇多糖、人工发酵的冬虫夏草浸膏等都具有降低高胆固醇血症小鼠血清中胆固醇含量的作用。

3. 抗凝血和抗血栓形成作用

灵芝水提物能防止注射内毒素诱发播散性血管内凝血（DIC）大鼠的血小板和纤维蛋白原减少，延长前凝血酶原时间，增加纤维蛋白降解产物，防止肝静脉血栓形成。体外实验还发现，灵芝水提物对胶原诱发的血小板聚集有抑制作用。

银耳多糖、银耳孢子多糖在体内外均有明显的抗凝血作用；人工发酵的冬虫夏草菌丝体乙醇提取物在试管内还能显著抑制家兔血小板聚集；黑木耳多糖也能抑制血小板聚集。

六、对内分泌和代谢的作用

1. 对肾上腺皮质机能的影响

对摘除双侧肾上腺的大白鼠给予复方灵芝(灵芝菌丝+银耳孢子)共4周，结果其自发性气管炎及间质性肺炎的发病率均低于未给药摘除双侧肾上腺的对照组，此结果亦显示，复方灵芝可能有肾上腺皮质激素样作用。

2. 降低血糖作用

灵芝子实体中提取的多糖B和多糖C及一些灵芝杂多糖均有降低血糖的作用。多糖B能提高正常大鼠和糖负荷大鼠血浆中胰岛素的水平，但对胰岛素与脂肪细胞的结合过程无影响，给药后可明显增加肝脏葡萄糖激酶、磷酸果糖激酶和葡萄糖-6-磷酸脱氢酶的活性，降低肝脏葡萄糖-6-磷酸合成酶和糖原合成酶活性。在对血浆中总胆固醇和甘油三酯水平无影响的情况下，可降低肝糖原的含量。

银耳多糖、银耳孢子多糖和猴头多糖对正常小鼠和四氧嘧啶高血糖小鼠，都有一定的降血糖作用。

3. 提高动物耐受急性缺氧能力

研究表明，灵芝子实体、菌丝体及其发酵液和G. sp. 发酵液制剂均能明显提高小白鼠耐受常压缺氧的能力。

另外，灵芝制剂还具有清除自由基作用。如在体外可清除超氧阴离子(O_2^-)和羟基(OH^-)的能力；灵芝子实体热水提取物既能明显地清除H_2O_2又能清除超氧自由基；灵芝多糖GL-A和GL-B均有清除氧自由基和羟自由基的活性。

银耳多糖能明显降低心肌组织脂褐素含量，增强小鼠脑和肝组织中超氧化物歧化酶(SOD)的活力。SOD可减少自由基在细胞代谢过程中有害物质的产生。银耳多糖还能明显抑制人脑中单胺氧化酶-B(MAO-B)的活性。

七、其他作用

1. 对中枢神经系统的作用

灵芝发酵液或菌丝液、G. sp. 发酵液、灵芝酊及灵芝恒温渗滤液、灵芝浓缩液等制剂均可抑制小鼠自发性活动，具有明显镇静作用。灵芝制剂还能增强氯丙嗪、利血平的镇静作用，拮抗苯丙胺的兴奋作用。灵芝恒温渗滤液对小鼠尚具镇静作用，可使小鼠热板法所致疼痛的阈值提高。G. sp. 发酵液对大鼠亦有明显镇痛作用，可使辐射热所致大鼠甩尾反应(痛反应)的潜伏期显著延长，约半数动物完全镇痛。

蜜环菌发酵液具有一定的抗惊厥作用。冬虫夏草和人工培养的虫草菌丝均能

抑制小鼠自发性活动和增强戊巴比妥钠对小鼠的催眠作用。

2.止咳、平喘作用

腹腔注射灵芝水提液、乙醇提液A和恒温渗滤液对恒压氢氧化氨喷雾所致小鼠咳嗽反应有止咳作用。灵芝菌丝醇提液、灵芝浓缩液腹腔注射亦有类似止咳作用。

冬虫夏草或虫草菌丝煎剂能显著扩张离体豚鼠支气管,使支气管肺血流量增加。

3.抗溃疡作用

银耳孢子多糖和银耳多糖均可显著抑制Wistar大鼠捆绑应激性溃疡的形成,降低溃疡等级;促进醋酸型溃疡的愈合,减少溃疡面积。但在相同实验条件下,对胃酸分泌和胃蛋白酶活性无明显影响。

4.抗菌作用

体外试验指出,冬虫夏草素(虫草酸)对葡萄球菌、链球菌、鼻疽杆菌、炭疽杆菌、猪出血性败血症杆菌等均有抑制作用。冬虫夏草煎剂对须疮癣菌、絮状表皮癣菌、石膏样小芽孢癣菌、羊毛状小芽孢癣菌等真菌亦有抑菌作用。

5.抗病毒作用

灵芝、云芝、香菇等大型真菌提取物或组分对人类免疫缺陷病毒(HIV)的作用目前备受关注,也是研究的热点。有报道表明,灵芝提取液的低分子量的部分具有明显的抗HIV活性。另外,云芝多糖K(PS-K)可抑制感染HIV的人CD阳性细胞的细胞病理过程。

上述药物对HIV的抗性,主要是通过抑制HIV与细胞的结合来实现的。

第四节 药用大型真菌的临床应用

药用大型真菌制剂广泛地应用于治疗各种疾病,主要以两种方式应用。一种方式是将药用大型真菌如茯苓、猪苓、冬虫夏草、雷丸、灵芝、银耳等与其他中药组成复合方或中成药加以使用;另外一种方式是将药用真菌或者药用真菌有效成分的制剂单独使用。这里,我们重点介绍后一种方式的临床应用情况。

一、治疗慢性支气管炎

20世纪70年代以来,我国广泛应用灵芝、银耳、冬虫夏草等药用真菌治疗慢性支气管炎。由于诊断标准、疗效不一致,所用制剂和剂量亦不同,故所得药效亦有较大差异。如灵芝制剂治疗慢性支气管炎的总有效率最高可达93%～100%,

最低为60%,平均在80%左右。显效率(包括临床控制或近期治愈)较高,最高可达75%。银耳制剂的总有效率为81.8%~83.4%,显效率为55.5%~60.6%。冬虫夏草制剂的总有效率亦达82.9%。灵芝制剂对喘息型慢性支气管炎的疗效优于单纯型,对中医分型属虚寒型及痰湿型者疗效较好,肺热型及肺燥型疗效较差。银耳制剂对单纯型慢性支气管炎的疗效较喘息型好,对中医分型属阴虚、肺虚、脾虚、肾虚者均有效。冬虫夏草除用于治疗慢性支气管炎外,尚可用于治疗肺结核。

灵芝、银耳、冬虫夏草治疗慢性支气管炎的显效较慢,一般需用药数周方生效,加大剂量或延长疗程可提高疗效。对慢性支气管炎的咳嗽、咳痰及喘息3种症状均有一定疗效,灵芝对喘息的疗效尤佳,对哮喘(支气管喘息)有效。此3种药用真菌制剂对慢性支气管炎患者还有明显的扶正固本作用,如用药后食欲增加、睡眠改善、体力增强、耐寒力增强、感冒次数减少等。实验室研究发现,经灵芝制剂治疗半年以上的病人,除表现出扶正固本的作用外,尿17-烃类固醇、血糖、血氯、血钠均显著增高,17-烃类固醇略增加,而血钾则有所下降,表明灵芝制剂能改善患者的肾上腺皮质功能。银耳制剂亦可使24 h尿中17-烃类固醇含量明显提高,E-玫瑰花环细胞形成率和PHA淋巴细胞转化率明显提高,说明银耳制剂能增强慢性支气管炎患者的体液免疫和细胞免疫功能。

银耳制剂对肺源性心脏病代偿期和失代偿期缓解阶段患者具有巩固疗效作用,并可减少患者心肺功能衰竭的发生率。

二、治疗冠心病高血脂症

灵芝制剂用于冠心病高血脂症有一定疗效。灵芝制剂对冠心病心绞痛的总有效率为56.2%~89.6%,显效率为20%~43.5%。除减轻或缓解心绞痛症状外,还能减少其他抗心绞痛药的剂量,少数患者甚至可完全停用对症药物。患者心电图的心肌缺血性变化亦有改善,有效率为42.4%~94.4%;心电图运动试验阴转率为41.3%~44.0%。心电图疗效与心绞痛症状疗效之间亦有一定平行关系。灵芝制剂尚能降低血清胆固醇、甘油三酯和β-脂蛋白,具有降血脂作用。降低胆固醇的总有效率(降低50 mg以上)为40.3%~67.2%;降低甘油三酯总有效率为42.5%~73.3%;降低β-脂蛋白的总有效率为30.9%~80.7%。最近还发现,灵芝制剂可使伴有高血脂症的高血压病、脑血栓后遗症和冠心病患者的血液流变学改善,全血黏度(高切变速度和低切变速度)和血浆黏度均显著改善,同时还有降血压作用,并改善症状。灵芝制剂治疗冠心病高血脂症的疗效与病情轻重、病程、用药剂量及疗程长短有关,一般病情属轻、中度者疗效好,剂量较大、疗效较长者较

好。对中医分型心气虚及心阴耗损型的有效率较其他型好，以心气虚型者较显著。多数病人服用灵芝后可见明显的强健作用。

三、治疗神经衰弱

灵芝、密环菌、茯苓、冬虫夏草等药用真菌均具有镇静作用，可用于治疗神经衰弱失眠，尤以灵芝为著。

灵芝制剂对神经衰弱失眠有显著疗效，总有效率可高达 87.4%～100%，显效率也达 46.0%～90.0%。一般用药 1～2 周即出现明显疗效，表现为睡眠改善，食欲、体重增加，心悸、头痛、头晕减轻或消失，精神振奋，记忆力增强，体力也增强。少数患者的阳痿、遗精、耳鸣、畏寒、腰酸等症状也有不同程度的改善。灵芝制剂对神经衰弱失眠的疗效与所用药物剂量和疗程有关，剂量大、疗程长者疗效好。中医分型属气血两虚型者效果好。一些久治不愈的顽固性神经衰弱经制剂治疗后痊愈或明显好转。一些伴有慢性支气管炎、冠心病、高血压、肝炎等病的患者，经灵芝制剂治疗后，睡眠好转，亦对原发病的治疗有益。灵芝制剂对神经衰弱失眠的疗效固然与其镇静安神作用有关，但重要的是与其扶正固本作用有关，通过这一作用使神经衰弱时的神经、内分泌和免疫系统的功能障碍得以恢复，最终产生疗效。

蜜环菌发酵液制剂，对神经衰弱失眠有较明显的疗效，有效率达 91.9%，显效率 59%。用量与体重成正比，一般体轻者相对用量大，见效快，效果明显。多数患者反映，服药睡醒后头脑清爽，无一般安眠药服后的不良反应。

四、治疗肝炎

灵芝、云芝、银耳、香菇、猪苓、茯苓等药用真菌均可用于防治肝炎，如用灵芝的一些制剂治疗乙型病毒型肝炎，其疗效各家报道不一致，总有效率为 73.1%～97.0%，显效率(包括临床治愈)为 44.0%～76.5%。其疗效主要表现为：肝炎患者的主观症状如乏力、食欲不振、腹胀及肝区疼痛减轻或消失；肝功能检查如血清谷丙转氨酶(SGPT)、黄疸指数等降低或恢复正常；肿大的肝、脾缩小或恢复正常。对急性肝炎的疗效较慢型或迁延型肝炎好。云芝制剂用于治疗慢性肝炎和迁延型肝炎亦可改善患者的症状，降低 SGPT，降酶有效率为 80%。此外，尚能改善患者的非特异性细胞免疫力功能。银耳制剂(银耳多糖)治疗慢性活动型肝炎和慢性迁延型肝炎的总有效率分别为 56.3%和 76.9%，除改善患者的主观症状如乏力、食欲不振、腹胀和肝区疼痛外，肝功能检查可见 HbsAg 阴转和滴度下降、SGPT 黄疸指数等降低或恢复正常。白细胞、凝血酶原时间和血小板部分恢复正常。香菇、猪苓、茯苓的一些制剂(均为多糖)亦有用于治疗肝炎的类似报告。上述资料指出，药用真菌的制剂对肝炎有一定疗效，对急性肝炎的效果较好，对其他类型也有一定效果。

五、治疗肿瘤

香菇多糖、云芝多糖、云芝多糖肽、裂褶菌多糖、灵芝多糖、银耳多糖、猪苓多糖、茯苓多糖等的抗肿瘤作用已经日益受到人们的重视。与细胞毒类抗肿瘤药不同，真菌多糖类通过增强机体的抗肿瘤免疫力，达到协助肿瘤的化学治疗和放射治疗、发挥免疫化学治疗或免疫放射治疗防治肿瘤的作用。一些真菌多糖如灵芝多糖等还可以减轻肿瘤化学治疗、放射治疗所产生的白细胞减少、食欲不振、抵抗力降低等严重副作用。

1. 灵芝多糖

灵芝多糖用于胃癌、肺癌、结肠癌、膀胱癌、肝癌、乳腺癌亦有效。其疗效特点：一是与放射治疗并用能改善肿瘤患者的症状，提高生活质量；二是能增强患者的免疫功能，如NK细胞的活力提高白细胞作用，可减轻放射治疗或化学治疗引起的白细胞减少，也可为一些不能耐受放射治疗或化学治疗的患者创造接受这些疗法的条件。

2. 银耳多糖

银耳多糖对于肿瘤患者因放射疗法或化学治疗引起的白细胞减少有明显的恢复作用。在升高白细胞的同时，患者的免疫功能亦见明显改善，尚能改善放射治疗或化学治疗引起的乏力、恶心、呕吐、食欲减退、体重减轻等症状。其疗效特点：作用出现较快，治疗较稳定，早期用药效果好，升白作用与剂量相关，服药时间以不少于4周为宜。

3. 裂褶菌多糖

与化学治疗或放射性治疗联合用于胃癌、肺癌、子宫癌，亦可延长患者的生存期，其免疫化学治疗（或放射治疗）的疗效可能与其活化巨噬细胞、T淋巴细胞、增强NK细胞活性以及促进干扰素产生有关。

4. 茯苓多糖

茯苓多糖以及其人工半合成衍生物羧甲基茯苓多糖亦作为抗肿瘤免疫增强剂试用于肿瘤如胃癌、肝癌、鼻咽癌的治疗，亦需要与放射治疗或化学治疗合用。

六、治疗其他疾病

灵芝制剂用于治疗白细胞减少症112例，有效率81.7%～84.6%，治疗与疗

程有关，疗程越长，疗效越好；治疗视网膜色素变性42例共93只眼，可使患者视野扩大、视力改善、自觉症状改善，治疗时间越长，疗效越好；治疗心律失常59例，有20例用药后心律失常完全消失，总有效率62.2％，治疗潜在型及慢型克山病174例，可使患者自觉症状、心功能和心电图等有明显好转；以紫芝液为主治白毒伞（白帽菌）中毒，对中毒所致的中枢神经系统症状和急性肾功能衰竭有明显疗效；用灵芝制剂防治高原不适应症469例，可使由平原进入海拔4 000～5 000 m高原的人员的急性高原反应（头痛、呕吐等）发生率明显下降；糖尿病患者并用灵芝制剂与口服降血糖药可增强后者的疗效，亦有灵芝制剂单用可降低糖尿病患者的报道。

银耳多糖可用于治疗降低多种原因所致的白细胞减少症，用药后患者的头晕乏力、失眠、多梦等症状显著改善或消失，多数病例用药3周内白细胞回升至4×10^9个/L（4 000/mm^3）以上。

冬虫夏草制剂治疗原发性血小板减少性紫癜30例，经血液和骨髓检查确诊，3～7周后，病人的血小板由治疗前的$(35.8\pm2.4)\times10^9$个/L上升至$(69.3\pm4.5)\times10^9$个/L，总有效率达90％；治疗经中西治疗均无效的慢性肾功能衰竭，可使肌酐及尿素氮均值下降，内生肌酐清除率有所提高，有改善肾功能作用。同时还有提高患者细胞免疫功能的作用；治疗性功能低下294例，总有效率64.2％，显效率28.9％；治疗寻常银屑病30例，以治疗前后皮损面积大小指数（PASI）作为治疗指标，冬虫夏草（菌丝体干粉）的总有效率为89.9％，显效率63.3％。

猪苓注射液治疗银屑病265例，基本治愈（全身皮损消失或仅留残余病灶，且皮损消失达3个月）83例，显著好转（皮损未完全消失，但减少50％以上）67例。好转总有效率86.4％。此药尚能提高患者的细胞免疫功能。

密环菌片对原发型高血压、肾型高血压、神经衰弱、耳科疾病及神经科疾病引起的头晕、耳鸣、耳聋、肢麻、失眠等症状有效。

猴头菌制剂对胃及十二指肠溃疡、慢性萎缩性胃炎有一定疗效。

已用于临床的药用真菌有安络小皮伞（制剂为安络痛）用于治疗坐骨神经痛、三叉神经痛、肋间神经痛、扭伤、挫伤及腰肌劳损等，具有止痛作用；薄树芝（制剂为增肌注射液）可用于治疗斑秃、皮肌炎、进行性肌营养不良、萎缩性肌强直、盘状红斑狼疮等，有不同程度的疗效；白耙齿菌（制剂为其液体发酵产物）有免疫抑制作用，用于治疗慢性肾小球肾炎有一定疗效；竹黄菌（制剂为其液体培养产物）及从其中所获的竹红菌素甲有抗炎作用，试用于风湿性关节炎及类风湿性关节炎，有一定疗效。

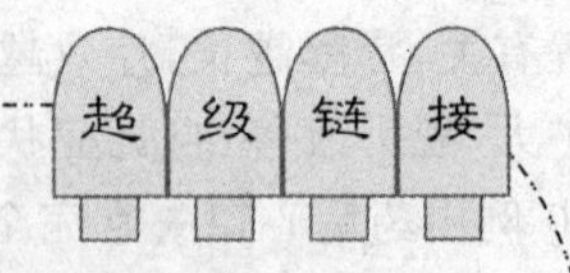

课程学习相关网站、教材、期刊推荐

课程学习相关网站

食用菌网址大全 http://www.tool23.com/jiaoyu/yzjs/

中国食用菌协会网 http://www.cefa.org.cn/

中国食用菌 http://zsyj.chinajournal.net.cn/

中国食用菌在线 http://www.jssyj.com.cn/

中国食用菌网 http://www.chinavivers.com/

中国食用菌菌种网 http://www.mushroomspawn.net/

中国食用菌商务网 www.chinamushroom.net

中国食品网 http://www.cn-food.net/

课程学习相关教材

杨新美.中国食用菌栽培学.中国农业出版社,1988.

黄年来.中国食用菌百科.中国农业出版社,1993.

吴经纶等.中国香菇生产.中国农业出版社,2000.

郭美英.中国金针菇生产.中国农业出版社,2000.

朱兰宝.中国黑木耳生产.中国农业出版社,2000.

黄年来.食用菌病虫害防治手册.中国农业出版社,2001.

崔颂英.食用菌生产与加工.中国农业大学出版社,2007.

徐锦堂.中国药用真菌学.北京医科大学、中国协和医科大学联合出版社出版,1997.

李庆典.药用真菌高效生产新技术.中国农业出版社,2006.

丁湖广.15种名贵药用真菌栽培实用技术.金盾出版社,2006.

徐锦堂.药用植物栽培与药用真菌培养研究.地质出版社,2006.

续上页

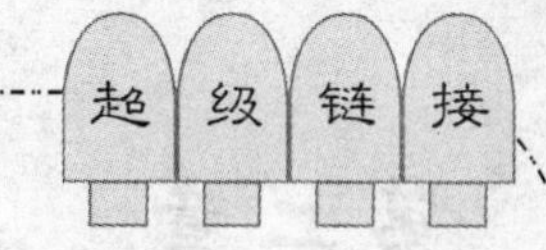

课程学习相关网站、教材、期刊推荐

课程学习相关期刊

中国食用菌,中国食用菌协会、中华全国供销合作总社、昆明食用菌研究所、全国食用菌科技情报中心站

食用菌,上海市农科院科技信息所、上海农科院食用菌研究所

食用菌文摘,上海市农科院情报研究所

食用菌学报,上海市农科院科技信息所、上海农科院食用菌研究所

食用菌市场,中华全国供销合作总社信息中心、中国食用菌协会

北方园艺,黑龙江省园艺学会、黑龙江省农科院园艺分院

园艺学报,中国园艺学会

中国蔬菜,中国农业科学院蔬菜花卉研究所

第二章　药用大型真菌保健食品的研制与开发

知识目标

- 掌握菌类保健食品的开发现状。
- 重点掌握菌类保健食品开发的相关知识。

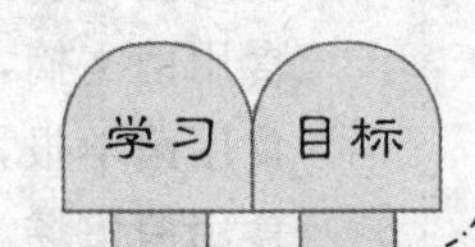

我国的保健食品生产始于20世纪70年代末期，经历了3次大发展。第一次出现在80年代初，一些大型药厂利用现有技术、设备和多年的市场声誉，生产出一批按照药品生产管理规范的产品，引发第一次保健食品高潮；第二次出现在80年代末，其显著特点是出现一批不依赖于药厂的营养保健食品公司，使保健食品以新的商品属性进入市场；第三次出现在1993年以后，在世界性保健食品大发展的冲击下，呈现异军突起、万马奔腾的新局面。据统计，全国已经有3 000多个厂家，注册生产的品种在3 000种以上，连同地方批准的，已逾万种，年总产值300多亿元，已形成一个多品种、多层次、多功能的产业框架。

保健食品的研制与开发，将引领新食品研制向着预防医学和食物保健两个相关领域深入。保健食品的基础是其功能成分，而对保健食品功能成分的研究，既是对已知营养素功能的作用研究，又是对未知功能成分的探索。后者很可能形成一个新的营养素研究领域和一个崭新的功能成分研究领域。对食物中功能成分的不断探索和揭示，必将对人类健康带来极为重要的影响。

第一节　菌类保健食品开发的现状

在日本和东南亚一些国家和地区，菌类保健食品开发很受重视，仅见于《日本特许公报》或已经投入市场的产品就有数十种。如用香菇菌丝提取液制成的“香菇粒”，用残次菇开发的“香菇荣”，还有一种“身健力”(C-Kin)，是以香菇为原料制成

的天然滋补饮料，含有37种酶、15种游离氨基酸及多种维生素，是美容养颜、强身祛病的保健品，投放市场后很受欢迎。现在日本、韩国、我国香港地区和台湾省市场上，还有以灵芝为原料制成的“灵芝精粉”、“灵芝胶囊”和“锗源泉”等，这类产品有“广效”、“特效”之分，对某些疾病有特殊疗效。

我国菌类保健食品开发起步于20世纪80年代，至90年代初已逐渐形成为保健食品开发的重要领域，仅湖南省通过省级以上鉴定和已进行商品化生产的就有40多个品种。值得注意的是，有些地方如福建、辽宁等地已开始重视利用本地资源优势来进行深度开发。福建省是我国原木灵芝主要生产基地，已按GMP标准建立一条灵芝深加工生产线，开发产品有“灵芝精粉”、“灵芝胶囊”、“灵芝片”、“灵芝原片”等。辽宁省的蛹虫草人工驯化栽培成功，开发出“东方圣草液”、“圣草百寿酒”、“虫草丹”等蛹虫草系列产品。湖南靖州不但是茯苓重要产地，还是国内最大中药材市场之一，是南方各省的茯苓集散地，已建成国内第一条年产200 t的“羧甲基茯苓多糖”生产线，并利用茯苓多糖加工“茯苓口服液”。

目前，我国菌类保健食品已进行商业化生产的品种，包括以下10个系列：

1.营养口服液类

此类产品为近年开发热点，其特点为技术含量高，产品附加值高，市场潜力大。较为成功的有“天卫牌新生命口服液”、“超人1号-中华灵芝精口服液”、“猴头菇型太阳神口服液”、“聚珍牌中华灵芝宝”和“福寿仙”等。

2.保健饮料类

此类产品以其保健作用和独特风味，对启动内疲软的饮料市场发挥很大作用，其代表产品如“蕈露”、“中国香菇可乐”、“碧雪牌命宝素”等。

3.保健滋补酒类

此类产品有的采用传统发酵工艺或浸渍勾兑技术，有的采用现代生物技术，所用酒基也有区别，因而显现出不同风格，能适应不同消费群。较为著名的有“灵芝仙酒”、“康道牌中华灵芝酒”、“春回头”、“中华灵芝保健酒”、“灵芝花粉酒”、“虫草灵酒”、“虫草巴戟酒”、“香菇糯米酒”、“香菇特酿酒”等。

4.速溶茶类

此类产品也是当前开发热点，具有较好的冲溶性、分散性和稳定性，主要产品有“灵芝保健茶”、“仙牌灵芝茶”、“速溶灵芝茶”、“灵芝银花茶”、“灵芝茗”、“中国灵芝保健茶”、“聚珍牌中华灵芝茶”、“梦恩牌银耳花生乳晶”、“三峡牌速溶天然银耳”和“还尔金”（槐耳冲剂）等。

5.袋泡茶和冲泡茶类

此类产品以茶叶为基质，以菌类或其他中草药为成分的功能型保健饮品，且在加工过程中，其功能成分很少被破坏，其发展日益受到国内茶叶界的重视。已上市的有“芪灵保健茶”、“灵芝乌龙茶”、“云芝乌龙茶”、“灵芝袋泡茶”、“灵锗茶”、“福寿虫草茶”。

6.小食品类

此类产品种类繁多，适应面广，是一个值得开发的新领域。目前已上市的产品有“香菇粒”、“时珍牌中国灵芝糖”(口香糖)、“灵芝蜜”、“中华虫草蜜”、“百事特蜂皇宝”、“香菇软糖”、“韭园牌银耳软糖”等。

7.保健胶囊类

此类产品携带、服用方便，稳定性好，是保健食品开发的新方向，在已投产品中，有些是被作为保健药品申报的。这类品种有“神灵牌东方灵芝宝”、“回天力”、“灵芝胶囊”、“保春灵”、“护龄神”、“保力生”以及“开胃灵”等。

8.滋膏糖浆类

此类产品为传统滋补品，种类甚多，近年新开发的有“双钱牌龟苓膏”、“灵芝桂圆膏”、“琼凤牌虫草止咳膏”、“虫草参芪膏”、“开胃灵”等。

9.精粉和菌粉类

菌粉是深层发酵菌丝体或其发酵的干燥物，精粉是子实体经超低温粉碎的超微细粉末，较之菌粉能更好地保存生理活性成分，故在保健食品制造中格外引人瞩目。目前生产的精粉有“东星牌灵芝精粉”、“虫草精粉”、“牛肝菌精粉”等。国内还有多家企业生产各种菌粉。精粉和菌粉除直接服用外，又是保健食品生产基料的重要来源。

10.片剂类

此类产品兼有保健和药用价值，有些产品的商品属性在今后可能会得到调整，更加强调其保健功能。这类产品有“多糖蛋白(片)”、“蘑菇血凝片”、“香菇多糖片”以及还有几种正在开发中的含片等。

据不完全统计，全国有近100个科研单位在从事这方面的研究，有近200家企业在从事菌类保健食品生产，其中约半数为专业性生产厂家。已进入商品化生产阶段或尚停留在中试阶段的产品约有500种，尚有近200项产品已通过省级以上成果鉴定或已获得专利发明认可。我国的食、药用菌产业均走在世界的前列，菌类保健食品开发也呈现欣欣向荣的景象。到目前为止，灵芝、虫草仍是国内开发的热点。我国的菌物学界对灵芝、虫草的生理、生化和药理研究已进入细胞水平和分子水平，在某些方面已占据国际领先地位，我们要充分利用这些优越的基础条件，把我国菌类保健食品研制与开发推向高新层次。

第二节　菌类保健食品开发技术

一、菌类保健食品的种类

保健食品不同于一般食品，而是强调其成分对人体具有特定的生理调节功能，有助于维持和增进人体健康。因此，保健食品的分类是按照生理调节机能来进行划分的。根据这一原则，保健食品可分为两大类。

（一）日常保健用食品

此类保健食品普遍适应于健康人群，是根据各种不同的健康消费的生理特点与营养需求而设计的。能促进生长发育或维持活力与精力，强调其成分和能显示身体防御功能和调节生理节律。属于此类保健食品有：

1. 老年保健食品

目前，世界人口趋向老年化发展。我国 60 岁以上老年人口已超过 1 亿，据预测，到 2020 年将达到 2.8 亿，占人口总数的 19.3%，我国将成为老年型国家。国外已有 55 个国家和地区进入老年型。因此，老年保健食品将成为保健食品开发的一个重要领域。老年人主要生理特点是代谢机能低，器官功能随年龄增长而下降，老年性疾病发病率高，而这些疾病很大程度上与饮食有关。国内的老年食品开发主要集中在 3 个方面，包括老年滋补食品、老年预防食品和特殊老年功能食品。用菌类开发保健食品，可全部或部分兼有这些功能。老年人的食物营养构成中，需要氨基酸配比良好的优质蛋白质，以豆类蛋白和菌类蛋白为较佳的蛋白来源。菌类又是膳食纤维的重要来源，具有多种生理功能，诸如预防便秘和肠结梗、降低血清胆固醇、预防冠心病、调节末梢神经对胰岛素的感受性、控制糖尿病患者的血糖水平等。老年人的基础代谢低，所需要的是降低能量的食品，而菌类正是这种低热能食品。老年人对矿物质元素的吸收率降低，由于真菌纤维中带有羟基或羧基等侧链基团，会结合某些矿物元素而影响机体对它们的吸收，起到调节作用。利用平菇、金针菇或香菇的生物浓缩法，可得到高浓度富集硒或通过氨基酸等天然成分螯合吸附成硒复合物。用这些生物技术为老年人补充所需要的微量元素是很有意义的。在食物基质中加入菌粉或精粉，或以菌种接种谷物进行培养，用来制造适于老年人的主食，这一途径应该受到重视。

2. 儿童保健食品

我国 0～14 岁儿童约 4 亿，占人口总数的 1/3 左右，且在家庭和社会中都处于特殊地位，是不容忽视的。据 1992 年全国营养调查技术指导提供的调查结果，近年来我国儿童整体营养水平上升，但营养不良状况仍然存在，主要问题为慢性营养不良，蛋白质摄入量只达到 RDA 的 75％～85％，维生素 C 为 70％，维生素 B_2 为 40％，维生素 A 为 30％。开发儿童保健食品，要着眼于增强儿童体质和提高儿童行为智力，商品形式要能为儿童所接受。菌类富含蛋白质，可作为儿童平衡膳食营养的蛋白质补充剂，能促进脑神经细胞、神经胶质细胞发育和维持正常功能。其游离氨基酸中，酪氨酸、谷氨酸相对含量较高，前者可改善神经传递，提高思维能力，后者对脑组织则具解毒作用。在我国传统医学著作中，如《种杏仙术》、《采艾编翼》、《类方准绳》等，有许多以茯苓为主的益智方，所用多为甘淡之品，符合儿童为"稚阴稚阳"之体，"脏腑柔弱，易虚易实，易寒易热"的用药特点。这些方剂均有助于改善儿童消化功能、生化气血，收益智开窍之功，开发儿童健身益智食品时值得借鉴。

3. 增强免疫食品

增强免疫食品是指在营养需求的层面上，要求食品具有调节代谢、保持机体平衡的功能，是菌类保健食品开发的一个重要领域。在国内外近 10 多年来开发的 50 多种天然抗衰药物中绝大部分都是菌类，通过长寿药理学和抗衰老药物研究发现，其相关成分多糖类，是一种非特异性免疫促进剂，对人体机能具有双向调节作用。目前，国内外都很重视多糖的开发，在国内已开发的菌类保健食品中，如"隆泰天然口服液"、"福寿仙"和"生命力口服液"等，其主要功能成分都是一种或数种多糖，这代表了这一类食品的发展方向。

4. 健脑食品

中老年人随着脑细胞的死亡和减少，出现记忆力衰退，反应迟钝，甚至出现老年痴呆症。据统计，日本现有痴呆老人 56 万，到 21 世纪将增加到 100 万，我国的痴呆老人还要多，在营养不良的农村更为严重。因此，健脑食品的开发显得很重要。组成大脑成分中 60％以上是脂质，而包裹着神经纤维称作髓磷脂鞘和胶质的部位所含脂质更多。在所构成的脂质中，显得特别重要的是亚油酸、亚麻酸之类必需脂肪酸（多为不饱和脂肪酸）。菌类的脂质含量虽然不太高，但都具有较高生理价值，如双胞蘑菇含亚油酸可与植物油中营养价值高的红花油相媲美。蛋白质的摄入量若低于 0.7 g/kg 体重水平，脑组织会迅速衰老，一般应保持在 1 g/kg 体重左右，对于大多数菌类来说，这一水平不难得到满足。此外，菌类含量极为丰富的维生素 C 在促进脑细胞结构的坚固，消除脑细胞的松弛与紧缩方面也发挥着重要的作用，充足的维生素 C 可使脑功能敏锐；维生素 E 能消除自由基，有降血脂和提高高密度脂蛋白的作用，有助延缓细胞衰老；B 族维生素则是脑智力活动的重要辅助成分，可预防神经障碍的出现。

5. 美容食品

我国医学古籍明确指出，灵芝、茯苓等能润泽肌肤、容颜悦泽、轻身不老。现已发现灵芝的美容作用除与多糖等功能成分有关外，还与其含天然有机锗有密切关系。这种化合物能有效地透过皮肤表面，促进皮肤血液微循环，增强皮肤营养供给水平和皮肤表面细胞抗氧化酶活力，抑制 γ 射线诱发产生的活性氧自由基，并抑制脂质过氧化的发生。此外，还能清除血液中的胆固醇、脂肪、血栓及代谢废物，使血液不致过稠，保持纯正畅通，增加皮肤的光泽；还能有效地保护皮肤的角质层，防止皮肤细胞角质化增厚而阻碍代谢机能，因而具有抗皱、消炎、清除色斑、保持白嫩的作用，并能使头发增加光泽。古方中还有不少利用茯苓、白僵蚕的美容方剂。

6. 运动员食品

目前的运动员饮料，大多数只能起到补充水分和电解质的作用，尚无法达到提高耐力和抗疲劳的作用。长春中医学院研制的"复方灵芝饮料"，是以灵芝、长白人参、中华麦饭石为基料制成的健康饮料，有明显抗疲劳、抗缺氧、耐低温和提高机体免疫功能的作用。其作用机理可能与灵芝中功能成分能增加血红蛋白携氧能力有关。最近发现，用金针菇开发的"新型运动员饮料"也具有这种特性，并通过药理研究初步证明其作用机理。金针菇能使实验小鼠增强乳酸脱氢酶活力，有效降低运动后血乳酸水平，即可提高机体免疫力。此外，金针菇还可提高肌糖原和肝糖原的贮备，对提高其速度耐力有重要的意义。金针菇还可以降低血清尿素氮水平，可使机体对运动负荷的适应性增强。这一发现，对大多数菌类来说，可能具有普遍的意义，它将吸引更多的人参与这一课题的研究。

7. 旅游保健食品

进入 20 世纪 90 年代后，世界性的旅游业日趋兴旺，旅游保健食品也应运而生。旅游活动者经长途旅行，体力消耗大，易产生伤津、气短、倦怠等气虚之症；在旅游过程中，长期处于精神亢奋状态，易导致气血亏虚、睡眠不足、食欲不振、水土不服，易受外邪侵染，形成"旅游综合症"。因此，旅游保健食品的设计，应选用灵芝、人参、枸杞、淮山药等以增强抗疲劳能力和提高机体免疫力；选用银耳、百合等以滋补肺阴、生津止渴；选用茯苓、薏苡仁等以补益脾胃、凝心安神。在不违背有关法规的前提下，选用一些与菌类功能成分具有协调作用的地方名优特产，或与人文景观有联系的基料作为辅助成分，可增加商品的文化内涵，能更加突出旅游保健食品的商品属性。

(二)特定保健用食品

这是针对健康异常的某些特殊消费群的生理状况，强调食品在防病和康复方面的调节功能，或需要在医生的指导下服用的食品。目前，世界各地热衷于这方面研究开发的有以下几类：

1.抗衰老食品

这类食品之所以有别于“老年保健食品”，是因为衰老的发生是在人体进入老年期以前便已经发生的生理过程。作为这类食品的功能成分则能增强机体的保护机制，推迟衰老的发生。目前有关衰老的学说几乎全部都与自由基有关。清除人体内过多的自由基有2种方法：一是增加人体内清除自由基的酶系统，如超氧化物歧化酶系统，过氧化氢酶、谷胱甘肽过氧化物酶等；二是补充非酶系统的天然抗氧化剂，主要是维生素E、维生素C、维生素A及胡萝卜素和辅酶，此外如谷胱甘肽、半光氨酸和肝素，微量元素中的锌、硒、铜、锰以及金属硫蛋白等。有许多菌类，都含有清除氧自由基的化合物，如金属硫蛋白普遍存在于各种菌体中，具有高度可诱导性，能清除烃自由基，其提取并不太困难。再如硒是谷胱甘肽过氧化物酶中的重要元素，它有4个亚基，每个亚基都有一个原子硒，是清除体内自由基酶系统中的重要酶。而硒的获得通过菌体的富硒培养，或利用富硒茶作为基料，都不难解决。在目前已开发的菌类保健食品中，已有多种灵芝袋泡茶，茶叶尤其是绿茶中的儿茶素，有极强的抗氧化性，因此，灵芝袋泡茶是一种很理想的抗衰老食品。

2.抗癌保健食品

恶性肿瘤是当代医学未能解释其全部奥秘的严重疾病。有研究表明，35%～40%的恶性肿瘤都是由不适当膳食引起的，因此，人们对通过食物调理以增强抗瘤机制寄予很大希望。我国每年新发生肿瘤病人逾100万，研制抗癌保健食品也为各方所重视。抗癌保健食品的功能成分必须具备以下条件：

①能通过扶正固本的作用，提高人体的免疫功能。免疫功能遭到破坏是诱发癌症的重要机理之一。自1969年日本人千原奂郎从香菇子实体中提取出具抗肿瘤活性的香菇多糖以来，引发了从大型真菌中筛选抗肿瘤成分的高潮。真菌多糖能增强网状内皮系统吞噬细胞，促进淋巴细胞的转化和抗体的形成。肿瘤专家还认为，作为一种免疫型新药物，对于那些能广泛转移，采用手术治疗或放射治疗受到限制的白血病和淋巴瘤，在临床上有更大的意义。由于这种多糖的制备比免疫球蛋白成本更低廉而日益受到重视。

②现在发现癌变的两个阶段(诱癌与促癌)都有自由基的参加。致癌物质必须经过物理与化学因素的作用使之成为自由基后才会致癌，生成自由基的能力与致癌能力之间成正相关，菌类能清除自由基的作用已经叙述过了，是抑制肿瘤发生的另一种活性成分。

③近年来，人们还开始寄希望于维生素和矿物质在抗肿瘤方面所起的作用。维生素A和β-胡萝卜素能作用于皮肤组织癌的预防和治疗，已经有了足够的证据；维生素C在防治食道癌和胃癌方面也显示出重要作用。硒对细胞突变的有毒物质有抗衡作用，它与维生素E相结合能刺激机体产生对异常细胞的防御系统；锗虽然不是人体所必需的微量元素，但作为一种重要成分存在于谷胱甘肽过氧化酶中，起到清除自由基的作用，也有较明显的抗癌活性。

④抗癌保健食品还应在改善病人体征、消除或缓解某些症状方面，如食欲不振、腹胀、发热、出血、血象低、肿块等得到改善，选用食品基质时应尽可能考虑到这些因素。

3. 降血脂保健食品

动脉粥样硬化以及由动脉粥样硬化引起的心、脑血管病是国内外常见病，死亡率高，在西欧居第一位。控制高血脂症是防治动脉粥样硬化性心、脑血管病的重要途径之一。长期人群观察和动物实验证明，天然虫草及其发酵菌丝体的提取物，均具有降低血清胆固醇、甘油三酯、低密度脂蛋白、极低密度脂蛋白以及过氧化脂质（LPO），提高高密度脂蛋白（HDL-C）及SOD的活性，能增加心肌与脑的供血，对心、脑组织有保护作用。灵芝提取物具有强心作用，可改善冠脉血流动力学和心肌代谢、增加冠脉流量，改善心肌微循环、减少心肌耗氧量，可抑制血小板凝集，降低血浆黏度，可预防动脉粥样硬化、脑血栓、冠心病，保持心脑血管的正常生理功能。作为香菇香味主体成分“香菇素”或被称之为“香菇腺嘌呤”是含有5个硫因子的环状香味前体物质，目前已能进行人工合成，该化合物具有明显的降血胆固醇作用。在黑木耳中有一种水溶性成分，能阻止血小板的凝集，并阻断激活的血小板释放5-羟色胺，有助于减少动脉粥样硬化症的发生。可见，用菌类开发降血脂保健食品有着广阔的前景。

4. 糖尿病保健食品

糖尿病的发病机理是由于体内胰岛素相对或绝对不足而产生，糖尿病患者进食原则是使用缓慢释放葡萄糖的低热量食品。茯苓中的主要成分是β-茯苓聚糖约占干重的93%，另外还有粗纤维5.77%。茯苓聚糖的营养价值和纤维素相近似，有降低胆固醇和预防糖尿病、结肠癌的作用。茯苓中还含有卵磷脂等成分，能防止体内脂质氧化，增强血管弹性和通透性，从而阻止机体细胞坏死，改善胰岛素分泌功能，增强胰岛素活力，促使淀粉正常利用，抑制血糖和尿糖的不正常升高，并能防止糖尿病并发症的发生。

5. 减肥保健食品

肥胖症的发生，除少数人是因遗传因素和内分泌失调而造成肥胖外，多数人是由于营养失调所造成。其原因均在于营养代谢中热能的摄入超过消耗而使人发胖。肥胖症虽然还未被列为是一种严重的疾病，但长期肥胖带来的后果是严重的。肥胖后容易发生糖尿病、高血压、冠心病、中风、肾脏病、脂肪肝等，肥胖症发生率的增加与成年人群死亡率的增加呈高度相关。在经济发达的国家约有15%的人因肥胖而危害健康，我国的肥胖症发生率也呈上升趋势，因此减肥保健食品的研制开发在世界各国都很受重视。我国民间用茯苓、竹荪等作减肥食品有很长久历史，菌类中所含功能成分用于减肥保健食品开发是很有希望的，可溶性纤维素是一种良好的淀粉阻滞剂，它有阻止食物中碳水化合物吸收的作用，且纤维在胃内吸水膨胀，能使人产生饱满感从而有助于减少食量，控制体重；含硫化合物的混合物可减少血胆固醇和阻止血栓的形成，有助于增加高密度脂蛋白；不饱和脂肪酸（如亚油酸）、维生素E、卵磷脂和钙、磷、硒等，可降低血胆固醇，甘油三酯，防止动脉粥样硬化；菌类是著名碱性食品，含有丰富的钾，可排除体内多余的钠盐，使血压维持正常。

菌类对于肾脏病的防治、防止老年痴呆、增加血红素、防止妇科病等方面，都有很重要的意义。

二、菌类保健食品的开发

（一）确定开发目标

菌类保健食品的开发，可通过以下几个途径来确定开发目标：

1. 从产品的功能特性进行选择

不同的菌类保健食品，都有特定的生理功能，如用于改善人体免疫系统机制的有促进免疫功能的食品；提高抗过敏能力的食品；促进人体淋巴系统功能的食品；用于延缓衰老功能的有抗脂质过氧化和自由基食品；用于预防疾病的有预防高血压、糖尿病、心脑血管硬化、老年性骨质疏松、先天性代谢失调和抗肿瘤的食品；以及有防治动脉粥样硬化、控制胆固醇和防止血小板凝集的食品等。

2. 适应不同的消费市场和消费层次

菌类保健食品开发必须面向市场、分别开发适应不同消费人群的产品，以利于分别进入老年人、中老年脑力劳动者、妇女和儿童以及特殊消费人群的消费市场。要注意产品的系列化开发，在产品结构中，不但要有技术含量高的中、高档产品，还要注意发展能进入日常生活的大众化产品。

3. 充分发挥中医食疗学的传统优势，开发新型保健食品

我国传统的食疗、食补方和民间经验方中，具有明显的保健功能，组方合

理，具有升降浮沉的定向效应及纠正阴阳盛衰的平衡机能，并依据寒热虚实规定食宜禁忌，其整体协调作用十分明显。按照中医体制学说，人的体质分为气虚、血虚、阴虚、阳虚、血瘀、气瘀、痰湿、阳盛几种类型。可以这些体质类型为基础，开发不同类型的保健食品。如以黑木耳、桑葚、甲鱼等开发血虚体质型保健食品；以虫草、人参、附子等开发阳虚型体质保健食品，以银耳、虫草、海参、洋参、芝麻等开发阴虚型体质保健食品；以茯苓、山药等开发痰湿型体质保健食品等。

4. 借鉴国际上保健食品开发的成功经验，注意产品的多样性

西方国家的保健食品开发，注意生理学、生物化学、营养学和医药科学的基础研究，在确定保健食品功能因子和其生理功效的客观评价方面有许多成功的经验，并制定了各类特异生理活性物质的检验标准，尤其是 FAO/WHO 食品法典委员会 CAC 制定的标准。吸取这些成功的经验，将大大减少我国在人力、财力特别是时间上的损失，有利于产品的国际贸易，更有利于食品卫生监督的国际化接轨。要注意菌类保健食品产品形式的多样性，美国的健康食品产品形式琳琅满目，如片剂、胶囊、软凝胶、粉状物、提取液或其浓缩物等，国内的保健食品较偏重于营养口服液的现象亟待改进。

5. 充分利用当地特产资源和野生菌类资源的开发

我国的传统名、优、特产，常与地方资源优势有关，这是一条值得借鉴的历史经验，不但有利于形成有地方特色的产品，还有利于使资源优势变成经济优势，推动地方经济发展。我国菌类资源十分丰富，世界上可食菌类约 1 000 种，仅我国可食菌类即有 625 种，食、药兼用的有 320 余种。但是，目前菌类保健食品开发与我国资源状况是极不相符的。在原料选择上，过分集中在灵芝、虫草等少数品种，对于许多具生理活性的野生食、药用菌的开发还没有引起人们的重视。加强这方面的研究工作，对充实菌类保健食品市场，有很大的潜在意义。

(二)基料的选择与利用

1. 建立保健食品功能性的新概念

我国的保健食品开发方向与西方国家存在一定差别。国外的主要方法是从食品原料中提取出功能性成分，制成功能性食品基料再添加到食品中，是一种工程化保健食品。如美国的保健食品通常是单一营养素的片剂或胶囊等，如维生素片、DNA 片等。而我国的保健食品大多是组合式，具有多方面的疗效。这种传统观念既反映了中国保健食品的特色，也显示其不足之处。但我国今后保健食品的开发必须建立全新的概念；即必需确认产品具有何种功能，以及它的功能因子及其含

量；有多项功能因子并存时，还应证明它们之间的协调作用。

2. 菌类含生理活性因子

随着保健食品的不断开发及其作用机理的研究，已揭示出越来越多的生理活性物质。就目前而言，已经确定的活性物质主要包括 9 大类，品种逾百。这些物质包括：

①活性多糖，如膳食纤维，抗肿瘤多糖和降血多糖等；

②功能性甜味剂，如功能性蛋汤、寡糖、多元糖醇和强力甜味剂等；

③功能性油脂，如不饱和脂肪酸、油脂代用品、磷脂和胆碱等；

④自由基清除剂，包括非酶类清除剂和酶类清除剂；

⑤活性肽和蛋白质，如谷胱甘肽、降压肽、免疫球蛋白、含硫氨基酸等；

⑥维生素类，维生素 A、维生素 C 和维生素 E 等；

⑦矿物质及微量活性元素，如钙、铁、铜、硒、锗、锌和铬等；其他活性物质，如二十八烷醇、植物甾醇，三萜类化合物、黄酮类化合物、皂甙和多酚类化合物等；乳酸菌，特别是双歧杆菌。

目前，在药用真菌中已发现的生理活性物质就有多糖、多肽、生物碱、萜类化合物、萜醇、甙类、酚类、酶、核酸、氨基酸、维生素、矿物质、微量活性元素、抗菌素及激素类等。在菌类保健食品开发中，这些功能成分还未得到充分利用，说明在保健食品开发中，菌类有着很大的开发潜力，这些功能成分在保健食品中的利用价值还需要进行探索。对菌类纤维的可利用性及功能评价也存在同样的问题，对其他活性成分的开发利用也需要同样持慎重态度。

3. 菌类保健食品中的其他功能性食品基料

野生或人工栽培的菌类子实体及其发酵产物，均可以其全体或其分离得到的功能成分作为保健食品的基料。菌类保健食品可以是一种或数种菌类为主要功能成分的产品，也可以是在配方中加有其他功能性食品基料的产品，在大多数情况下往往是属于后者。其他功能性食品基料的来源包括以下 4 个方面：

①天然动植物的提取物和人工合成的具有特殊功能的营养素，如大豆蛋白、谷物胚芽、乳制品、单细胞藻类的提取物、脂肪以及提取物及其具有抗氧化作用的维生素和低热量甜味剂等。

②既是食品又是药品的功能性食品基料，在菌类保健食品中，有选择性配以某些性味相近、功力相济的中草药，对增强产品的保健效能是很有必要的。所加中草药的合法性，卫生部、中医药管理局已有明文规定，已公布的有 68 种。

③新资源食品开发，主要是指新研制、新发现及无使用习惯或仅在个别地区有

使用习惯的，符合食品基本要求的物品。以这类食品新资源制造的食品称为新资源食品。如我国的灵芝、虫草都是作为食品新资源，在获得批准后而用于保健食品生产的。

④强化食品的营养素。根据各类人群的营养需要，包括为消除营养缺乏病，为满足特殊人群的特殊营养需要，或是为普遍提高人群的营养水平，有针对性地将营养素添加到食品中，成为人们日常生活的一部分，如一些氨基酸、维生素、矿物质元素等。

（三）工艺设计和高新技术应用

在进行产品工艺设计时，应根据配方中基料所含活性成分及其生理效应，选择适当的工艺路线，要求在加工过程中，其功能成分得到最大限度的分离提取，不损失、不破坏、不转化，并保持一定的稳定性。在加工过程中，产品的商品外观和功能成分的保留有时是相互矛盾的，应以最大限度地保留产品功能成分为第一目的，并通过改进工艺来改善商品外观，或改变其商品形式使之符合商品要求。

随着保健食品事业的发展，市场竞争的加强，传统的食品加工工艺与检测方法，往往难以满足新产品开发的技术要求，迫切需要采用食品加工新技术和新的检测方法，这些新技术包括：

1. 生物技术

生物技术包括酶技术、细胞融合技术、基因重组技术和生物反应器等，在菌类保健食品开发中已被广泛采用。如导入外源性基因定向选育，可获得高品位功能因子产物；采用发酵技术可在较短周期获得大量功能性食品基料；国内采用生物技术通过菌丝细胞内物质代谢转化，将锗元素结合于大分子多糖和少量蛋白质上，成为多糖锗络合物（高聚物）。据测定，产物中的锗与多糖结合率高达 90.1%，还发现细胞膜内的锗多糖，亦可随代谢分泌到发酵液中，形成胞状锗多糖；采用酶技术还可大幅度提高多糖得率。

2. 膜分离技术

膜分离技术包括逆渗透（RO）、超滤（VT）、微滤（MF）、电渗析（ED）、膜乳化（FE）等，常用于功能成分的过滤、分离、浓缩与精致。如微滤可用于功能物提取液及活性酶（如 SOD）及功能饮料（如口服液）的分离杀菌，能提高产品的活性及品质；超滤可用于提取液中功能成分及液状食品的低温、节能浓缩，并有助于防止功能成分在加工过程中的破坏损失；电渗析可用于净化水质和液状食物的脱盐（如低盐酱油）；膜乳化可用于制造稳定的乳化液等。

3.超临界萃取技术

植物性油脂中的不饱和脂肪酸的分离和浓缩，需采用超临界气体萃取技术；天然抗氧化剂的分离与精制，需采用超临界液体提取技术。

4.超微细粉碎技术

将菌类或其他天然基料于脱水后冷却到一定温度，使原有结构非常紧密，容易断裂，能将原料在瞬间粉碎成为直径 3～5 μm 的超微细粉末。由于加工原料是在超低温条件下的快速粉碎，因而能最大限度地保存食物在所含各种营养成分，极易被人体吸收利用。据研究证明，灵芝是以整体成分的效果来调整人体生理机能的，其所含功能成分和配合比例是非常合理的，直接服用子实体能发挥更大的效果。用这种新技术制成的灵芝精粉，增大了表面积，能更好地被人体吸收利用。

5.微胶囊化技术

此法为近 20 年来发展起来的一种新技术，是利用天然或合成高分子材料如桃胶、CAP、CMC 等多聚物与明胶等作囊材，将天然原料提取物对液体微粒或其粉末化微粒包埋成直径 1～5 000 μm 的微型包囊。微量的囊膜具有半渗透性，其包埋物可借助压力、pH 值、酶或温度完全释放。现已广泛用于保健食品的素材制造，用于加工速溶茶、冲泡茶、混悬型饮料及食用胶囊的囊心。

6.冷冻干燥技术

此技术又称升华干燥技术，是将物料先冻结至冰点以下，使水分变成固态冰，然后在较高温度下，将冰直接气化，从而使物料得到干燥。此法有利于保存食品中的功能成分和固有的色、香、味，并能长期保存，因此已广泛用于保健食品和保健食品基料如灵芝蜂王精、活性灵芝粉及活性人参粉的加工制造。

7.固体流态化技术

此技术又称沸腾制粒技术，在密闭的容器内通入净化空气，可使提取物的浓缩液和粉末状赋形剂在流体状态下受热交换，同时完成混合、造粒、干燥、筛选全过程，造粒均匀，回收率高，具较好的分散性、冲溶性和稳定性。通过沸腾制粒的原料，可用于制造各种速溶茶、冲泡茶和胶囊剂；也可用于儿童保健食品如“香菇豆”、“益智豆”之类的包衣。

8.组织化和重组合技术

此技术又称加压挤出成型技术，此法可改变食品内部组织结构，有利于提高膳食纤维的生理活性和加工特性，可利用天然食品的提取物，加工制成新的工程食品。

9.真空油炸技术

真空油炸技术是食品膨化技术中的一门新工艺，其特点是将食品的脱水与真空油炸同步完成。它具有许多独到的优点：由于真空油炸干燥是在低压状态下使食品中的水分汽化温度降低，并在短时间内完成的，因而可避免高温对营养素和功能成分的破坏，并能保持特有的色、香、味。在真空状态下食物细胞间隙中的水分急剧汽化、膨胀，使间隙扩大，因而具有良好的膨化效果，产品酥脆可口，并具有良好的复水性能。此外，还能降低耗油率35%～50%，防止高温使油脂变质，可避免使用抗氧化剂，提高耐贮性。该技术适于生产各种天然（如蘑菇、牛肝菌）果蔬脆片或人工配制各种功能食品的真空油炸脆片，也可作为制备具疏松性基料的一种方法。

10.冷杀菌技术

冷冻菌技术包括超高压杀菌、辐射杀菌、超声波杀菌、臭氧杀菌、磁力杀菌和电场杀菌等技术。冷杀菌特点在于杀菌过程中食品温度并不升高，有利于保持食品中功能成分的生理活性和原有的色香味。超高压杀菌也用于食品的物性修饰，微生物的高密度培养，还可用于超高压下发生蛋白质的凝胶化、淀粉的糊化及脂质的乳化作用开发新的食品基料。对口服液采用辐射杀菌，可延长保质期，并能防止对热敏性物质的破坏或产生絮状沉淀。

11.无菌包装技术

无菌包装技术是将杀菌并已冷却的物料，在无菌状态下装入已灭菌的容器密封贮存的方法。包括高洁净的无菌环境和使用无菌装填密封设备等。

12.层析分离技术

层析分离技术是一种分离复杂混合物中极微量组分的有效方法，其特点是利用不同物质在固定相和流动相构成的体系中具有不同的分配系数而使各种物质达到分离的。层析法常用于微量功能成分的分离与精制。

13.现代分析检验技术

由于许多保健食品的功能成分含量甚微，对其进行定性、定量分析或进行功能评价、安全性评价时，常需要高精度、高分辨率的现代分析检测方法和仪器，包括气相色谱仪（GC）、气液色谱仪（GLC）、高效气相色谱仪（HPLC）、色（谱）质（谱）联用仪（GC/MS）、红外线分光光度计（ISP）、原子吸收分光光度计（AASP）、荧光分光光度计（FSP）、高分辨率质谱仪（HPMS）、薄层扫描仪（TLS）、扫描电子显微镜（SEM）、薄层层析法（TLC）、气液分配色谱法（GLPC）、核磁共振（NMR）和电子顺磁共振（EPR）等。

(四)新产品的评价

如前所述,保健食品除具有食品的基本属性(营养特性和感官特性)外,更突出的特征是应具有生理调节特性。只有在确有保健作用的同时,又富有营养且食用安全,才是真正的保健食品。因此,对新产品的研制,必须进行有效性、营养性和安全性评价。

1.有效性评价

保健食品不但要有明显的特定生理调节功能和对特定人群的作用程度,其保健作用还应有明确的营养学和医学依据,而且营养学和医学上的原则应该是相一致的,根据这一原则对所开发的保健食品的有效性,即功能性进行科学的评价。由于保健食品内容覆盖面积比较广,其功能性成分在国内外发现的已达百余种,在进行有效性评价的时候,应该分别从生理学、生物化学及营养学等基础理论出发,来确定这些功能成分的指标及生理意义。

保健食品的有效性评价包括:文献所提供的科学依据;通过动物模型所进行的功能性试验;根据产品功能性所选择特定消费人群的流行病学调查,然后进行综合性评价。

2.安全性评价

菌类保健食品所使用的基料必须符合食品卫生要求和国家规定的有关质量标准,无毒无害,对人体不产生任何急性或亚急性危害,也不允许存在潜在性危害的因素。为此,对新研制的菌类保健食品,必须进行安全性毒理学评价,以便充分揭示其可能存在的潜在毒性和危害。

3.营养性评价

对保健食品的质量要求较一般食品更为严格,在进行上述有效性和安全性评估后,还要对其营养成分进行全面分析评估,尤其是有多种营养素共存的保健食品,必须明确测定其全体营养成分的种类及含量、理化指标和相互之间的关系。

4.效益性评价

菌类保健食品开发,既是以获得企业经营效益的商业性生产活动,又同时对消费者的健康承担着社会责任。为使经济效益与社会效益达到和谐统一,在经上述3种评价后,还必须考虑到食品效益指数的大小。食品效益指数包括营养价值、保健作用、安全性、可贮藏性、可接受性、重量、价格、能源消耗。效益指数的大小与前5个因素成正比,与后3个因素成反比。

超级链接

我国部分大型真菌经济价值介绍

序号	种名		食用菌		药用菌	
	中文名	拉丁文学名	食用价值	人工栽培	药用价值	抗癌作用
1	金顶侧耳	*Pleurotus cirtinopileatus*	√	√	√	
2	阿魏侧耳	*Pleurotus ferulac*	√	√	√	√
3	香菇	*Pleurotus edodes*	√	√	√	√
4	裂褶菌	*Schizophyllum commne*	√	√	√	√
5	金针菇	*Flammulina velutipes*	√	√	√	√
6	蒙古口蘑	*Tricholoma mongolicum*	√	√	√	√
7	玉蕈	*Hypsizigus marmoreus*	√	√	√	√
8	蜜环菌	*Armillariella mellea*	√	√	√	√
9	假蜜环菌	*Armillariella tabescens*	√	√	√	√
10	草菇	*Volvariella volvacea*	√	√	√	√
11	双孢蘑菇	*Agaricus bisporus*	√	√	√	√
12	毛头鬼伞	*Coprinus comatus*	√	√	√	√
13	黄伞	*Pholiota adiposa*	√	√	√	√
14	榆耳	*Gloeostereum incarnatum*	√	√	√	√
15	猴头菌	*Hericium erinaceus*	√	√	√	√
16	灰树 花	*Grifola frondosa*	√	√	√	√
17	茯苓	*Poria cocos*	√	√	√	√
18	灵芝	*Ganoderma lucidum*	√	√	√	√
19	松杉灵芝	*Ganoderma tsugae*	√	√	√	√
20	木耳	*Auricularia auricula*	√	√	√	√
21	金耳	*Tremella aurantialba*	√	√	√	√
22	银耳	*Tremella fuciformis*	√	√	√	√
23	长裙竹笋	*Dictyophora indusiata*	√	√	√	√
24	蛹虫草	*Cordyceps militaris*	√	√	√	√
25	冬虫夏草	*Cordyceps sinensis*	√	√	√	
26	羊肚菌	*Morchella esculenta*	√	√	√	
27	黑柄炭角菌	*Xylaria nigripes*		√	√	
28	长根奥德蘑	*Oudemansiella radicata*	√	√	√	√
29	榆生离褶伞	*Lyophyllum ulmarium*	√	√	√	√
30	安络小皮伞	*Marasmius androsaceus*	√	√	√	√

——整理自《中国经济真菌》(卯晓岚，1998)

第三章　药用大型真菌制剂的研制与开发

知识目标

- 了解药用大型真菌制剂的选题与选方知识。
- 了解稳定性与药效学研究知识。
- 了解毒理学研究与评价知识。
- 掌握剂型和基础工艺知识。
- 掌握临床研究、评价与质量标准知识。

素质目标

- 能够自主查阅、整理网络资料,并能够进行学习资料的交流。

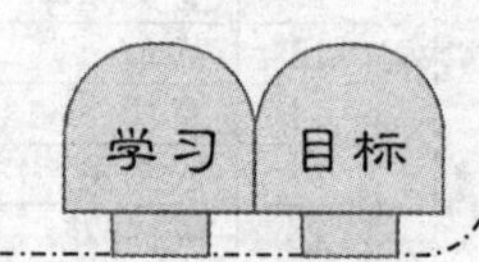

大型药用真菌制剂的研制与开发有2条途径,即采用中医药学理论体系来开发中药新药或用西医药理论体系来开发西药新药。传统药物以草药为主,菌类是草药的来源之一。世界卫生组织认为传统药物特别适合发展中国家解决医疗保健问题,对发达国家的新药研究开发来说,也同样具有重要的意义。中药以其完整的理论、独特的疗效,在传统药物中占有举足轻重的地位,已经成为国际社会关注的焦点,世界上已有许多国家开始重视草药制剂的开发研究,中国传统药物中的灵芝、冬虫夏草和茯苓等菌类,都是引人瞩目的研究重点。

第一节　选题与选方

一、选题的原则

中药新药的研制与开发是我国今后10～20年内新药研制与开发的主体。真

菌药剂的新药研制与开发应以符合社会需要为其主要的目的。随着世界性的生态环境、社会经济、生活方式、物质资源、卫生条件等多种因素的影响，以及这些影响对人体素质和致病因素所带来的变化，使人口谱和疾病谱也出现新的变化，都为新药的研制与开发提供了很多的思考和要求，应充分发挥药用真菌的特殊优势，创制有效的防治药物。此外，还要加强对常见病、多发病和胃肠道、呼吸道疾病的药物研究，研制疗效更好的换代产品，以适应社会的需要。真菌药物的功能是多方面的，其化学成分比较复杂，但在增强免疫功能方面能显示出独特的优势，是一个有前途的开发领域，但这并不意味着对其他功能成分的忽视。选题初步确定后，应从水平目标进行自我评价，即借助于课题的检索，对选题的科学性、先进性、实用性进行水平评价，进而分析选题的风险几率。效益评价包括科学效益、社会效益和经济效益的评估。即新药选题对本学科从学术上、科学价值上有无推动作用，对所针对的病症，从病因、病机以及临床治疗上，能否起到突破性进展，或衡量其进展的程度，针对人口谱、疾病谱和健康谱等诸多方面信息的反馈，评价选题对社会医疗保健事业所起到作用；最后评价其经济效益，能否以最小的经济消耗，创造出理想的价值，获得最大而合理的经济效益。

二、选题的方向

随着世界性人口谱、健康谱、疾病谱的变化和医学模式的转变，对新药的开发研究也提出了新的要求。据 WTO 和国内外疾病谱的报告，有关专家预测，今后 10 年内世界性新药研究动态，应根据当今世界性新药研制的预测和分析，结合我国人口谱、疾病谱的变化，以及国内外对中成药的需要，近年来中药新药的研制动态，以及真菌药剂自身的特点，如对心脑血管疾病防治所显示的独到优点，真菌多糖在肿瘤防治上的巨大潜力，对胶原系统疾病、系统性红斑狼疮等免疫性疾病防治上的优越性，在调节功能紊乱、防老抗衰等方面的普遍性，以及国外逐渐认识到传统药物(包括真菌)对艾滋病的防治效果等，今后的真菌药剂开发研究选题，可以考虑放在以下几个方面：心脑血管病药物(含高血压、高血脂症等)，抗肿瘤药物，肝炎防治药，抗病毒药(含艾滋病防治药)，免疫功能调节药(含抗抑郁、内分泌失调、功能性障碍等)，抗感染和镇惊药，抗风湿病药，抗衰老、防治老年性痴呆药，抗过敏药，妇幼用药，皮肤病及常见病、多发病用药等。

三、选方

真菌药剂能否安全并有较好的疗效，首先决定于所选用的方剂是否主治明确、组成合理、配伍严谨、药量恰当。同时，方剂也为药效实验、制剂工艺、剂型选择提供了合理的物质基础。真菌药剂的方剂包括以下几个来源：

1. 传统古方

传统古方包括见于历代医籍的各种“经方”和“时方”。经方一般指东汉张仲景《伤寒杂病论》所载方剂；时方是指唐、宋代以后出现的方剂或指除《伤寒杂病论》所载方剂之外的方剂，一般称为“古方”。宋代的《太平惠民和剂局方》是我国历史上由政府颁发的“中成药典”，载方 788 种；我国现存方书有 2 000～3 000 种，方剂达到数十万计，真菌方剂有数十万种，其中只有极少数被制成中药，因此具有很大的开发潜力。

2. 民间验方

民间验方即在一定区域内民间流传或祖传的治疗某类或某种疾病的有效方药，包括各种“验方”、“秘方”、“偏方”和“单方”，民间有时通称为“海上方”。这类民间验方通常适用于常见病、多发病的治疗，对于某些棘手的疑难怪病，也有独到的治疗效果。我国民间验方数量很多，达数十万种，其中有不少是药用真菌方剂。在近几年开发的真菌药剂中，如“安洛痛”、“槐耳冲剂”、“益心安片”等，都是从民间验方中发掘出来的新药。对于此类方剂，首先应对其来源进行详细的考证与审核。若组方合理，有一定的临床基础，可作为选方的依据。

3. 科研成果方

根据临床科研课题，针对某病症，经过精心设计，按照科研的系列要求，结合以往的临床实验，选定的处方或经过药物筛选组成的方剂；或是根据新发现的中药材、中药材中提取的单一成分或有效部位等单独或复合组成的方剂。此类处方一般都要经过生化、药理、毒理，明确其主治功能，并进行临床试验，以取得其开发新药的依据。在真菌药剂的新药开发中，后者更为常见。如“肾炎康”、“肝必泰”、“维肝福太”、“宁心宝”、“胃乐新冲剂”等，都是采用系统研究的方法开发的新药。

4. 名医验方和协定处方

名医验方是指由著名老中医提供的经验方，或在某医院长期使用，已形成医院制剂，成为医院医疗特色的处方；协定处方是医院处方在临床应用取得一定经验后，经医药双方协定制成的中药制剂以应用于多数患者。上述方剂皆非成方制剂，但其特点都有较好的临床基础，功能主治与适应症候明确，可作为新药开发的依据在近代名医的“医案”、“医话”和“医论”等著作中，有不少真菌方剂，是真菌药剂新药开发不可忽视的一个领域。

5. 老药更新方

药剂来源于《中国药典》及颁布药标准，属原有产品，但因剂型或疗效等诸多方面的原因，需在原方基础上进行修改，以提高疗效或增加适应证，或需改变剂型，使

之更符合临床需要。如前面已提到的"舒筋丸"等。

处方选定之后,要运用中药理论,结合临床实验资料,对方剂进行综合分析。先从方证开始,对病因、病机、症候特点进行剖析,提出辨证结论和立法原则。再根据治法论方,对方剂中所用真菌品种或与之配伍的中药的性味归经、配伍禁忌、功能主治、毒性大小、有效成分、用法用量进行全面分析;对复方中配伍药物,通过对"君臣佐使"的分析,已确定药物之间的关系和在处方中的作用地位,进行确定该方剂的功能与主治范围。

第二节 剂型与基础工艺

一、剂型

药物剂型是一门科学,是中医药学的一个重要组成部分。剂型选择是在中医传统理论和实践经验的基础上,根据临床需要和药物自身的理化性质,并结合现代制剂工艺学的发展而选择确定的。药物剂型的选择包括以下2个方面:

1.对传统药物剂型进行改革

我国传统中药制剂形式比较落后,质量不高,在一定程度上阻碍了中医药的发展,为了有利于中医药现代化,采用现代科学技术,使之能更科学合理地应用于临床,是一个很值得重视的课题。采用这一途径对我国传统真菌药剂进行剂型改革,将使我国传统真菌制剂获得新的生命力。如,1994年邸铁锁等对山西传统真菌复方制剂"舒筋散"进行剂型改革,改散剂为胶囊剂,不但克服了原服药量大,味苦,难以吞咽和不易贮存过夏等缺点,且新剂型毒性明显降低,疗效增高。

2.发展新的剂型

要充分运用现代科学技术和制药工艺学发展的成就,开发新的剂型,包括各种片剂(如浸膏片、包衣片、长效片、微囊片、泡腾片、口含片、多层片等)、浓缩丸、胶囊丸、微囊剂、流浸膏、冲服剂、注射剂、软膏剂、乳剂和薄膜剂等,使之能够提高真菌制剂的临床效果和其商品性能。

二、基础工艺

真菌制剂的研制,在选题和处方确定之后,试验工作的第一步就是进行工艺研究。对于一个新药的其他任何研究过程,如药理、毒理、临床、质量标准、稳定性等,都是针对一个合理、稳定、成熟的制备工艺制造出来的样品进行的,如果离开这个样品,便将失去一切研究工作的基础,无法纳入新药研制的正常轨道。概括地说:

合理的工艺研究，不仅可使其他研究工作能真实客观地反映新药的实际，还有助于稳定产品的质量。在工艺研究过程中可以总结各单元工艺的合理性和科学性；各中间体和成品质量的因素，有利于制定各中间体的质量控制指标，通过对这些因素的控制，而使产品的质量得到保证。

新药研制的工艺设计有以下几个基本原则：服用量少；有效部分比例高；吸收好；严密配合临床试验的要求，如吸收的快慢，作用时间的长短，全身和局部作用等，保证使用上的方便。在此原则下，进行方药分析、比较，对基础工业条件进行选择。

真菌药剂的制备基础，包括制剂所必须具备的药剂卫生以及成型前的各项基础工艺，包括粉碎、筛选、浸提、分离、蒸发、干燥以及增溶、乳化、混悬等单元工艺环节。真菌药剂的质量，取决于这些单元工艺设计上的合理性和先进性。除采用药剂生产的常规技术外，应合理地采用各种先进的制剂工艺。如近 20 年来发展起来的微粉技术，采用这项新技术加工的固体微细粒子，被赋予许多新的理化特性：具有巨大的表面积和巨大的孔隙率，并具有巨大的表面能，使之具有高溶解性等方面的活性、很强的吸附性和流动性，这些新的特性对于提高制剂质量，解决现代药剂生产中的问题，日益显示出其重要意义。此外，保健食品开发研究所应用的高新技术，如生物技术、膜分离技术、干燥工艺等，在药用真菌新药制剂开发研究过程中，均可参照选用。

第三节　稳定性与药效学研究

一、稳定性

药品的安全、有效、优质是评价药物的 3 个基本原则，作为新药研制，除要求新药具有一定的安全性和有效性外，还要求新药具备一定的稳定性。药品的稳定性是其质量优劣的重要评价指标之一。

药品稳定性的研究，是为了探测药品生产后供临床使用前可能产生的质量变化，以及影响药品稳定性的因素，研究提高药品稳定性的技术措施和合理的贮存条件，使该药品在允许使用的期限内，将其可能产生的质量变化，控制在一定的允许范围内。

影响药物稳定性的因素表现在以下 3 个方面：

1. 生物变化

引起生物变化的内在因素是由于加工过程中灭活不彻底，故在贮存过程中，因

酶化学作用而使药品中的某些成分分解，从而降低疗效，甚至产生毒副作用。生物变化的外在因素是由于细菌或其他微生物污染而造成变质，使其产生出现外观和内在质量的变化。

2. 物理变化

物理变化主要指贮存过程中其物理性能的改变，如片剂的碎裂、潮解、包衣龟裂、崩解度及硬度变化；注射剂的颜色及澄明度变化等。其发生原因除与配方和工艺等内在因素有关外，运输、贮藏等外部环境因素也会成为导致变质的重要原因。

3. 化学变化

真菌制剂不论是单方或复方制剂，大都含有多种复杂的成分，在适宜的外界环境影响下，各种成分本身，以及成分之间常会发生分解、氧化、聚合、异构等化学变化，从而造成药物的变质或影响疗效。这种变化在外观上很少有较明显的改变，故而研究新药成分的内在变化，应成为稳定性研究的主要内容。

二、药效学研究

新药的有效性评价分为 2 个阶段，即药效学研究与评价和临床研究与评价。药效学研究的目的，在于初步证明新药是否有效，药效的强度、范围和特点，有无实用价值和开发前景，从而对新药的有效性作出初步评价。在此基础上对新药进行分析，进行人体试验的条件是否成熟；提出临床研究应注意的事项，如功用、主治、适用范围的拟定；观测指标的选择；拟定临床治疗方案，如剂量、给药途径、次数、疗程等，为进行临床试验提供足够的科学依据。药效学研究存在一定的局限性，如人与动物种属差异及个体差异，临床疾病与动物模型的差异等，均会影响到实验效果。新药的有效性评价不经药效学研究而直接跨入临床研究是不科学的，临床研究是药效学研究的继续和深入。只有将两者的结论进行综合验证，才能对新药的有效性做出科学、准确、全面的评价。

1. 基本方法

真菌药物常具有多方面的药效或通过多种途径发挥作用的特点，真菌复方的这一特点尤为显著。一般应根据新药的主治(病或证)，参考其功能，选择 2 种或多种试验方法，进行主要药效研究。直接证实主要药效的核心试验(或主要试验)为必不可缺的项目，可选作不同模型、方法、动物及给药途径的试验，一般做 2～3 项即可；间接证实主要药效或次要治疗作用的外围试验(或辅助试验)，可根据新药的特点，功能主治及已有的临床试验，酌情在每个方面选做 1～2 项即可。真菌药物由于成分复杂，除有效成分外，尚含有若干无关成分及干扰成分，因此，药效学研究试验应以体内试验为主，体外试验为辅，以消化道给药为主，其他给药途径为辅。

在一般情况下，核心试验（或主要试验）是评价新药有效性的主要依据；适当配合外围试验（或辅助试验）有助于全面、准确地评价其有效性，但不可用外围试验取代核心试验。

2. 实验动物的选择

实验动物是否符合要求，将决定试验的质量与结果的可靠性。首先，实验动物必须是健康的，符合一定的客观指标（二级动物）；其次，要根据实验目的选择适龄动物，一般实验常用雄性动物，或雌雄各半使用，但进行至畸试验及对雌性内分泌和雌性生殖系统作用的药物，则需用雌性动物；再次，应考虑动物对药物反应的差异，包括动物与人的差异，不同的动物种属之间的差异，使动物的实验结果尽量与人接近；最后，有些动物有自发疾病，这种疾病与人体疾病有某些相似之处，可用这些有自发疾病的模型动物，进行相关药物的药效学评价。

3. 动物模型的建立

①对新药进行筛选评价的动物模型，一般以整体动物为好，如特异性好，能反映药理作用的本质，有时也采用离体实验模型或试管内进行，其基本反应性质必须是与整体情况相一致。

②新药有效性评价，可以用正常动物观察药物对其生理状态下的各种生理功能、生化指标及组织形态等方面的影响；但对某些药物方面而言，必须选用与人体相似的病（或证）的动物模型，才能更真实地反映药物在病理状态下对动物的作用，准确地评价其有效性。

③中医“病”和“证”动物模型，应以中医理论为基础，根据病因、病机或以“病”拟“症”的方法，来建立与临床相似的动物模型。

动物模型的建立方法可采用遗传、饲养、给药、手术伤害或其他物理、化学、生物学方法来建立，采用何种方法为宜，要根据动物模型的类型来确定。

4. 观测指标的选择

建立了合理的模型及方法后，选择符合要求的观测指标，才能准确无误地反映出药物对机体的影响，并评价新药的有效性，观测指标的选择要求：

①特异性。应选针对性强，专属性好，能反映变化本质及主要药性的指标。

②敏感性。指标要敏感，对于病情及症状的任何变化，对药物的防治作用，能敏感、准确地反映出来，但要防止假阴性结果。

③重现性。指标要稳定，重现性好，结果才可靠。

④客观性。主观检测的指标，误差较大如目测血压计水银柱的变化，误差较大，而用描记仪直接描记血压曲线，能客观、动态地记录血压变化，更为精确。

上述各种指标均有其优点，亦有其局限性，为此常需多指标综合考察，相辅为

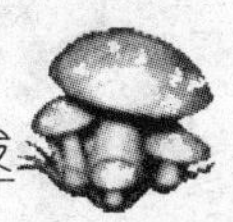

用，使实验结果更为全面、准确、可靠。

5.受试药物

①药物的要求。受试药物是药效研究的对象，是新药有效性评价的物质基础，因此，受试药物必须是处方固定的剂型及质量准确的药物，或不含赋形剂的半成品。

②给药途径。为准确评价新药的有效性，各种试验应采用2种给药途径，其中一种应与临床用药途径相同，如确有困难者，也可选用其他给药途径。要注意排除非特异性反应，对粗制剂或溶解性较差的药物，可仅用一种给药途径试验，但要尽量与临床用药途径相一致。

③给药剂量。评价新药的有效性对给药剂量要有明确的概念。严格地说，药效最终是指在人体能接受的剂量下，药物产生的作用。因此，在新药的有效性试验中，中药的是在整体条件下，在接近治疗剂量时所起的作用。各种药效学试验至少要设2个测量组，剂量选择要合理，其中一个剂量应相当于临床剂量的2～5倍。

6.对照药的选择

对照是科学研究的3大原则（随机、对照、重复）之一，没有阳性对照药，就无法对新药的有效性进行正确的判断。对照试验中，有2个或2个以上的相似组群，一个是“对照组”，作为比较的标准；另一个是“试验组”，要通过某种实验，以便确定药物的影响。

7.统计学处理

新药药效学研究阶段的统计学工作，包括试验前的设计和试验后资料的处理2个方面：科学、合理的试验设计，能使试验结果比较明确地回答所提出的问题，提高试验的精确性；在进行试验结果分析整理时，要科学地运用各种统计方法，对试验结果作出正确的分析判断。

第四节　毒理学研究与评价

一、毒理学研究

毒理学研究的目的在于新药进入临床试验之前，经毒理学研究，对其毒性、疗效等全面衡量，排除不安全药物用于临床；还可发现其毒性作用的性质和规律，以及大剂量使用后可能产生的机体毒性反应。毒性反应的靶器官和毒性反应的可逆性，可为临床的安全用药提供导向。通过药效学和毒理学研究，特别是通过动物的最小致死量（或最大耐受量）与药效学有效剂量的比值，估算出新药的安全范围，能为临床用药的可靠变动范围提供重要参考；毒理学研究中发现的药物毒性作用靶器官，能为临床禁忌症提供重要参考，以免该器官受到进一步损害。

新药研制均应做毒理学研究以保证其安全性。根据《新药审批办法》中，有关重要部分的修订和补充规定，除第五类新药制剂由于已进行过毒性试验可不作要求外，其他各类新药的毒理学研究内容见表 3-1。

表 3-1　各类新药的毒理学研究内容

类别		急性毒性试验	长期毒性试验	特殊毒性试验
药材	第一类	+	+	+
	第二类	+	+	—
	第三类	+	±	—
	第四类	±	—	—
制剂	第一类	+	+	+
	第二类	+	+	—
	第三类	+	+	—
	第四类	±	±	—
	第五类	—	—	—

二、毒性试验

（一）急性毒性试验

急性毒性试验是指动物单次服药或短时间内（一般指 24 h 内）数次服药（2～3 次）后所引起的快速而剧烈的中毒反应，急性毒性试验包括定性观察和定量观察。定性观察的目的在于观察服药后动物有哪些中毒表现，其出现或消失的速度，涉及哪些组织和器官，最主要的靶器官是什么，其损伤情况和可逆性如何，中毒死亡过程有哪些特征以及可能的死亡原因等。定量观察的目的在于观察药物的“剂量-反应关系”和“剂量-效应关系”。前者是观察剂量与总体样本出现特定效应的比例之间的关系，后者是观察剂量与个体或总体样本中出现的特定效应的程度之间的关系。在急性毒性试验中，最主要的定量观察指标是致死剂量（LD）特别是 LD_{50}。

急性毒性试验包括以下内容：

1. 半数致死量（LD_{50}）测定

观察一次给药后动物的毒性反应并测定其半数致死量（即导致一半试验动物死亡的剂量）选用拟推荐临床试验的给药途径。水溶性好的药物还应测定注射给药的 LD_{50}。给药后至少观察 7 d 记录动物毒性反应情况。动物死亡时应及时进行

目测尸检，当尸检发现病变时应对该组进行镜检。

2.最大耐受量(MTD)测定

如因受试药物的浓度和体积限制，预计一次给药无法测出 LD_{50} 时，可作一次或一日内最大耐受量试验，即选用拟推荐临床试验的给药途径，以动物能耐受的最大浓度、最大体积的药量或一日内连续 2～3 次给予动物，连续观察 7 d 详细记录动物反应情况，计算出总给药量(g/kg，系折合生药量计算)，并推算出相当于临床用药量的倍数。

(二)长期毒性试验

长期毒性试验是亚性和慢性毒性试验的总称。长期毒性试验的目的在于：通过长期反复给药，观察受试药物产生的毒性反应、中毒症状及发生率；提供毒性反应的靶器官及其损害的可能性；初步确定无毒性反应的安全剂量；观察停药后毒性反应的回复情况。长期毒性试验通过多次给药，更接近临床，并借助各种检测技术，较全面地反映药物对机体各器官系统的影响，暴露毒性反应的靶器官；可为安全用药提供更加充足的依据。

新药的长期毒性试验，一般选用噬齿类和非噬齿类两种动物进行试验，可互相补充，相互印证，以提高预测于人的几率，长期毒性试验的剂量选择，不仅要参考急毒性试验的结果，还要参考药效学试验资料，或用预试方法的测定出致死量并以此为依据计算出最大耐受量，即不引起死亡但可以引起严重中毒的最大剂量。试验设计一般选择 3 个剂量组。高剂量组略大于 MTD 应出现明显毒性反应部分或部分动物死亡(＜20％)；低剂量组应选择不出现异常反应的最高剂量，使试验结果能显示与受试药物的线性关系。长期毒性试验的给药途径应尽量与拟用临床试验的途径相一致，给药周期一般定为 3 个月或视需要延长给药时间。长期毒性试验的观察内容包括一般状况和中毒症状、血液学指标、血液生化学指标、尿常规以及系统尸解和病理组织学检查。

最后一次给药后 24 h 每组活杀部分动物(2/3)，按以上要求检查各项指标。余下的动物停药，继续观察 2～4 周，观察内容与给药相同，最后活杀检查，其尸解和病理组织学观察项目同前，将所有各项指标停药前比较，以了解毒性反应的可逆性程度，和可能出现的延迟性毒性反应。对产生不可逆功能损害和组织病变的药物，要慎重考虑临床问题。

(三)特殊毒性试验

特殊毒性试验的目的是评价新药是否具有致突变性、生殖毒性和潜在致癌性。特殊毒性试验与一般毒性试验不同：一方面，试验项目须考虑体内和体外，体细胞或生殖细胞及不同遗传终点等因素，才能作出较为全面可靠的判断；另一方面，又需考虑新药自身的药理毒理作用特点、价值及前景等因素，决定试验采用的广度和深度。特殊毒性试验内容主要是致突变试验。致突变是指药物引起细胞基因突变，它和致癌和致畸之间都有密切关系。中药一类新药以及药效学试验证明有较强细胞毒作用的抗肿瘤新药，或含有较强致癌、致突变活性成分者均需做此试验。致突变试验包括：

1. 致畸试验

药物的生殖毒性，从理论上说，凡能透过胎盘屏障，特别是其中具有激素样作用，或抗代谢作用，都可能对胎儿产生致畸影响。故新药研制中，除一类新药外，凡同妊娠有关的新药，或在常规毒性试验中发现对生殖系统有毒性的新药，均需做致畸试验。

2. 致癌试验

中药新药含有较强、且较高的致癌、致突变性成分，经致突变试验阳性者，均应进行致癌试验。由于本试验一般要观察动物终生或接近终生，特别是判定受试验无致癌危险时，更强调要长期观察。致癌试验分为 2 个阶段，即短期致癌试验和长期致癌试验，根据各组肿瘤发生率、潜伏期和多发性等作出全面的科学评价、判定为阴性或阳性结果。

第五节　临床研究、评价与质量标准

一、临床研究、评价

新药研制的临床研究是以人为受试对象，在一定条件控制下，科学地考察和评价新药对特定疾病的可靠预防或治疗作用，以及可能潜在的毒性反应和过敏反应以及这些不良反应产生的原因和危害程度，对新药的有效性和安全性作出科学的评价。临床试验的具体要求包括：

①试验对象的标准。根据新药的功能与主治制定的诊断、辩证标准，试验病例标准，包括纳入标准和排除标准。所采用标准应具有一定的合理性、准确性、特异性、重视性、计算性和客观性。

②对照药物及对照方法。为正确评价新药的有效性，在临床研究中应选用抑制有效药物与实验用药进行对照。遵循对照要选择的一般准则，并用随机化的原则进行实验方法设计，以减少或避免来自医生或患者的偏倚，使治疗组和对照组之间相对均衡而具有可比性。

③观测指标及疗程。临床观察项目的设立，疗效的断定，不良反应的检测等，

整个过程要做到方法规范化、单位标准化，软指标量化，观测与记录时间一致及数据可靠。

④疗效判定。是对各观察指标所进行的综合判断。因此，关键性客观指标必须具备有效性、可信性、特异性的条件。在疗效判定时，着重统计和观察显效以上结果。然后将疗效结果的各项数据进行统计学处理。

真菌药剂的临床方案，应以中医药理论体系为指导，根据新药的方剂组成，确定其功能主治，并根据功能主治选择和确定适应范围，新药的适应病症不宜设置过宽，应确定其主要适应病症，集中观察新药的治疗效应；受试对象的挑选要用诊断或辩证明确的病例；观察指标的设计要坚持有效性、客观性、精确性、灵敏性和特异性等原则。

在新药的临床试验结束后，将各有关临床研究资料进行综合整理，提出临床试验总结报告书，要求全面真实地反映该试验的实施过程，和客观地表述药物的有效性和安全性及其应用价值。

二、质量标准

药用标准是国家对药品质量及检验方法所作的技术规定，是药品生产、经营、使用、检测和监督管理部门共同遵循的法定依据，质量标准又能充分体现药品生产和管理的技术水平和先进程度。适量标准是针对具体对象进行研究的结果，它有实用性的限制。如不同真菌多糖成分，同一真菌在不同制剂中所含的有效成分，其结构和分子量可能有较大区别，其检验指标则不相同，故质量标准研究方法的确定与规格的制定，均应有充分的科学依据。

质量标准是对客观事物认识的阶段性小结，随着生产技术水平的不断提高和测试手段的改进，药品标准得到不断的修订和完善。在《新药审批办法》中，首先规定了临床用药的质量标准，是为保证临床用药的质量稳定；临床试验至申请生产过程中均可不断补充完善；报批新药时，提出的生产用质量标准在发给批文号后，仍有 2 年试行期，在转为正式标准之前仍允许补充完善。

真菌新药的质量标准，可分为原料的质量标准和制剂的质量标准 2 部分。原料到质量标准系指处方中的药材、提取物、有效部分或化学单体的质量标准。以药材而言，包括名称、来源、性状、鉴别、检查、浸出物、含量测定、炮制、功能与主治、用法与用量、注意事项、贮藏等项目；制剂的质量标准内容包括名称、处方、制法、鉴别、检查、浸出物测定、功能主治、用法用量、禁忌、注意事项、规格和贮藏、使用期限等项目，并根据上述要求起草质量标准说明。

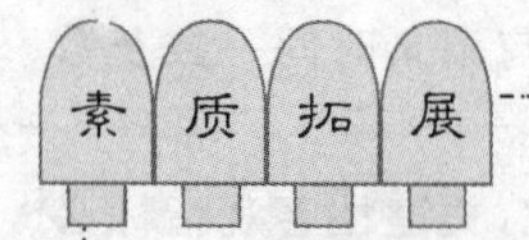

已经完成3个教学单元的学习了，建议授课教师组织申请设立课程学习公共电子信箱，亦或申请设立师生共同学习的QQ群。教师可以通过电子信箱、QQ聊天等补充最新学习资料；学生可以将电子作业直接交到电子信箱中。有兴趣的同学还可以将学习资料定期进行整理，充实到自己的QQ空间中，以便更大范围地交流与共享。同时通过电子信箱、QQ聊天教师可以随时随地对学生进行学习、工作、生活等各个方面的指导，及时掌握学生的学习和思想动态，更利于对学生的正确引导；学生也可以对教师的教学效果及时进行评价，以便教师调整，保证教学效果。这种信息交流方式方便、快捷，它在一定程度上回避了直面对白，比较适合年轻的大学生，易于被学生接受，也使师生之间的感情更加亲切融洽，增加信任度，是拓展师生职业素质、提升人才培养质量的现代化手段与有效载体。怎么样？大家不妨试一试！当你投身其中的时候，你会感觉到学习已经逐渐地变成了你生活中的一种乐趣和一种习惯，而且这是一个神奇的积淀过程！

这里给师生们提出4个素质拓展训练的题目，大家尝试着做一做吧！

1. 查阅大型药用真菌保健食品的相关资料，填写下表。

序号	商品名称	商品类别	药理作用	临床应用	生产企业信息

2. 查阅一两项有关药用大型真菌保健药品与保健食品的立项资料，加深对药用大型真菌制剂选题与选方知识的理解。

3. 查阅并收集几种典型大型药用真菌保健食品的生产工艺流程资料。

4. 查阅我国现行的关于保健食品、保健药品的相关法律与法规资料。

第四章　药用大型真菌生产基本条件

知识目标

- 掌握制种、栽培、加工生产用品、用具的种类与用途。
- 熟悉制种、栽培、加工生产设备、设施的构造与功能。

能力目标

- 能熟练使用制种、栽培和加工用品、用具、设备、设施进行制种、栽培、加工生产。
- 能进行制种设施的设计与场区规划，并能设计、绘制平面图。

素质目标

- 具备一定的语言表达、沟通协调、合作意识和团队精神。

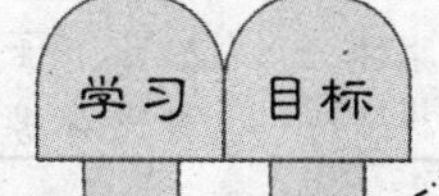

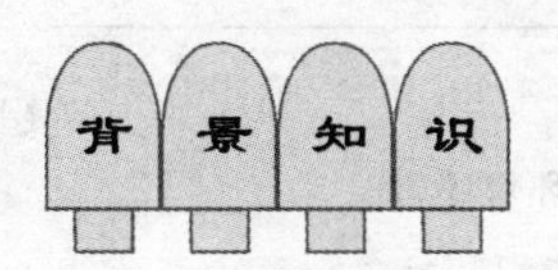

第一节　制种基本条件

一、制种用品、用具

(一)常用药品

药用大型真菌在各级菌种制作生产时常用到多种化学营养物质、天然营养物质和消毒药品。这些营养物质可以为食用菌生长发育提供碳源、氮源、矿质元素和生长因子等物质。这些营养元素中，通常化学营养物质是作为速效性营养直接、方便地被菇菌生长利用(表 4-1)；而天然营养物质由于分子结构复杂，一时难以被菌丝直接吸收利用，而是作为一种缓效的营养逐步为菌丝消化、吸收利用的(表4-2)；消毒用品常在菌种生产中起到抑菌和杀菌的效果(表 4-3)。

表 4-1　制种常用化学营养物质的种类与用途

菌种级别	药品级别	营养物质名称	营养物质用途
母种	分析纯	葡萄糖、蔗糖、麦芽糖、可溶性淀粉等	提供小分子碳素营养
	化学纯	蛋白胨、酵母浸出膏等	提供小分子氮素营养
		硫酸镁、磷酸二氢钾等	提供矿质元素
		氢氧化钠、盐酸、柠檬酸等	调节营养液酸碱度
		琼脂条、琼脂粉等	凝固剂
		维生素 B_1、维生素 B_2 等	微量生长因子
原种 栽培种	工业级	蔗糖、红糖等	提供小分子碳素营养
		尿素、硫酸铵等	提供小分子氮素营养
		石膏、石灰、硫酸镁、过磷酸钙等	提供矿质元素

表 4-2　制种常用天然营养物质的种类与用途

菌种级别	营养物质	营养物质用途
母种	马铃薯、小麦粒、玉米粒、胡萝卜、麦芽等	提供小分子碳素、氮素营养等
原种	木屑、棉子壳、玉米芯、废棉渣、豆秸、稻草等	提供大分子碳素营养
栽培种	麦麸、米糠、玉米粉、豆饼粉、牛粪等	提供大分子氮素营养等

表 4-3　制种常用消毒药品的种类与用途

药品名称	药品用途及用法
乙醇、碘伏等	表面擦拭消毒
气雾消毒剂、福尔马林(40%甲醛溶液)等	熏蒸消毒
来苏儿、新洁尔灭、石炭酸、高锰酸钾、硫磺等	表面擦拭消毒或环境喷雾
克霉灵、多菌灵、石灰等	拌料

(二)常用物品

制种过程中还常用到棉类制品、塑料制品等(表 4-4)。

表 4-4　制种常用物品的种类与用途

常用物品	物品名称	物品用途
棉类制品	普通棉花	制作试管棉塞
	脱脂棉	制作酒精棉球
	纱布	过滤、制作试管棉塞
塑料制品	高压聚丙烯和低压聚乙烯塑料筒袋、折角袋,塑料套环,塑料盖,聚丙烯菌种瓶等	盛装菌种的容器、配件
	塑料盆、塑料桶、量杯等	盛器、废物筒等
燃料	煤、柴等	灭菌用燃料
其他制品	报纸、皮套、线绳、口取纸、油笔、铅笔、火柴等	包裹、记录等辅助用品

(三)制种用具

制种常用的用具有衡量用具、玻璃器皿、接种用具(图 4-1)、熬煮用具等(表 4-5)。

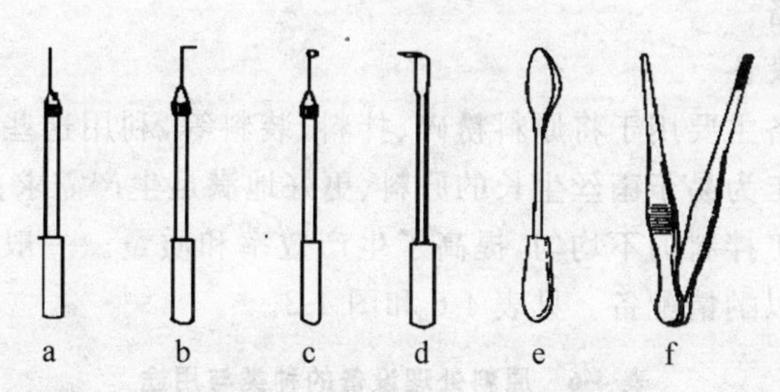

a. 接种针　b. 接种钩　c. 接种环　d. 接种镐　e. 接种匙　f. 镊子

图 4-1　接种工具

表 4-5　制种常用用具的种类与用途

用具类别	用具名称	用具用途
衡量用具	托盘天平、杆秤、磅秤	称量药品及培养料
	100 mL、250 mL、1 000 mL 等规格量筒、移液管	度量、配制药液
玻璃器皿	18 mm×180 mm 或 20 mm×200 mm 试管、培养皿	盛装母种培养基培养母种
	500 mL、1 000 mL 等规格广口瓶	盛装酒精棉球、药液等
	100 mL、250 mL、500 mL 等规格三角瓶	盛装液体培养基培养液体摇瓶菌种、盛装药液
	菌种瓶或者 500 mL、750 mL 罐头瓶	原种、栽培种容器
	温度计、干湿温度计	测定温度、湿度
	酒精灯	烧灼灭菌、火焰封口等
	玻璃搅拌棒等	搅拌
接种用具	尖头镊子、螺纹镊子、长柄镊子	移取酒精棉球、固体菌种等
	接种针、接种钩、接种环	母种提纯、孢子移取等
	接种镐(小)	母种转管
	接种镐(大)	移取母种扩大繁殖成原种
	接种勺、接种枪	移取原种扩大繁殖成栽培种
熬煮用具	电饭锅等	熬煮营养液、谷物等
其他用具	20 mL 医用注射器	分装母种培养基
	削皮器、水果刀	削马铃薯皮
	打孔棒	母种、原种培养基打接种孔
	锹、桶、水管、喷壶、笤帚、周转筐等	拌料、清洁等

二、制种设备、设施

(一)制种设备

1. 原料处理设备

原料处理设备主要用于将原料粉碎、拌料、装料等,利用这些设备可以将难以利用的原材料加工为易于菌丝生长的原料、更好地满足生产需求;同时避免了手工操作的拖沓和人工拌料的不均匀,提高了生产效率和质量。一般小型菌种场或农户小规模生产可以酌情配备。见表 4-6 和图 4-2。

表 4-6 原料处理设备的种类与用途

设备名称	设备用途
切片机	用来将木材切成规格木片,是食用菌栽培用原材料粉碎处理的预前工序设备
粉碎机	用于木片、秸秆、玉米芯等原料的粉碎加工
搅拌机	用来将各种培养料混合均匀
装瓶(袋)机	用于将搅拌均匀的培养料装入菌种瓶或菌种袋

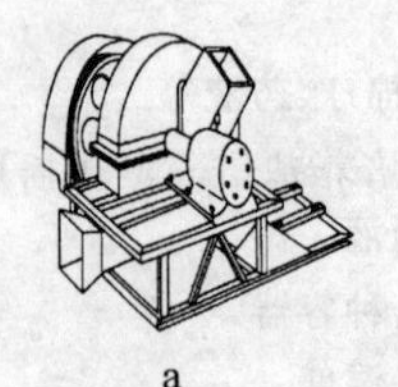
a
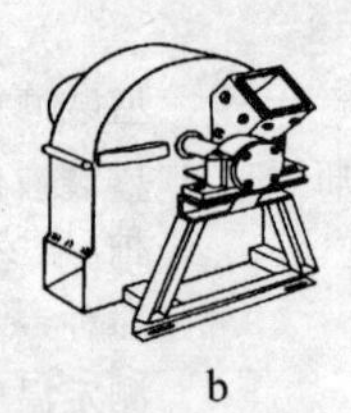
b
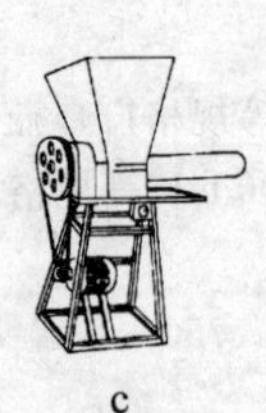
c
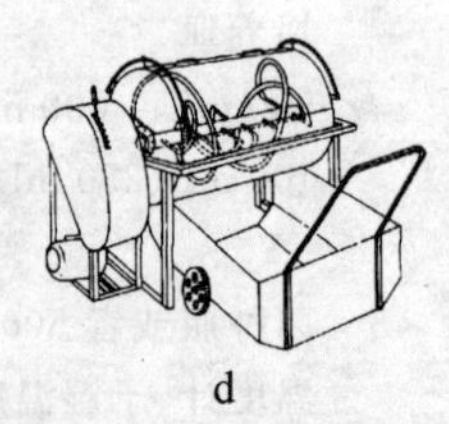
d

a. 木材切片机 b. 木材切屑机 c. 装瓶(袋)机 d. 搅拌机

图 4-2 原料处理设备

2. 灭菌设备

灭菌设备用来彻底杀灭培养基质中的杂菌,是制种生产中必不可少的设备。灭菌设备包括各种高压灭菌锅和常压灭菌灶。高压灭菌设备灭菌效果好、时间短,但是通常设备比较昂贵,一次性灭菌数量有限;常压灭菌灶的建设费用通常较低,一次灭菌的数量较多,可以很好适应生产的需求,但是灭菌时间较长,操作不当容易灭菌不彻底。生产中可根据实际情况酌情选用合适的灭菌设备。

(1)灭菌设备的种类、构造与用途 见表 4-7、图 4-3、图 4-4。

表 4-7 灭菌设备的种类与用途

设备名称	设备用途
手提式高压蒸汽灭菌锅	用于母种培养基和少量原种培养基灭菌处理
立式高压蒸汽灭菌锅	用于原种和栽培种的灭菌处理
卧式高压蒸汽灭菌锅	用于大量原种、栽培种和栽培袋的灭菌处理
简易常压灭菌灶	用于少量原种、栽培种和栽培袋的灭菌处理
大型常压灭菌灶	用于大量原种、栽培种和栽培袋的灭菌处理
简易常压灭菌包	用于大量原种、栽培种和栽培袋的灭菌处理

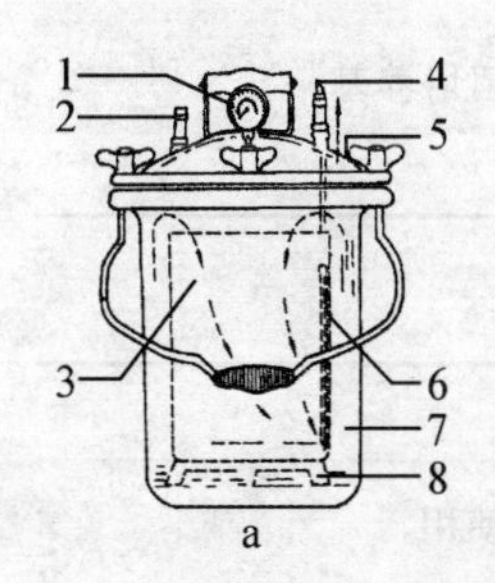

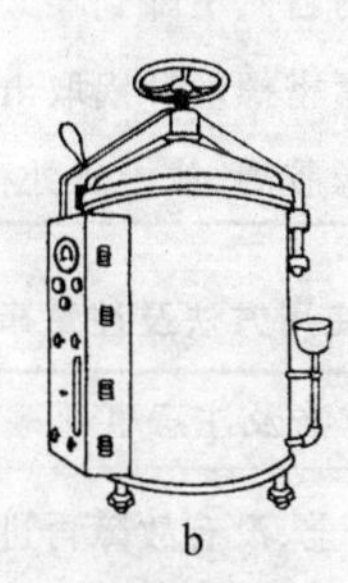

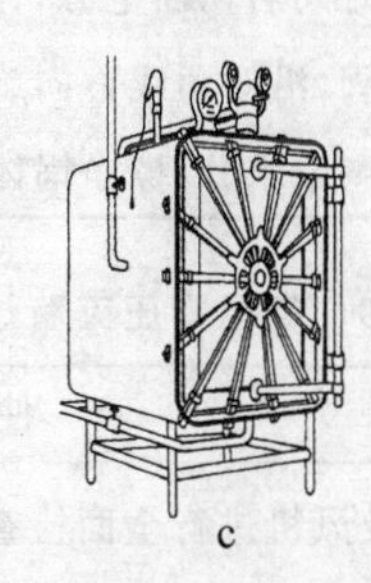

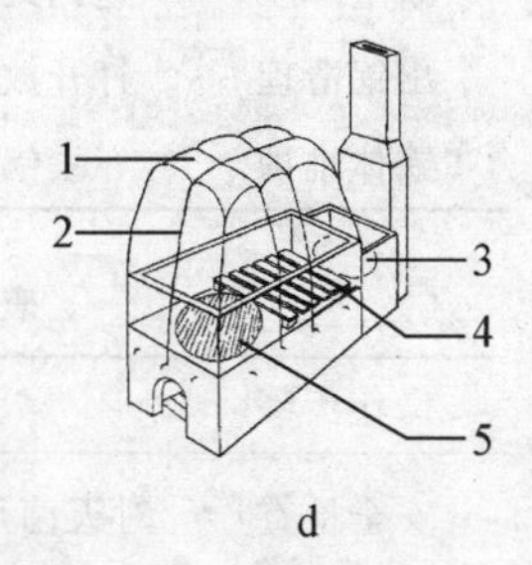

a. 手提式高压蒸汽灭菌锅 （1. 温度压力表 2. 安全阀 3. 内锅 4. 安全阀 5. 锅盖 6. 排气管 7. 外锅 8. 支架） b. 立式高压蒸汽灭菌锅 c. 卧式高压蒸汽灭菌锅 d. 简易常压蒸汽灭菌灶 （1. 塑料布 2. 绳索 3. 预热小锅 4. 木制蒸层 5. 产生蒸汽的大锅）

图 4-3 灭菌设备

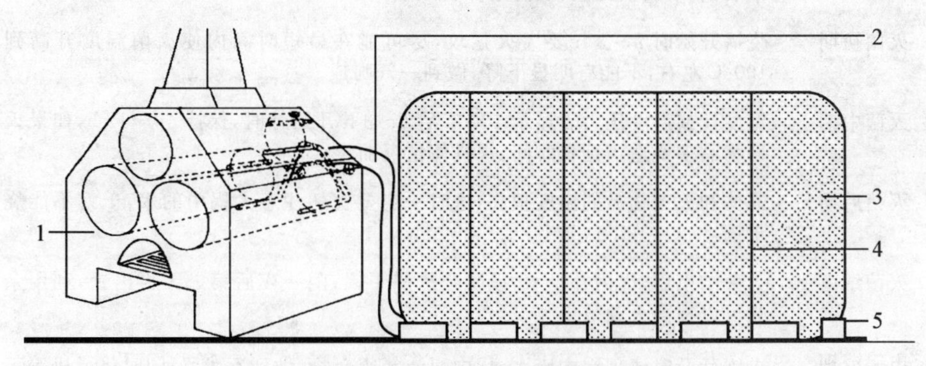

1. 简易汽油筒蒸汽发生器 2. 送气管 3. 灭菌包
4. 加固绳 5. 底部加固的重物

图 4-4 简易常压灭菌包

(2)灭菌设备的使用方法及注意事项 手提式高压蒸汽灭菌锅(表 4-8)和简易常压灭菌灶(表 4-9)广泛应用在各生产企业和农户，本章仅以此二者为例进行介绍，其他灭菌设备的使用方法基本相同。

表 4-8　手提式高压蒸汽灭菌锅的使用方法及注意事项

操作步骤	使用方法及注意事项
安全检查	检查灭菌锅是否存在故障，安全无误后方可使用
加水装锅	向外锅加水，略超过支架；内锅装锅留 1/5 左右间隙，以利于热空气流动
封锅通电	沿对角线方向旋紧锅盖和锅体；接通电源
排冷空气	打开放气阀，直至有大量热蒸汽冒出，之后关闭放气阀
升温保压	指针到达 123 ℃时，计时并维持 123 ℃至所需的灭菌时间
断电降压	达到灭菌时间后切断电源，让压力自然下降到零
出锅清理	打开放气阀，沿对角线方向旋开紧密螺丝开锅取出灭菌培养基
锅体维护	弃去锅内剩余水分，擦净锅体和橡胶圈，放干燥处存放

表 4-9　简易常压灭菌灶的使用方法及注意事项

操作步骤	使用方法及注意事项
安全检查	对灭菌灶及风机进行全面检查，安全、没有故障再进行使用
加水点火	将大锅和小锅的水加满，在装锅前 1～2 h 点火
装锅封锅	均匀码放灭菌物品，不要装得太紧，最好设蒸层或周转箱，用塑料布封锅；夏季装锅、装料要迅速，以防培养料酸败
灭菌初期	烧锅开始时 2～3 h 要大火猛攻，尽可能在最短时间内使灭菌温度升高到 100 ℃左右，不能有明显下降，做到一气呵成
灭菌中期	温度计或温度压力表显示 100 ℃后 2～3 h 开始计时，保持 10～12 h，如果灭菌物品多要适当延长时间，视具体情况而定
灭菌后期	锅体和灭菌物品的温度很高，这时一定要密切注意大锅中的水，千万不能烧干锅
灭菌结束	灭菌结束后，锅内补足水，以防余热烧干锅；闷一夜后第二天再出锅，利用余热可以提高灭菌效果
出锅清理	出锅后及时清理锅中废水、灶中煤渣等废弃物，做到不残留；同时将风机等工具入库，并检查灭菌灶的使用情况

3. 接种设备

接种设备的种类与用途见表 4-10。

表 4-10　接种设备的种类与用途

设备名称	设备用途
超净工作台	制种时的空气净化设备,分单人、双人对置和双人平行操作几种
负离子风机	设备通过瞬间高压电解产生臭氧,臭氧风对接种空间进行消毒
接种箱	用木材和玻璃制成,密闭效果好,有单人、双人式,食用菌生产的必备设备
接种帐	用塑料制作的密闭接种环境,相当于大的接种箱
接种室	用于接种大量的原种和栽培种。建筑面积 10 m^2 左右,配备缓冲间、拉门,要求环境清洁、密闭效果好,室内安装紫外线灯进行消毒

超净工作台和接种箱示意图见图 4-5、图 4-6。

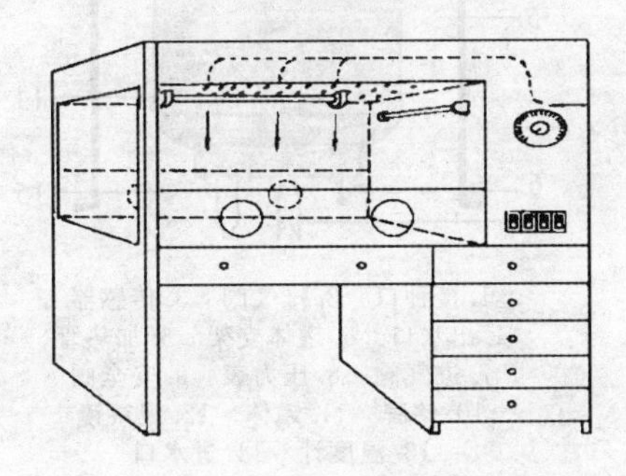

图 4-5　超净工作台

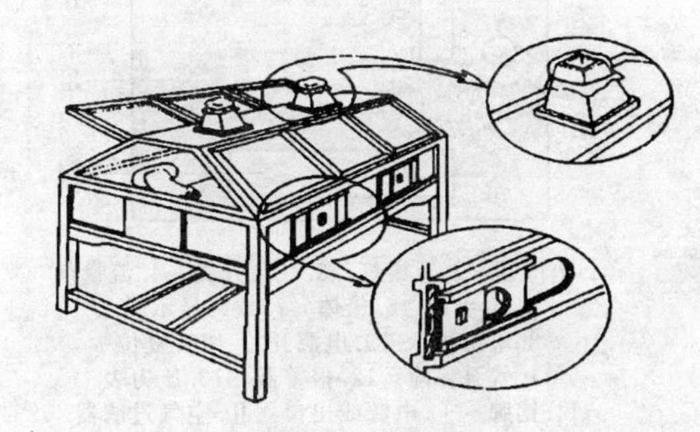

图 4-6　接种箱

4. 培养设备

(1)培养设备的种类、构造与用途见表 4-11,图 4-7 至图 4-10。

表 4-11　培养设备的种类与用途

设备名称	设备用途
恒温恒湿箱	用于高温季节或寒冷季节培养少量母种和原种
摇床	用于少量制作少量的三角瓶液体菌种,常用的有往复式和振荡式 2 种
液体菌种培养设备	用于大量的食用菌深层液体培养或制备液体菌种
培养室	培养菌种的场所,要求清洁、易通风、保温,室内配备培养架

(2)培养设备的使用方法及注意事项　液体菌种器目前在食用菌制种中已经普遍使用,但操作过程比较复杂,完成一个培养循环周期比较长,第五章中将详细介绍液体菌种制作技术,同时对 CQY 系列液体菌种培养设备的使用方法和注意事项也将进行详细的介绍,其他培养设备操作相对比较简单,这里不一一介绍。

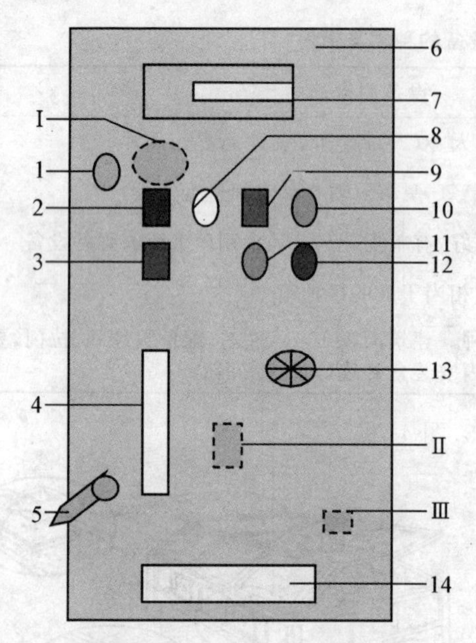

1.上门锁　2.观察灯　3.气泵开关　4.流量剂
5.门手柄　6.箱体　7.数码显示屏
8.电源指示　9.电源开关　10.复位
11.气泵保险　12.报警器　13.压力表
14.铭牌　Ⅰ.电源线出口　Ⅱ.空气过滤器出气孔　Ⅲ.空气过滤器进出口

图 4-7　液体菌种器(控制箱)

(注:1～14为前面板结构,Ⅰ～Ⅲ为后面板结构。)

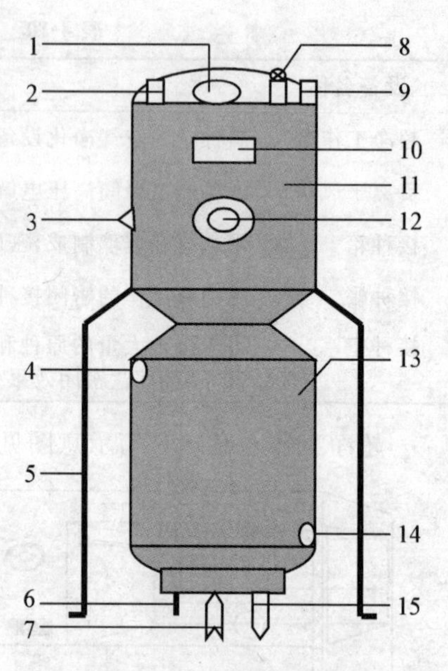

1.接种口　2.排气阀　3.传感器
4.出水口　5.罐体支架　6.加热管
7.进气阀　8.压力表　9.安全阀
10.铭牌　11.罐体　12.观察镜
13.温度计　14.进水口
15.取样阀

图 4-8　液体菌种器(发酵罐)

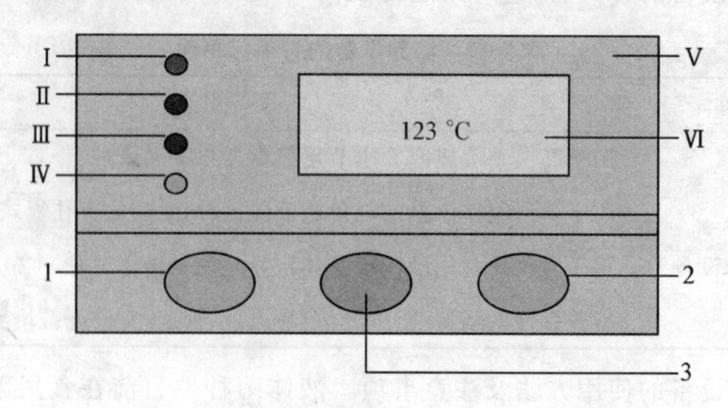

1.灭菌选择　2.培养Ⅰ、Ⅱ温度范围选择键　3.停止报警键
Ⅰ.加热Ⅰ指示灯　Ⅱ.加热Ⅱ指示灯　Ⅲ.报警器指示灯
Ⅳ.灭菌、培养选择指示灯　Ⅴ.电脑数码显示屏
Ⅵ.温度、时间显示屏

图 4-9　电脑数码显示屏

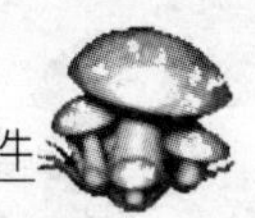

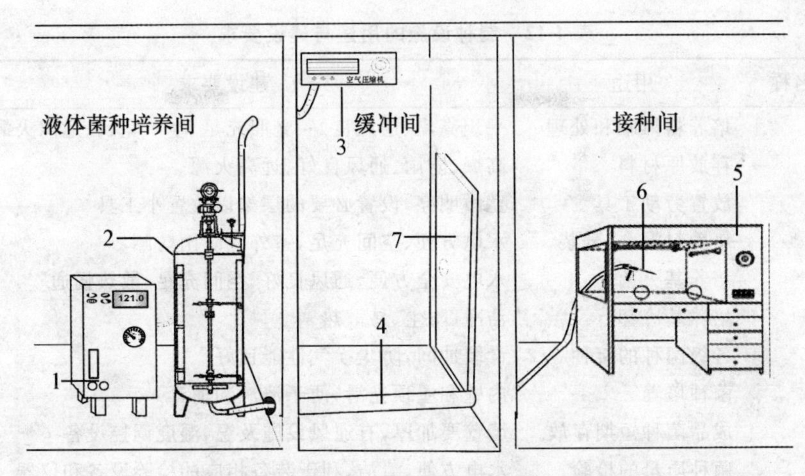

1. 培养控制箱　2. 液体培养罐　3. 空气压缩机　4. 导料管
5. 超净工作台　6. 液体接种枪　7. 活动拉门

图 4-10　液体菌种接种厂接种示意图(牛长满)

5. 其他设备

制种过程中还需要贮藏、保存、检查等设备。母种贮藏一般选用大容量的冷藏柜,经济实用,利用率较高,原种和栽培种的贮藏可以用冷库;保存菌种可选用不同的设备,常用的主要设备有冷藏柜、干燥器、超低温冰箱等;制种过程中的检查工作主要是对菌丝体进行镜检,常用的是普通光学显微镜。

(二)制种设施

制种的基本设施主要包括场区内部的晒料场、原料库、工具库、装料场、灭菌室、冷却室、接种室、培养室、冷藏库、实验室和洗涤室等;为了生产出质量合格的菌种,标准的制种场内同时还要配备必要的出菇示范场所,如日光温室等。这些基本设施之间要有一个合理的布局,让设施的建筑布局和整个制种的生产环节相对应,在保证生产能够正常进行的前提下,要尽可能将装料场、灭菌室、冷却室和接种室之间的距离缩短;同时这些设施要尽量远离晒料场、原料库等杂菌易滋生的地方。

1. 制种设施的用途与建设要求

制种设施的用途与建设要求归纳见表 4-12。

2. 菌种场设施设计

菌种场的设施设计中,场区的整体布局很重要,另外接种室、保护地设施设计一定要合理、实用,符合生产需求。

表 4-12　制种设施的用途与建设要求

场区名称	用途	建设要求
晒料场	培养料摊晒和处理	平坦高燥、通风良好、光照充足、空旷宽阔、远离火源
原料库	存放原材料	高燥、防雨、通风良好、远离火源
工具库	放置劳动工具	宽敞明亮,设置必要的层架以放置小工具
装料场	培养料混合、分装	水电方便、空间充足,室外应防雨防晒
灭菌室	培养基灭菌	水电安全方便、通风良好、空间充足、散热畅通
冷却室	培养基冷却	洁净、防尘、易散热
接种室	各级菌种的接种	设缓冲间,防尘换气性能良好
培养室	菌种培养	内壁和屋顶光滑,便于清洗和消毒
冷藏库	成品菌种短期存放	墙壁要加厚,有通风设施及温、湿度调控设备
检验室	菌种质量的检验	水电方便、清洁,利于装备相应的检验设备和仪器
洗涤室	洗刷菌种瓶、试管等	室内有上、下水道,以利于排除污水
保护地设施	出菇示范、菌种培养	保温性能好,空气通畅,水电方便,符合保护地设施要求

(1)接种室设计　接种室平面设计简图参见图 4-11。

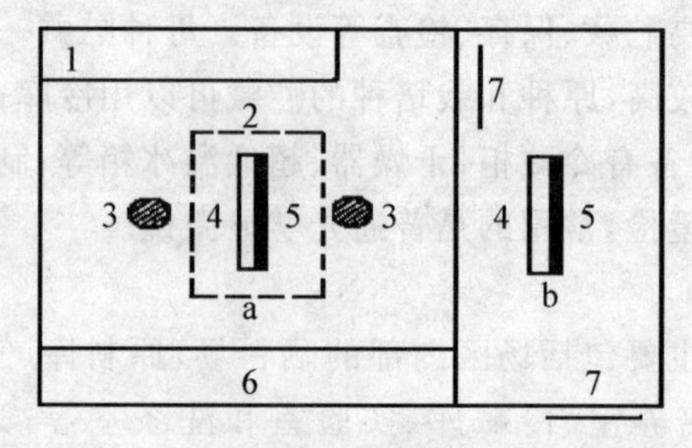

a. 接种间　b. 缓冲间

1、6. 菌种架　2. 操作台、接种箱　3. 凳子　4. 照明灯　5. 紫外线灯　7. 活动拉门

图 4-11　接种室平面图

(2)保护地设施设计　保护地设施设计以日光温室为例(图 4-12)。

在菇菌栽培种植中,常利用的保护地设施有塑料大棚、日光温室、出菇棚、蘑菇房等设施。这些设施的建造要求便于调节光照、易于通风换气、保温保湿性好等特点。同时要结合当地地理优势来设计、建造成本低廉、效能好的保护地设施。

(3)中、小型菌种场设计　场区应选择建立在地势高燥、通风良好、排水畅通、交通便利的地方,至少四周 300 m^2 之内无禽畜舍,无垃圾(粪便)场,无污水和其他污染源(如大量扬尘的水泥场、砖瓦厂、石灰厂、木材加工厂等)。具体设计时,可按

照制种工艺流程，使各生产区形成一条流水作业的生产线，以提高制种效率和保证菌种质量(图4-13)。

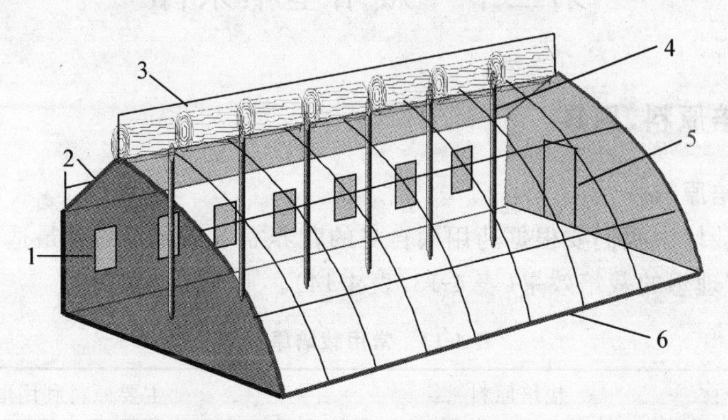

1. 窗户　2. 后坡　3. 草帘　4. 立柱　5. 门　6. 拱架

图 4-12　日光温室结构剖视图(牛长满)

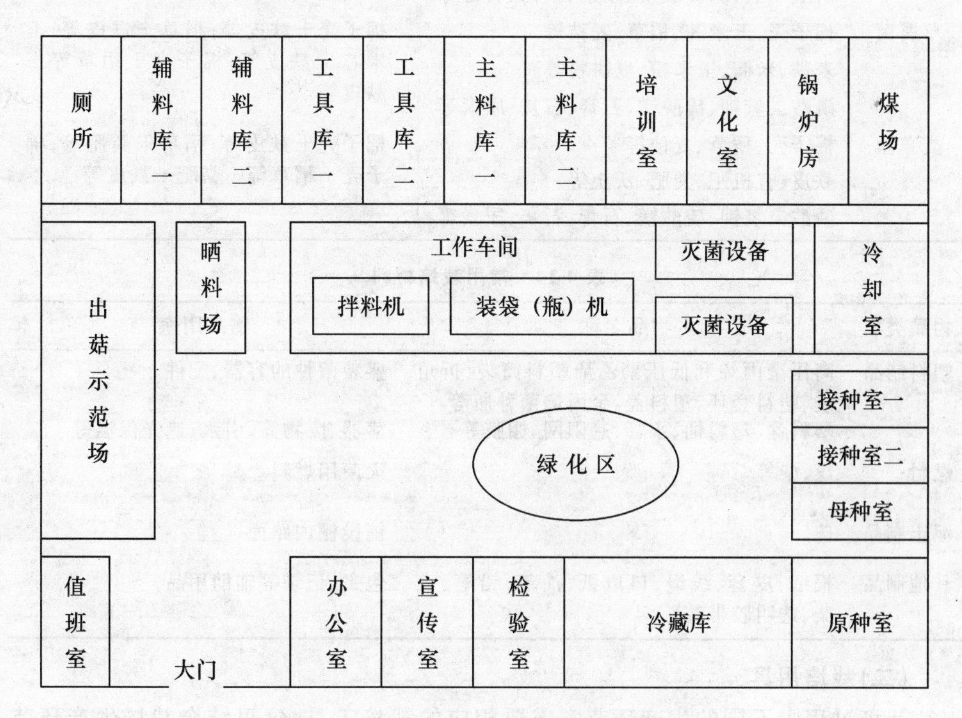

图 4-13　标准化中、小型菌种场设计图例

第二节　栽培基本条件

一、栽培原料、用具

(一)栽培原料

通常在栽培中我们要根据药用菌自身的营养需求来寻求一种最适合的原料和材料,这才有理想的栽培效果(表 4-13,表 4-14)。

表 4-13　常用栽培原料

菌种类型	栽培原料	主要原料利用形式
木腐菌	木屑、小木块、棉子壳、玉米芯、废棉渣等 麦麸、米糠、玉米粉、豆饼粉等 磷酸二氢钾、硫酸镁、尿素、蔗糖、石膏等	棉子壳+麸皮等;木屑+麸皮等;玉米芯+麸皮+玉米粉等;棉子壳+木屑+麸皮等;玉米芯+木屑等
草腐菌	棉子壳、玉米芯、稻草、麦秸等 麦麸、米糠、玉米粉、豆饼粉等 磷酸二氢钾、硫酸镁、石膏、石灰、尿素等	棉子壳+麸皮等;稻草+麸皮等;玉米芯+麸皮等;棉子壳+稻草等+麸皮等
粪草菌	棉子壳、稻草、麦秸等 麸皮、有机肥、粪肥、沃土等 磷酸二氢钾、硫酸镁、石膏、石灰、尿素等	棉子壳+麸皮等;稻草+粪肥等;棉子壳+稻草等+粪肥+麸皮等

表 4-14　常用栽培材料

物品类型	物品名称	物品用途
塑料制品	高压聚丙烯和低压聚乙烯塑料筒袋、折角袋,塑料套环,塑料盖,聚丙烯菌种瓶等	盛装菌种的容器、配件
	塑料盆、塑料桶、水管、遮阳网、棚膜等	盛器、废物筒、引水、遮光保温等
燃料	煤、柴等	灭菌用燃料
泥土制品	砖	铺设棚内路面
其他制品	报纸、皮套、线绳、口取纸、油笔、铅笔、火柴、透明胶带等	包裹、记录等辅助用品

(二)栽培用具

栽培过程中不同的生产环节常需要相应的栽培工具,这里结合栽培生产环节介绍相应的栽培用具(表 4-15,图 4-14,图 4-15)。

表 4-15　常用栽培用具

生产类型	物品名称	物品用途
拌料、建堆	锹、喷壶、小推车、塑料盆、塑料桶、水管、扫帚等	拌料、挖土、喷水、转移物品、盛器、废物筒、引水等
装袋	小铲、盘秤、木椎等	装袋、称量、打眼等
灭菌	小推车、周转筐、斧头、水桶等	转运物品、盛水等
接种	酒精灯、接种匙等	接种
培养	培养架、日光灯管、折光板、背式喷雾器压力喷壶等	摆放菌袋、照明、遮光
出菇管理	喷壶、背式喷雾器、小推车、塑料盆、塑料桶、水管、扫帚、温湿计等	喷水、打药、转运物品等
采收	塑料盆、周转筐、小刀、盘秤、小推车等	装运、清理、称量等

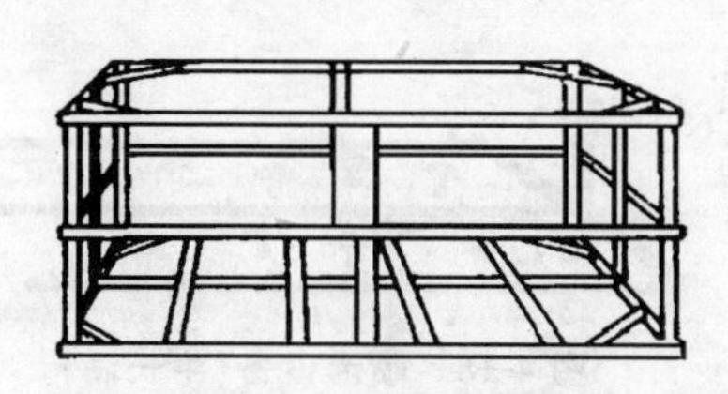

图 4-14　周转筐(仿黄毅)

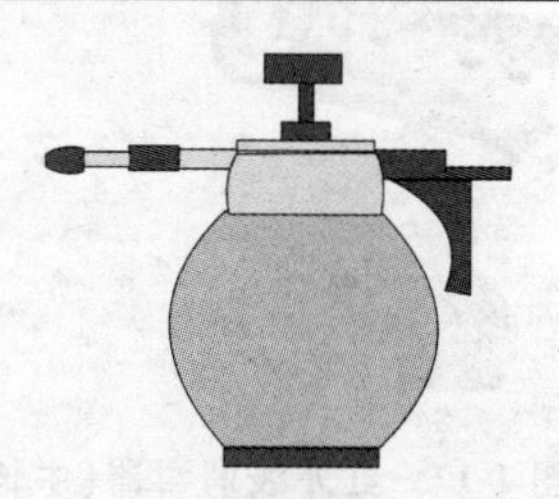

图 4-15　压力喷壶(牛长满)

二、栽培设备、设施

(一)栽培设备

常用的栽培设备(表 4-16)包括原材料处理设备、装袋(瓶)设备(图 4-16)、接种设备(图 4-17)和培养、出菇管理设备(图 4-18)。

表 4-16　常用栽培设备

生产类型	设备名称	设备用途
拌料、建堆	拌料机、筛分机、粉碎机、自动生产线等	拌料、粉碎、装袋等
装袋	装袋机、自动生产线等	装袋等
灭菌	高压灭菌锅、常压灭菌灶、锅炉、鼓风机等	灭菌、产生蒸汽等
接种	空间消毒器、接种箱、紫外消毒器、红外线消毒器，自动接种器等	接种、消毒
培养	液体培养罐、空调、换气扇等	养菌、换气等
出菇管理	喷灌设备、换气扇、卷帘机等	喷水、控温等
采收	车等	装运等

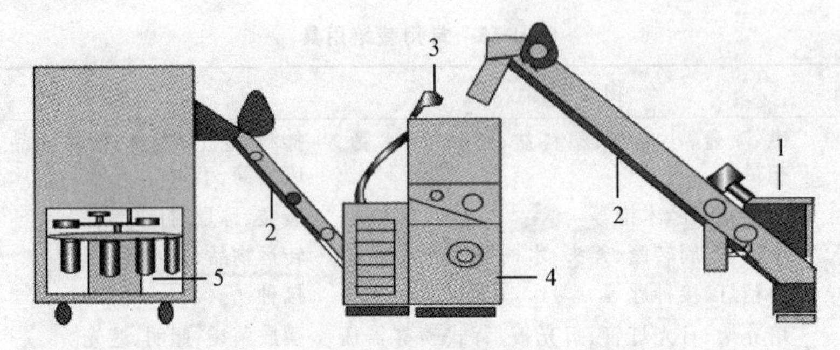

1. 培养料筛分箱　2. 传送带　3. 进水管道　4. 培养料混合搅拌机
5. 培养料冲压装袋机

图 4-16　培养料装袋生产线主要部件示意图(牛长满)

图 4-17　红外线消毒器(牛长满)

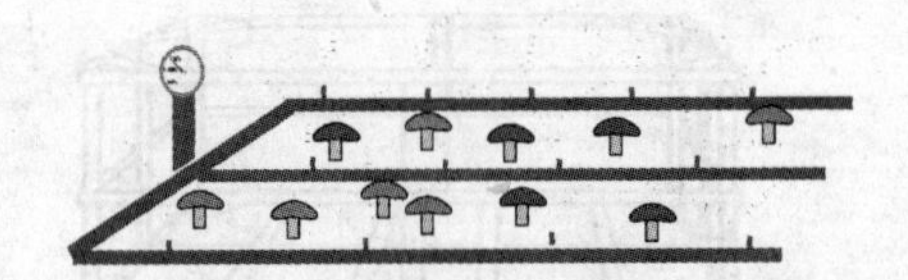

图 4-18　喷灌设备(牛长满)

培养料袋生产线是工厂化生产的主体设备,生产线的操作方法及注意事项见表 4-17。

表 4-17　培养料装袋生产线的操作方法及注意事项

操作步骤	操作方法及注意事项
安全检查	打开电源检查生产线各部件是否运行正常,安全无误后方可使用
原料过筛	将栽培料先经过筛分机过筛,除去较大颗粒、杂物等,以利于以后设备运行
水分调整	将水箱内根据培养料总重量设置好水分量,并溶入可溶性营养物质
原料入箱	利用铲车或人力,将原料装入培养料筛分箱,打开电源
原料传输	原料通过传送带运送,要随时观察,发现异常要及时停机
原料搅拌	当培养料送至培养料混合搅拌机后约 1/3 后,打开进水开关,当料搅拌符合要求后,将料转入装料传送带
原料装袋	将塑料袋在培养料冲压装袋机出料口处夹紧固定好,待装好后,及时拿开装满料袋
关闭电源	生产结束后,关闭电源,清理干净各部件内残余培养料

(二)栽培设施

表 4-18 常用栽培设施

生产类型	设施名称	设施用途
拌料、建堆	拌料场	用于拌料、粉碎、装袋等活动
装袋	装袋车间等	装袋等的场所
灭菌	锅炉房、灭菌房等	进行灭菌等生产操作场所
接种	冷却室、接种室等	冷却菌种、接种的场所
培养	培养室等	养菌、调节温、光、湿、气等场所
出菇管理	大棚、出菇房、室外菇棚等	出菇管理、调节温、光、湿、气等场所
采收	加工房	初加工采收食用菌等场所
仓储	仓库	存储原料、产品、工具等场所

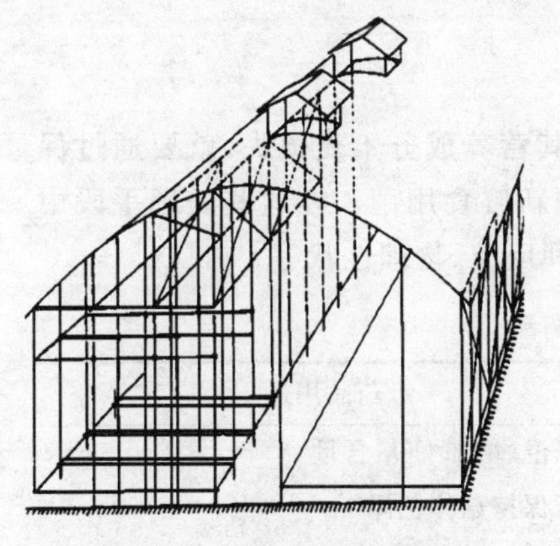

图 4-19 耳棚构造剖视图（仿黄毅）

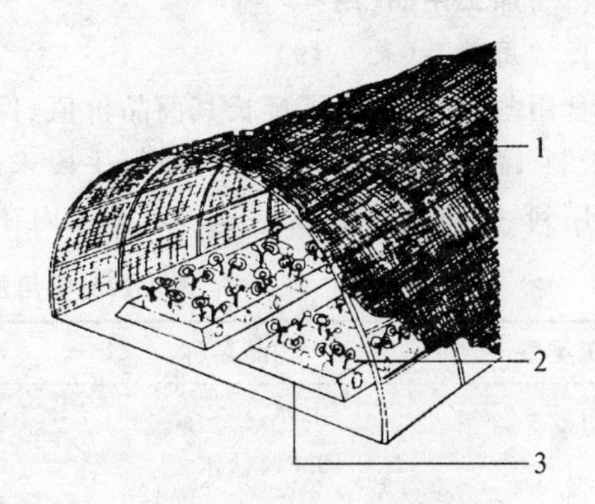

1. 遮阳网 2. 拱架 3. 畦床

图 4-20 室外荫棚(仿黄毅)

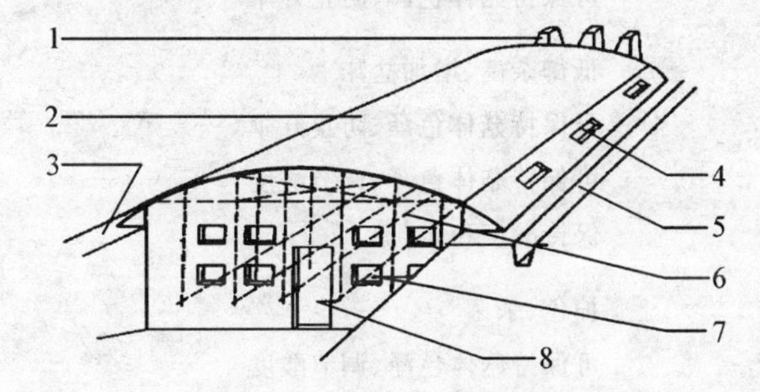

1. 拔气筒 2. 菇房顶部 3. 地面 4. 通风窗 5. 排水沟 6. 床架 7. 通风口 8. 门

图 4-21 半地下式菇房(仿黄毅)

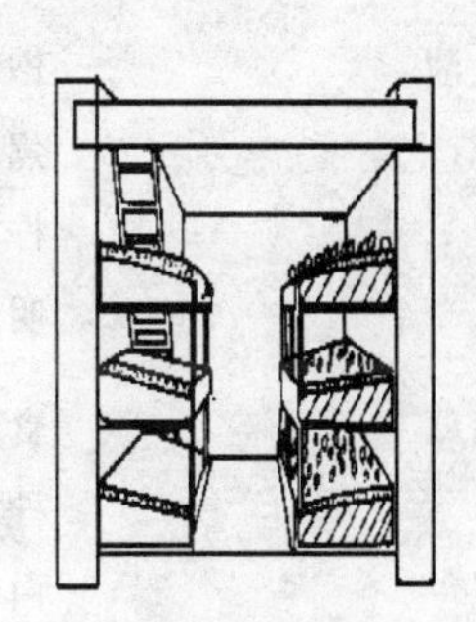

图 4-22 室内双排床架（仿黄年来）

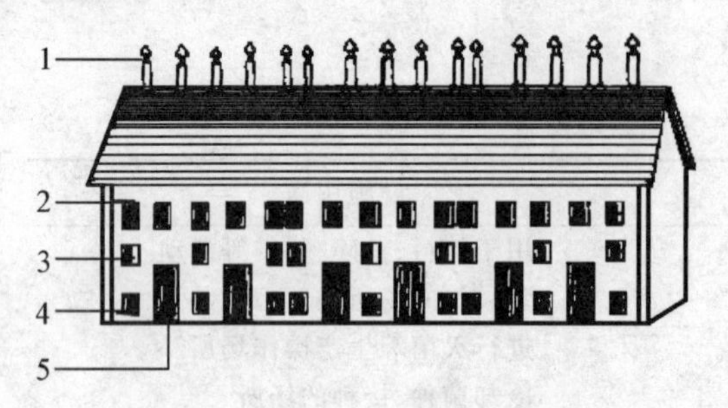

1. 拔风筒 2. 上窗 3. 中窗 4. 下窗 5. 门

图 4-23 简易菇房外形(仿黄毅)

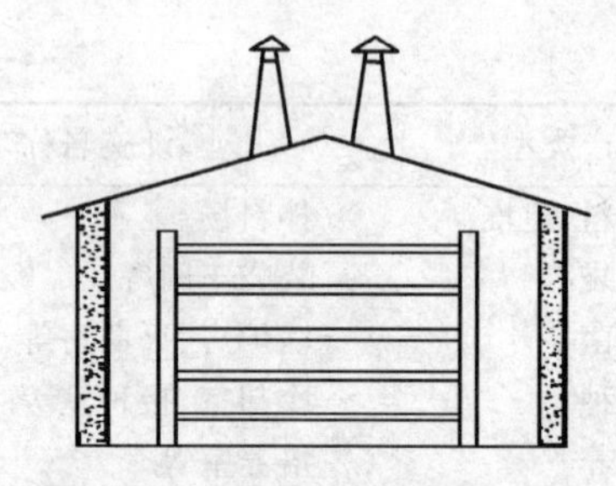

图 4-24 室内单排床架(仿黄毅)

三、加工基本条件

(一)加工用品、用具

1. 常用药品(表 4-19)

食用菌采收后,为了延长其商品价值、保护其营养成分不受损失,就要通过保鲜、干制、罐藏、深加工和药分提取等手段来处理新鲜食用菌。在这些处理手段中就会用到一些常见的药品去调控菇体的内在生理反应、物理性状等。

表 4-19 常用加工药品

加工类型	药品名称	药品用途
保鲜	干冰	降温、增加 CO_2 含量
	0.6%盐水	可保持菇体色泽
	比久(B_9)	防止褐变
	多效唑(PP_{333})	可保持菇体色泽、防止开伞、降低失重
	焦亚硫酸钠	可保持菇体色泽、防止开伞
盐渍	饱和盐水	抵御杂菌、增加盐味
	焦亚硫酸钠	可保持菇体色泽、防止开伞
	柠檬酸	可保持菇体色泽、调节酸度
	明矾	保持酸度稳定
罐藏	食盐	护色、杀菌
	柠檬酸	可保持菇体色泽、调节酸度
	白糖	增加甜度
	无水氯化钙	增加子实体硬度

续表 4-19

加工类型	药品名称	药品用途
速冻	亚硫酸钠	可保持菇体色泽
	半胱氨酸	可保持菇体色泽
深层发酵	葡萄糖	提供碳源
	黄豆粉	提供氮源
	磷酸二氢钾	提供 P、K 元素
	硫酸镁	提供 Mg^{2+}
药分提取	蛋白酶	酶解细胞壁
	酒精	洗涤、成分提取
	NaOH	洗涤、成分提取

2. 常用加工工具和材料(表 4-20)

表 4-20　常用加工工具和材料

加工类型	工具和材料名称	工具和材料用途
保鲜	竹筐、大盆	盛放菇菌
	小刀、剪子	修剪采收子实体
	泡沫聚乙烯塑料箱	保温、盛装子实体
	硬纸箱	盛装子实体
	聚乙烯塑料袋、保鲜膜	调控袋内氧气含量、避免菇菌脱水
盐渍	不锈钢锅、铝锅	煮沸子实体
	铝漏勺	搅拌子实体,清除菇沫
	波美度计	测量盐度
	竹筛	控水
	塑料桶、缸、石块	盛装盐渍子实体、压缸
	盘秤	称量材料
罐藏	不同型号马口铁罐、罐头瓶、聚乙烯塑料袋等材料	盛装食用菌子实体
速冻	有孔塑料筐、不锈钢丝篮	用于包冰衣制作

续表 4-20

加工类型	工具和材料名称	工具和材料用途
深层发酵	聚乙烯薄膜、蜡纸、胶带	用于包装产品
	三角瓶等	用于盛装液体种子
药分提取	高倍显微镜	镜检是否有杂菌
	纤维素层析柱、滤纸等	分离多糖

注:各加工类型中有一些重复的工具、材料不再赘述。

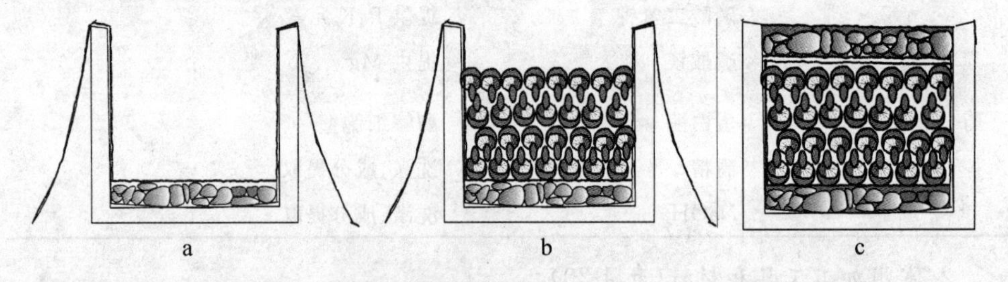

a. 先于塑料箱内铺一层塑料,接着往底层铺一层碎冰,之后碎冰上再铺一层塑料
b. 将蘑菇整齐排放在碎冰之上,厚度在 20 cm 左右
c. 菇上用塑料包好之后上部再铺一层薄冰

图 4-25 泡沫聚乙烯塑料箱冰块低温保藏蘑菇示意图(牛长满)

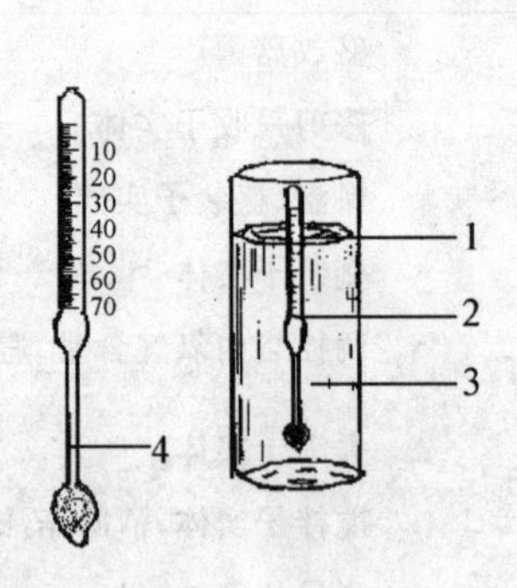

1. 波美度 23 度 2. 刻度 3. 饱和食盐水 4. 波美度计

图 4-26 波美度计(仿黄年来)

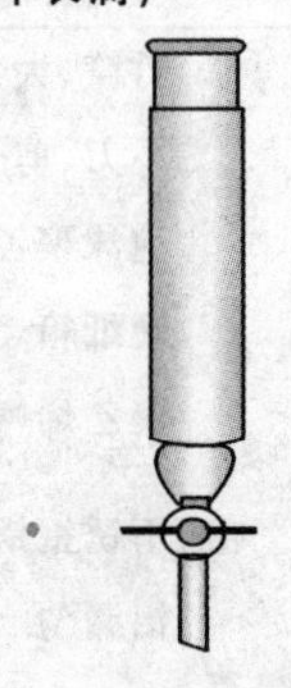

图 4-27 层析柱(牛长满)

(二)加工设备、设施

1. 加工设备

目前国内对于药用菌的开发利用的形式是多种多样的,但主要用于以通过液体发酵生产、提取药用菌中的有效成分、并将其加工为药片、保健品、食品添加剂等居多。这些生产中所涉及的加工设备较为繁杂,下面就加工药用菌中所需要的设备做简单介绍。

(1)常用加工设备 常用加工设备及用途简介见表 4-21,图 4-28 至图 4-30。

表 4-21　常用加工设备

加工类型	设备名称	设备用途
保鲜	制冷机组	降低贮藏环境温度
	气调保鲜机	调节环境之中 O_2 含量，补充 CO_2 或 N_2 含量
	电离辐射系统	释放高能量射线粒子，对菇体、环境进行杀菌
	排湿机	降低环境湿度
	真空封袋机	用于产品包装
	制冷车	用于产品运输
盐渍	清洗、筛分设备	用于子实体清洗、分级
	蒸汽预煮机	对子实体进行热烫处理
	滚筒式或振荡式分级机	对子实体进行规格筛选
罐藏	真空封罐机	密封罐头瓶
	高压灭菌锅	用于罐头灭菌
干制	烘干箱、烤筛、干燥机、红外线加热设备	烘干子实体
速冻	振动流态化食品速冻装置	速冻子实体
深层发酵	种子罐	发酵培养一级、二级种子
	大型发酵罐	发酵培养菌丝体
	连消塔	连续在高温下加热灭菌培养液
	空气净化设备	产生无菌空气
	油罐	装消泡剂
	补料罐、计量罐	用于补充营养液
	氨罐	内装调节发酵液酸碱度的物质
	储液罐	贮藏未用完的营养液
药分提取	压滤机、离心机	分离出发酵液中的固形物质
	药分提取设备	提取出药用菌中的有效成分
	蒸发设备	迅速烘干菇体成分中的水分
	结晶设备	使液体中的有效成分迅速结晶
	筛分设备	对原料进行分级
	灭菌设备	对原料进行灭菌
	减压浓缩器	用来浓缩发酵清液
	烘干机、制粒机、压片机等	用来加工发酵产物
	包装设备	包装加工产品

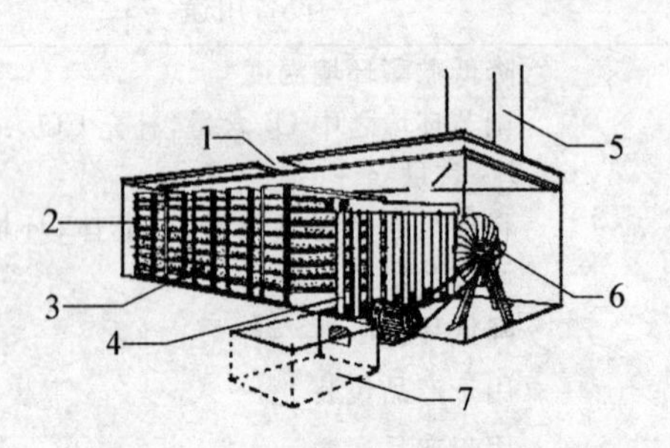

1. 通风窗　2. 筛架　3. 干燥室　4. 散热管
5. 烟囱　6. 送风设备　7. 烧火坑

图 4-28　热风干燥灶结构剖视图(仿黄年来)

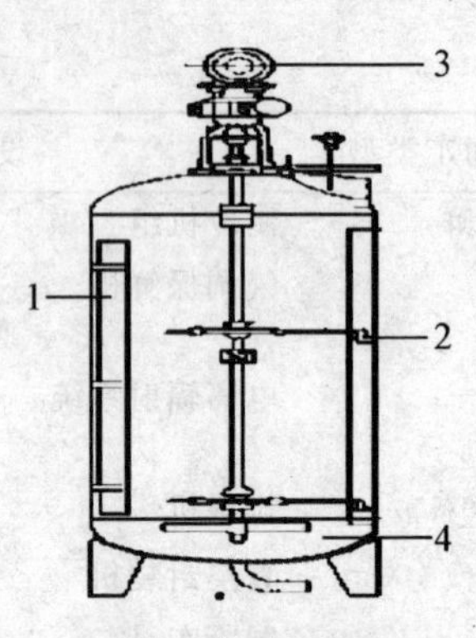

1. 观察窗　2. 搅拌器
3. 压力表　4. 出料

图 4-29　种子罐(牛长满)

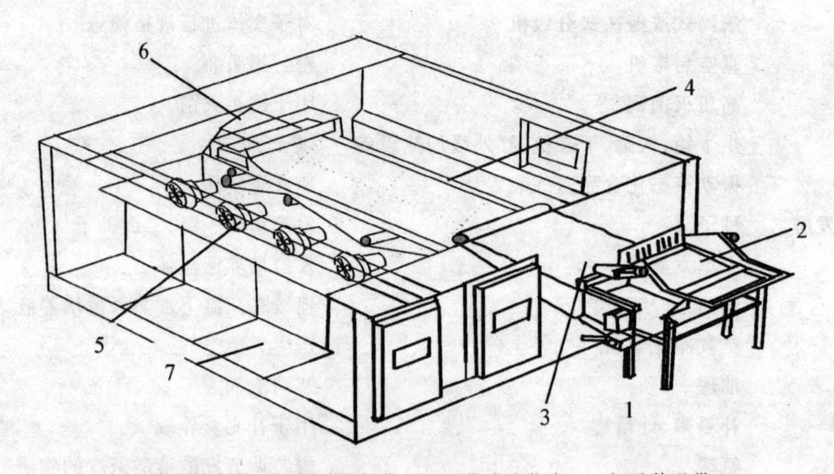

1. 电器控制箱　2. 振动送料袋　3. 网袋式流化床　4. 振动传送带
5. 轴流风机　6. 出料口　7. 隔热机构

图 4-30　振动流化态食品速冻机示意图(牛长满)

(2)常用加工设备的相关注意事项

①灭菌设备是菌类加工中经常用到的设备。但灭菌设备经验证符合要求后才可使用,并能定期验证。灭菌设备内部工作情况用仪表监测,监测仪表定期校正并有完整的记录。药用菌及其中间产品的灭菌方法应经验证不致使药性发生改变;灭菌用蒸气不得对产品、设备或其他生产用具产生污染。

②在药用菌类加工过程中涉及到的贮水罐、输水管道、管件阀门等应为无毒、耐腐蚀的材质制造。

③用于生产和检验的仪器、仪表、量器、衡具等的适用范围和精密度符合生产

和质量要求。仪器、仪表、量器、衡具有明显的状态标志，定期校正，并有完整的记录。

④药用菌加工过程要保证清洗设备等的清洁。洗涤药用菌的水应使用流动清洁的水，不同菌类之间不在一起洗涤。

⑤药用菌在生产加工过程中对生产环境的清洁度要求较高，因此空气滤器在安装，使用前或更换后应监测其滤效及其有关参数；空气滤器使用期间应定期监测滤器的完整性（漏气）及滤效，确保符合设计要求；定期监测洁净车间的尘粒数及微生物数。

⑥生产操作前应严格地对生产现场、设备、器械、容器等进行检查，符合要求后再进行生产。

2.加工设施

食（药）用菌加工生产，尤其是利用药用菌进行制药生产的企业，为了得到高质量的产品，必须对其生产环境严格要求。这就需要我们对加工设施和生产环境的相关注意事项有一些清楚的认识，如加工车间、生产车间、实验室、仓库和其他一些设施应注意的规则。并重点介绍了液体发酵车间的相关设备布局和使用流程。

（1）常用加工设施　常用加工设施及用途见表4-22，图4-31，表4-23。

表4-22　常用加工设施

设施名称	设施用途
冷库、冰窖、仓库等	用来低温存放产品
大、中、小型烘干房	用来烘干菇菌
原材料预处理车间	用来清洗、分级、挑选菇菌的初次加工场所
加工车间	用来加工菇菌的场所
液体发酵车间	用来加工生产液体菌种的场所
无菌生产厂房	用于无菌生产一些对环境洁净度要求较高的产品
包装车间	用来包装加工的菇菌产品
质量检测室、实验室	用来化验、分析、监督产品质量
供电房	维护整个加工场所的电力供应
更衣间	更换衣物的场所

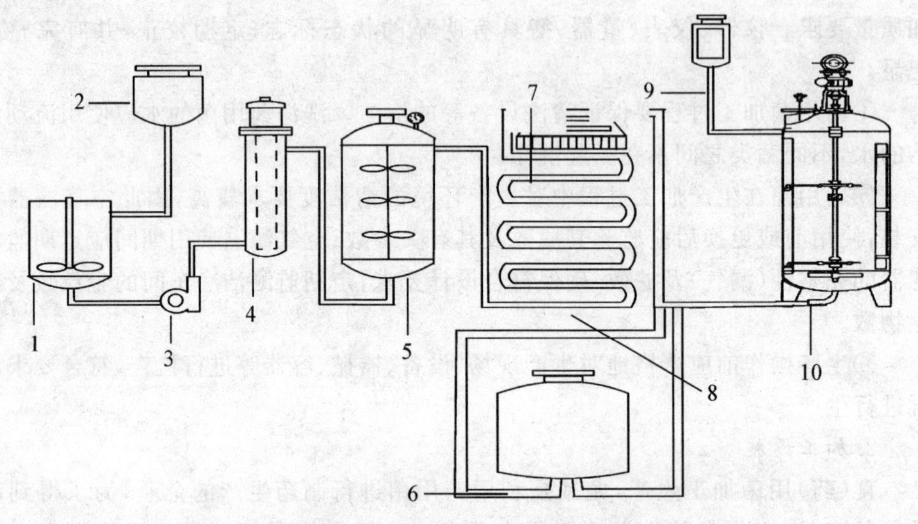

1. 调料缸　2. 氨罐　3. 送料泵　4. 连消塔　5. 维持罐　6. 储液罐
7. 冷却器　8. 回型冷凝管　9. 油罐　10. 发酵罐

图 4-31　液体发酵车间发酵设备布局示意图(牛长满)

表 4-23　液体发酵车间各发酵设备的操作方法及注意事项

操作步骤	操作方法及注意事项
安全检查	打开电源检查发酵设备各部件是否运行正常,安全无误后方可使用
配料	按照发酵生产选择的营养配方将原料倒入调料缸内
调节酸碱度	根据发酵品种对酸碱度的需求,利用氨罐对其进行调节
开泵上料	打开上料泵,将调配好营养液打入连消塔
预热营养液	将热蒸汽导入连消塔,很快将营养液加热
灭菌	将预热好的营养液导入维持塔,按照规定的时间、压力对营养液进行灭菌
冷却营养液	将灭好菌的营养液导入冷却器,通过循环冷水流动使回型冷凝管中营养液冷凉
导入发酵罐	将冷凉好的营养液导入发酵罐,多余的营养液导入储液罐
发酵培养	设定好培养温度、通气、搅拌速度等因素之后进行培养发酵;如若气泡过多则要通过油罐将泡敌或其他消泡剂注入到发酵罐中

(2)常用加工设施注意事项

①仓储区有适当的照明和通风设施,能保持干燥,清洁整齐。贮存间与生产洁净级别要求相适应,贮存间能保证适宜的温度、湿度及良好的通风。贮存间物料按秩序合理放置,并有明显标识。

②药用菌加工车间、液体发酵车间和无菌生产厂房等设施应为 100 级或局部

100 级;生产无菌而又不能在最后容器中灭菌药品,其烘干、分装等车间应为10 000 级;片剂、胶囊剂、丸剂等口服制剂及口服原料药的精制、烘干、分装车间一般应为100 000 级。

③在加工不同类型药用菌的过程中,生产用菌毒种与非生产用菌毒种、生产用细胞与非生产细胞、强毒与弱毒、死毒与活毒、脱毒前与脱毒后的制品等加工或灌装不得同时在同一生产车间内进行。

④生产区不得存放杂物,废弃物及非生产物料。严禁在生产操作区、仓储区及实验室吸烟,带入(或贮存)生活用品、食品及个人杂物等。

⑤处理、加工药用菌的前处理、提取、浓缩等生产操作均不得与制剂生产使用同一厂房。

⑥药用菌加工生产厂房(或车间)有良好的通风、除烟、除尘、降温等设施。中成药生产的提取、浓缩(蒸发)等厂房有良好的除湿、排风设施。

⑦实验室及其设施与生产能力相适应,并符合质量检测的需要。检测仪器布局合理,具有防潮、防振、防电子干扰、防调温等有效措施;并有与生产检验任务相适应的专业检验人员和必须的检验仪器设备。能承担对物料、水质和洁净车间尘粒数和活微生物数的检测等能力。

⑧包装贴签的产品应符合工艺要求及质量标准。同一车间有数条包装生产线进行包装操作时,各包装线之间应有隔离设施,并应标明加工包装的产品名称、批号等。

⑨质量管理部门具有对原料、辅料、中间产品等整个生产流程的质量稳定性的评价等的决定权和否决权。

实验实训 4-1:生产设备、设施的使用与维护

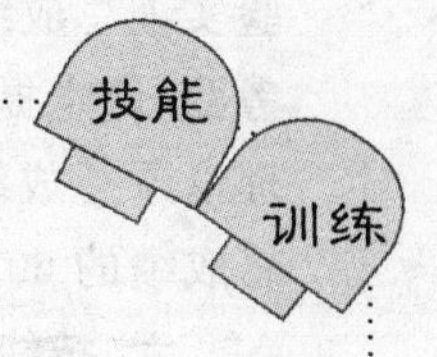

第一部分:技能训练过程设计

一、目的要求讲解

向学生讲明制种设备的构造与设施的设计、使用实用性、重要性。

二、设备、设施准备

提前报批和准备实训用品。

技能训练 续上页 技能训练

三、仪器用具准备

按照实验实训的要求准备好仪器、用具，课程开始前主讲教师和实验员要对仪器、设备、设施的使用状态进行检查和必要的维修；检查水、电供给和安全状况。

四、训练过程设计

1.在老师的引领下参观实验实训室和生产车间。

2.结合老师的讲解、自己的实际观察以及理论课程的学习，进一步熟悉设备、设施的构造与生产环境的设计。

3.通过老师的实物演示操作，掌握设备、设施的使用方法与管理维护措施。

4.教师鼓励或抽点学号，让学生当众随机给讲解一种或几种制种设备的使用方法。

5.当堂完成实训作业。

五、技能训练评价

实验实训考核评价标准分为技能考核和素质评价两个部分，采取学生走上讲台介绍实验结果的形式，对学生实验技能和综合素质进行培养和锻炼。每个技能训练项目设置一个单项技能考核评价记录卡，全部单项考核评价记录卡共同装订成册，一式二份，学生、主讲教师各一份。实验实训总成绩的平均值占期末课程理论考试总成绩的30%，(理论课程考勤、课堂提问、作业完成情况、课堂笔记记录情况等的平均成绩占期末理论课总成绩的10%；期末理论课考试卷面满分100分，占期末理论课总成绩的60%)。

六、技能训练后记

本次技能训练课程通过教师为学生演示、讲解达到实物直观教学的效果；鼓励学生走上讲台在活泼、欢快、和谐的学习氛围中既学习了实训技能又锻炼了学生的综合素质；但是需要提出的是为了保证实验课的设计效果，对主讲教师、实验人员的职业素质提出了更高的要求。

技能训练

续上页

技能训练

第二部分：技能训练考核评价记录卡

一、基本信息

学生姓名	所在专业、班级	考核评价时间	技能考核得分	素质评价得分	最后得分	主讲教师签字

二、考核评价形式与标准

1. 考核评价形式

考核评价类别		考核评价形式	成绩
走上讲台展示结果	学生自主参与	教师在实验过程中进行技能考核和素质评价，教师对进行实验结果展示的学生进行现场赋分和点评，免交实验报告	85～100分
	教师抽点参与	教师在实验过程中进行技能考核和素质评价，教师对进行实验结果展示的学生进行现场赋分和点评，免交实验报告	85～95分 (不包括85分)
未走上讲台展示结果		教师在实验过程中进行技能考核和素质评价，实验课结束的时候当堂交实验报告，教师课后批阅学生的实验报告	80分以下 (不包括80分)

技能训练

续上页

技能训练

2. 考核评价标准

考核评价项目	考核评价观测点	分值	主讲教师评价	平均分
技能考核（60分）	仪器、设备使用的熟练和准确程度	30		
	讲解效果（或实训报告）	30		
素质评价（40分）	专业思想、学习态度	10		
	语言表达、沟通协调	10		
	合作意识、团队精神	10		
	参与教师实训前的准备和实训后的处理工作	10		

第三部分：技能训练技术环节

一、技能训练要求

熟悉加工设备、设施的使用方法，掌握加工设备、设施的管理维护。

二、技能训练设备、设施

加工设备和设施。

三、技能训练方法步骤

1. 在老师的引领下参观实验实训室和实验实训基地。

2. 结合老师的讲解、自己的实际观察以及理论课程的学习，进一步熟悉栽培设备的构造与使用。

3. 通过老师的实物演示操作，掌握栽培设施的使用方法、设计与管理维护。

四、技能训练作业

1. 绘制手提式高压蒸汽灭菌锅的剖面图。

2. 绘制菌种场的建筑布局平面图。

3. 绘制日光温室结构平面图。

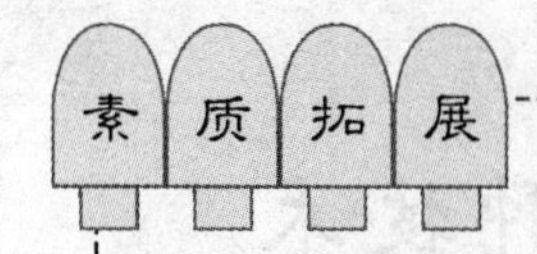

查阅第一章中提供的参考学习网站，或查阅其他相关网站，填写下面的学习资料积累卡片；并将素质查阅到的代表图片制作成幻灯片，你也来当当老师，在课堂上给同学们展示一下你的幻灯片，和同学们交流你收集整理的学习资料，好吗？

序号	设备、设施名称	设备、设施类别	设备、设施主要技术参数	价格	生产企业信息

第五章　药用大型真菌制种技术

知识目标

- 掌握消毒与灭菌知识。
- 掌握母种培养基制作技术背景知识。
- 掌握原种、栽培种培养基制作技术背景知识。
- 掌握菌种扩繁与培养技术背景知识。
- 掌握菌种质量鉴定与保藏知识。

能力目标

- 能熟练掌握母种、原种、栽培种制作技术。
- 能够进行香菇原种、栽培种的生产和管理。

素质目标

- 通过在真实的生产环境中模拟企业化管理，培养准员工的职业素质和职业能力。

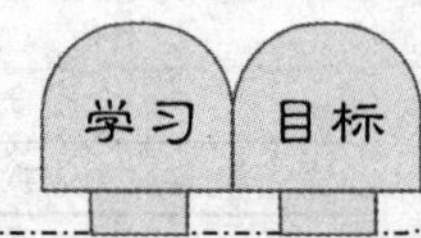

第一节　消毒与灭菌

环境中广泛分布着包括细菌、放线菌、霉菌、病毒等在内的各种微生物，由于其个体微小，常常在生产中被忽视，结果导致食用菌生产的某一环节甚至整个生产环节出现问题，可见他们的存在与食用菌的生长发育息息相关。消毒和灭菌技术是利用物理或化学方法抑制或杀死这些病原微生物的有效手段，因此，它也是食用菌制种工作中的一项重要操作技术。

一、消毒

消毒是利用物理或化学的手段，杀死物体表面上绝大多数病原微生物的过程，而对于某些细菌的芽孢和真菌的孢子不产生致死影响，仅为暂时抑制而已。消毒在食用菌制种工作中应用很广，如在各级菌种制备之前需要对皮肤、器皿、工具、菌袋等消毒；在菌袋（瓶）灭好菌后往接种室（箱）摆放前，要提前对这些场所进行消毒；在大棚（菇房）内种植食用菌之前，需要对大棚（菇房）内进行熏蒸消毒。以上例子不一一举例，由此可见消毒工作是一项很重要的生产措施，它是食用菌制种、生产环节中抵御杂菌入侵的保护伞。

（一）常用的消毒药品

常用消毒药品种类及使用情况见表5-1。

表5-1　常用消毒药品及使用情况

药品种类		使用浓度	作用范围	使用方法
凝固蛋白类消毒剂	乙醇	70%～75%	皮肤、菌种管、瓶表面、工作台面等	浸泡或用酒精棉球擦抹
	石炭酸	3%～5%	器械、培养室、无菌室	浸泡或喷雾
	来苏儿	1%～2%	皮肤、培养室、无菌室	浸泡或涂抹
	六氯酚	2%～3%	器械、皮肤等	浸泡或涂抹
溶解蛋白类消毒剂	石灰	粉剂	培养基质，栽培场所地面	拌入培养基中、地面匀撒
	氯氧化钠	2%～4%	培养室、无菌室	空间喷雾
氧化蛋白类消毒剂	高锰酸钾	0.1%～0.2%	菌种瓶、袋、器械（随配随用）	浸泡或擦抹
	二氯异氰尿酸钠	粉剂	接种箱、接种帐、无菌室、培养室等	熏蒸
	过氧化氢	2%～4%	器械、培养室、无菌室	浸泡或喷雾
	次氯酸钙	0.2%	菌种瓶、袋、器械（随配随用）	浸泡或擦抹
	二氧化氯	颗粒＋溶液	接种箱、接种帐、无菌室、培养室等	熏蒸
	气雾消毒盒	粉剂	接种箱、接种帐、无菌室、培养室等	熏蒸
抑制蛋白活性类消毒剂	克霉灵	0.1%	培养基质	拌入培养基中
	百菌清	0.1%	培养基质	拌入培养基中
	多菌灵	0.1%	培养基质	拌入培养基中
	甲基托布津	0.1%～0.2%	培养基质	拌入培养基中
	碘伏	1%～2%	皮肤、器械	浸泡或涂抹
烷基化消毒剂	甲醛	37%～40%	接种箱、接种帐、无菌室、培养室等	熏蒸
	环氧乙烷	易挥发	接种箱、接种帐、无菌室、培养室等	熏蒸
阳离子表面活性剂	新洁尔灭	0.25%	皮肤	浸泡或涂抹
	季铵盐杀菌剂1227	50～100 mg/L	皮肤、器械	浸泡或涂抹

(二)常用的消毒方法

常用的消毒方法(表 5-2)有空间消毒法、表面消毒法、基质消毒法、煮沸消毒法、紫外消毒法等。这些方法中有一些属于化学药剂消毒法,有些属于物理消毒法。这些方法之间要学会综合应用,往往单一的消毒法会导致对接种、栽培环境和器械等消毒不彻底。需要值得一提的是现在随着对绿色食品要求的条件越来越严格,提倡使用对环境、人体、食用菌产品等危害较小的物理消毒法。

表 5-2　常用的消毒方法

消毒类别			具体方法
化学药剂消毒法	空间消毒法	喷雾消毒法	3%~5%来苏儿、0.25%新洁尔灭、3%~5%石炭酸等进行空间喷雾
		熏蒸消毒法	10 mL 甲醛加入 7 g 高锰酸钾,可熏蒸 1 m^3 的环境空间,熏闷时间一般为 12~24 h;利用气雾消毒盒(有效成分为 DCCNA)进行熏蒸,使用量为 2 g/m^3 效果很好;硫磺粉加入适量杀虫药进行燃烧,产生大量烟雾,对环境空间进行消毒
	表面消毒法		适当浓度的乙醇、来苏儿、新洁尔灭、高锰酸钾溶液等对皮肤、器械、工作台、室内地面、墙壁等进行表面消毒
	基质消毒法		在培养基质中拌入 0.1%的克霉灵、多菌灵、2%~5%的石灰粉
物理消毒法	煮沸消毒法		将待灭菌物品放入水中煮沸 15~20 min
	巴氏消毒法		对培养料进行发酵处理,使料温达到 60~70 ℃,之后通过翻堆保持 4~6 d 可以起到消毒杀菌的作用
	紫外消毒法		利用 30 W 紫外线灯管在 1 m 范围内照射 30 min,之后遮光 0.5 h 后可达到杀菌效果。将培养料、覆土基质于太阳光下暴晒也可有部分紫外消毒作用
	负离子消毒法		利用臭氧发生器、负离子发生器和环境消毒器等仪器,按照其使用方法开机 30~40 min,维持环境中臭氧浓度在小于 0.01 mg/m^3 范围内,即可起到空间杀菌的效果

二、灭菌

灭菌是利用物理或化学的手段,杀死物体表面上所有病原微生物的过程,包括细菌的芽孢和真菌的孢子。灭菌在食用菌制种工作中占着核心的地位,如在各级菌种制备中需要对试管培养基、罐头瓶培养基和塑料袋培养基等灭菌;在接种工具使用前也必须进行灭菌。如果灭菌环节出现问题,那么生产就意味着出现了严重的问题,甚至导致企业停产。由此可见灭菌在食用菌生产环节中有着举足轻重的地位。

根据灭菌时所采用的介质不同，灭菌可分为火焰灭菌、干热灭菌和湿热灭菌等（表 5-3）。

表 5-3　常用的灭菌方法

<table>
<tr><th colspan="2">灭菌类别</th><th>具体方法</th></tr>
<tr><td colspan="2">火焰灭菌</td><td>常用酒精灯外焰对接种工具进行烧灼灭菌</td></tr>
<tr><td colspan="2">红外电热灭菌</td><td>利用红外线产生 600～900 ℃高温对接种工具进行加热灭菌，仅需 2～3 min</td></tr>
<tr><td colspan="2">干热灭菌</td><td>使用电热鼓风干燥箱对玻璃器皿、金属制品和搪瓷器皿等进行灭菌，一般 140～160 ℃的温度下保持 2～3 h</td></tr>
<tr><td rowspan="2">湿热灭菌</td><td>常压湿热灭菌</td><td>利用 100 ℃的常压湿热蒸汽进行灭菌，一般需要 8～10 h</td></tr>
<tr><td>高压湿热灭菌</td><td>利用 123～126 ℃高压蒸汽进行灭菌，需要的时间不同</td></tr>
</table>

第二节　母种培养基制作技术

一、母种培养基制作的基本原则

1. 明确母种培养基的用途

制作母种培养基要根据生产的目的，制作生产性的还是试验性的培养基；是用于母种扩繁还是野生菌种驯化；是进行液体培养还是固体培养；是用于菌种提纯还是用于菌种保藏。这些情况都是需要我们思考的。

2. 严格营养成分的配比

制作母种培养基要严格按照营养成分的比例进行添加。特别是对于往培养基里添加一些激素、维生素和氨基酸等微量营养源时，比例更加严格，一旦出错，会导致菌丝生长缓慢，甚至停止生长、死亡。

3. 做好母种培养基质量的鉴定

培养基刚刚做好，要对其质量进行检查，可随机抽取做好的培养基于 25～28 ℃下培养 3～5 d 后，拿出检查是否有杂菌污染，有则弃之，无则留用。

二、母种培养基的配方

母种培养基配方按照其营养成分的组成可分为天然培养基、合成培养基和半合成培养基；按照其物理状态可分为液体培养基和固体培养基和半固体培养基；按照培养基的用途又可分为基础培养基、加富培养基、选择培养基和鉴别培养基等。

构成母种培养基的营养成分有许多,所以相应的培养基也是有很多的。最常用的是马铃薯葡萄糖培养基(PDA 培养基)、马铃薯综合培养基(CPDA 培养基)和马铃薯加富培养基,这些培养基基本上适合绝大多数的食(药)用菌生长;此外,不同的野生食用菌除了上面常用的培养基外,还有一些特殊的培养基往往更适合它们生长,生产者可根据具体情况酌情选择。

1. 固体培养基

下面简单列举一些常见和特殊配方的培养基类别及使用情况(表 5-4,表5-5)。

表 5-4 常见母种培养基配方 g

培养基类别	麸皮	玉米面	黄豆粉	磷酸二氢钾	硫酸镁	维生素 B_1
PDA 培养基	0	0	0	0	0	0
CPDA 培养基	0	0	0	3	1.6	0.01
加富 PDA 培养基 1	20	5	5	0.2	0.2	0.01
加富 PDA 培养基 2	20	5	2	0.2	0.2	0.01
加富 PDA 培养基 3	20	5	2	0.2	0.2	0.01

注:上述配方中马铃薯 200 g、葡萄糖 20 g、琼脂 18～20 g、水 1 000 mL,pH 自然;加富 PDA 培养基 2 中加入 100 g 新鲜平菇子实体,加富 PDA 培养基 3 中加入 100 g 新鲜香菇子实体。

以上培养基配方适合平菇、香菇、黑木耳、鸡腿菇、金针菇、杏鲍菇、灵芝、云芝等常规菌种以及一些特殊的菌种。

表 5-5 特殊培养基配方

适用菌株	培养基类别	营养成分
灵芝	PSA 培养基	马铃薯 200 g,蔗糖 20 g,琼脂 20 g,水 1 000 mL
	米粉培养基	大米粉 50 g,蔗糖 15 g,琼脂 20 g,水 1 000 mL
	木屑培养基	菇类木屑菌丝体 200 g,蔗糖 15 g,琼脂 20 g,水 1 000 mL
猴头	黄豆芽培养基	黄豆芽 200 g,葡萄糖 20 g,酵母粉 5 g,琼脂 25 g,水 1 000 mL,用柠檬酸调节 pH 值至 5.0～5.5
	麦芽糖培养基	麦芽糖 20 g,磷酸二氢钾 1.5 g,硫酸镁 0.5 g,水 1 000 mL,用柠檬酸调节 pH 值至 5.0～5.5
茯苓	葡萄糖蛋白胨培养基	葡萄糖 30 g,蛋白胨 15 g,磷酸二氢钾 1.5 g,硫酸镁 0.5 g,琼脂 20 g,水 1 000 mL
	松木汁培养基	松木屑 200 g,麸皮 100 g,葡萄糖 20 g,维生素 B_1(医用药片)1 片,琼脂 20 g,水 1 000 mL
蛹虫草	蚕蛹粉培养基	蚕蛹粉 20 g,葡萄糖 20 g,磷酸二氢钾 1 g,硫酸镁 0.5 g,维生素 B_1 20 mg,维生素 B_2 20 mg,琼脂 20 g,水 1 000 mL

续表 5-5

适用菌株	培养基类别	营养成分
	奶粉培养基	全脂奶粉 10 g，蛋白胨 5 g，葡萄糖 20 g，琼脂 20 g，水 1 000 mL
	葡萄糖蛋白胨培养基	葡萄糖 20 g，蛋白胨 5 g，磷酸二氢钾 1 g，硫酸镁 0.5 g，氯化钙 1.5 g，琼脂 20 g，水 1 000 mL
密环菌	玉米粉培养基	玉米粉 100 g，黄豆粉 20 g，蔗糖 20 g，琼脂 18 g，水 1 000 mL
	木屑培养基	杂木屑 100 g，麸皮 50 g，蔗糖 20 g，磷酸二氢钾 1 g，硫酸镁 0.5 g，琼脂 20 g，水 1 000 mL
云芝	木屑培养基	杂木屑 100 g，麸皮 50 g，蔗糖 20 g，磷酸二氢钾 2 g，硫酸铵 1.5 g，琼脂 20 g，水 1 000 mL
黑柄炭角菌	腐殖土培养基	腐殖土 200 g，果糖 15 g，蛋白胨 5 g，琼脂 20 g，水 1 000 mL
安络小皮伞	改良 PDA 培养基	马铃薯 200 g，葡萄糖 20 g，琼脂 20 g，腐殖土 100 g，水 1 000 mL
灰树花	改良 PDA 培养基	马铃薯 200 g，葡萄糖 20 g，琼脂 20 g，木屑菌丝体 100 g，水 1 000 mL
榆耳	酵母膏淀粉培养基	酵母膏 2 g，蛋白胨 5 g，可溶性淀粉 10 g，磷酸二氢钾 1.5 g，硫酸镁 0.5 g，琼脂 20 g，蒸馏水 1 000 mL
裂褶菌	改良 PDA 培养基	马铃薯 200 g，葡萄糖 20 g，琼脂 20 g，酵母膏 2 g，磷酸二氢钾 1.5 g，硫酸镁 0.5 g，水 1 000 mL
桑黄	加富 PSA 培养基	马铃薯 200 g，麸皮 50 g，蔗糖 20 g，琼脂 20 g，磷酸二氢钾 1.5 g，硫酸镁 0.5 g，维生素 B_1 20 mg，水 1 000 mL

注：以上各药用菌的配方并非仅表中所列，表中仅提供了一些药用菌的相应特殊的配方，但并非最好的配方，仅对生产者提供一定的参考依据。

2. 液体培养基

表 5-6　1 000 mL 培养基配方成分含量　g

项　别	红糖	葡萄糖	蔗糖	玉米粉	麸皮	酵母膏	蛋白胨	磷酸二氢钾	硫酸镁
灵芝	12	12			40		2.0	2.0	1.0
猴头		10			50		2.0	1.0	0.75
茯苓		25		20		1.0		1.0	0.5
蛹虫草	5	10				5.0	10		
密环菌		10	20					1.5	0.75
云芝	10	15				3		1.0	0.5
黑柄炭角菌		10	5	20		1.0	2.0		

续表 5-6　　g

项　别	红糖	葡萄糖	蔗糖	玉米粉	麸皮	酵母膏	蛋白胨	磷酸二氢钾	硫酸镁
安络小皮伞	20				50		2.0	1.5	0.5
灰树花		20		50			2.0	1.0	0.3
榆耳		20	10		50		2.0	1.0	0.5
裂褶菌	10	20				2.0		1.0	0.5
桑黄			20		50		2.0	1.5	0.75

注：1 000 mL 上述配方中，茯苓配方中再加入 $CaCl_2$ 0.06 g，$ZnSO_4$ 4 mg，$MnSO_4$ 5 mg，$FeSO_4$ 5 mg，维生素 B_1(10 mg)1 片，泡敌（聚氧丙烯甘油）0.3 g；蛹虫草中再加入 5 g 蚕蛹粉，维生素 B_1(10 mg)1 片，泡敌（聚氧丙烯甘油）0.3 g；密环菌培养基中再加入 10 g，豆饼粉 10 g，植物油 2 g，维生素 B_1(10 mg)1 片，泡敌（聚氧丙烯甘油）0.3 g；云芝配方中再加入花生饼粉 10 g，维生素 B_1(10 mg)1 片，泡敌（聚氧丙烯甘油）0.3 g；黑柄炭角菌配方中再加入 200 g 马铃薯，复合维生素 B(10 mg)1 片，泡敌（聚氧丙烯甘油）0.3 g；灰树花配方中再加入 $CaCl_2$ 0.1 g，$CuSO_4$ 0.1 mg，$MnSO_4$ 0.1 mg，复合维生素 B(10 mg)1 片，泡敌（聚氧丙烯甘油）0.3 g；裂褶菌配方中再加入黄豆粉 5 g，维生素 B_1(10 mg)1 片，泡敌 0.3 g。

三、母种培养基的制作方法

（一）固体培养基制作方法

以加富 PDA 培养基的制作为例。

1. 工艺流程（图 5-1）

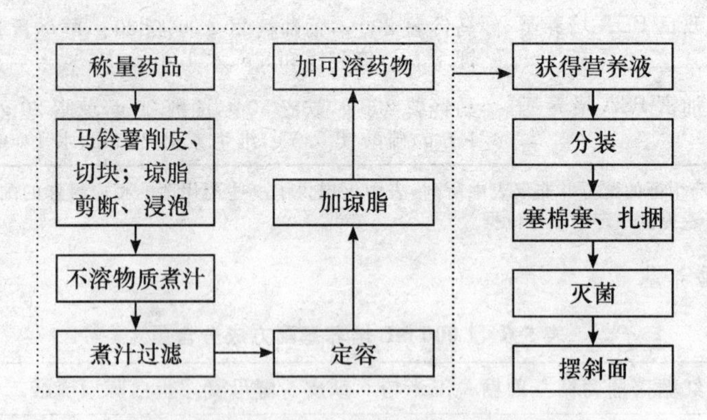

图 5-1　加富 PDA 培养基的制作工艺流程图

2. 制作方法

具体的加富 PDA 培养基制作方法详见“实验实训 5-1　加富 PDA 培养基制作”。以下为棉塞的制作过程（图 5-2），棉塞制作要注意以下几点：

①棉花要选择普通长绒棉花，不可选用脱脂棉。

②棉花用量要适当，不可过多或过少，以塞入棉塞提起试管后不脱落为度；同时棉花与试管之间无缝隙、皱褶等现象。

③棉塞制作过程，要始终用力握紧做好的棉塞形状，直到塞入试管。

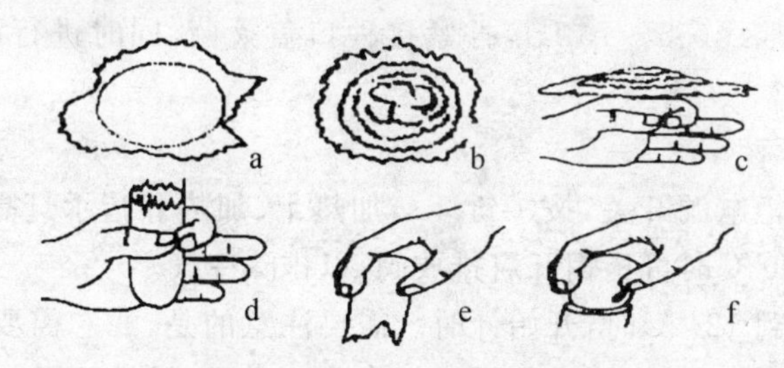

a. 棉花　b. 去角，将多余棉花填在中部，中间厚、两边薄　c. 铺放在左手由拇指和食指圈成的指环上　d. 利用右手食指轻旋捅棉花中部，做成棉花卷　e. 交换到右手，毛头朝下　f. 回折毛头塞入试管

图 5-2　无纱布棉塞制作(仿黄毅)

(二)液体培养基制作方法

1. 工艺流程(图 5-3)

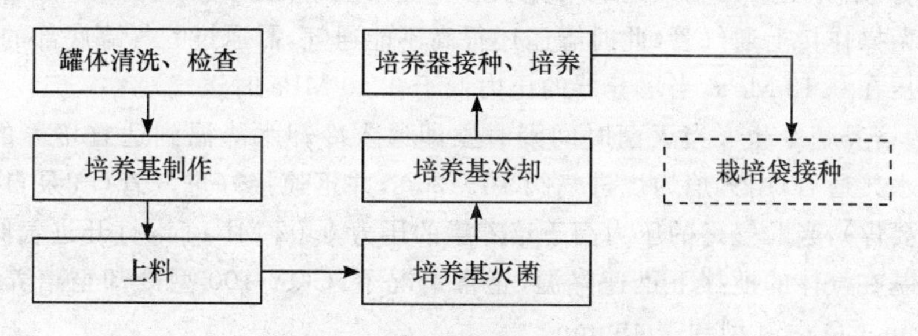

图 5-3　液体菌种制作工艺流程图

2. 制作方法

(1)罐体清洗、检查　培养罐在每次使用后或再次生产前都必须对其进行彻底的清洗之后才能投料使用。操作时用自来水管冲洗内壁并将工作灯开启检查加热棒、提升管及温度计保护套管等，有异物须彻底除去，内壁黏附的污物可以用软布揩拭(加热棒有少许糊料液正常)，洗罐水可以由接种阀排出。另外，检查各个阀门、加热棒、控制柜、气泵等是否正常，如有故障，需及时排除。

新罐初次使用、罐长时间不用、上一罐染菌、更换生产品种等，需要煮罐。煮罐的具体方法是关闭罐底部的接种阀和进气阀，加水至视镜中线，启动加热器，当温度达到 124 ℃时维持 35 min 后关闭排气阀，20 min 后把煮罐水放出即可进入生产。

(2)制作过程　液体培养基制作参照加富 PDA 培养基制作，但不往里面加琼脂。

(3)上料　关闭进气阀和接种阀，通过接种口将培养基倒入培养器中，加自来水调整料液到标准线(55～75 L)，拧紧接种口盖灭菌，同时进行滤芯和无菌水的灭菌。

(4)培养基灭菌

①打开控制柜电源开关，按①键 4 s，加热Ⅰ、加热Ⅱ指示灯亮，加热管开始工作。当温度达 100 ℃时可稍稍开启排放阀，以排除冷气。

②当温度达到 124 ℃时，开始计时。需要注意的是，滤芯需要在使用前 0.5 h 灭好菌装好，装好后要一直开启气泵以便将滤芯吹干，因此必须在灭菌计时就开泵通气。计时过程中，当温度达到设定温度时，控制柜自动断电维持温度；当温度低于设定温度时，电源又开始加热。在计时过程中，在 35 min 内前、中、后排 3 次料，每次排料时间为 5～10 min，共放料 35 L。

③当灭菌计时到 35 min 时，控制柜自动报警，此时按控制柜报警停止键③键停止报警，培养基灭菌结束进入培养状态。这时立即通入冷水降温并在短时间内按照无菌操作接上通气管(此时罐压还很高不能通气，需通过贮气罐底部的排气阀调整罐压在 0.12 MPa，当培养器的压力低于 0.10 MPa 时送气)。

(5)培养基冷却　当灭菌时间到时立即通入冷却水降温到适宜培养的温度。在冷却水接通后，用火焰灼烧进气阀 10～20 s，并迅速接好进气管(气泵自打开后一直不要停)，当贮气罐的压力高于培养罐的压力 0.02 MPa 时，打开进气阀供气，使培养基在气体的搅拌下迅速降温，正常情况下，CQY-100 型冷却至培养温度约需 60 min，CQY-50 型约需 45 min。

(6)培养器接种

①准备工作。准备专用菌种和相关接种物品和工具。

②接种。逐渐开大排气阀待培养器压力降至"0"时，关闭排气阀并点燃火圈，旋开接种口盖(气泵不关闭)，按照无菌操作将棉塞拔下并倒入菌种。旋紧接种孔盖，调整培养器罐压至 0.02～0.04 MPa 并检查培养温度和空气流量 1.2 m^3/h 以上，进入培养阶段。

③培养。根据不同品种设置不同的培养温度，常规品种选择 24～26 ℃培养挡，高温品种选择 28～31 ℃培养挡，空气流量调至 1.2 m^3/h 以上，罐压在 0.02～0.04 MPa。培养期间不用专人管理，接种 24 h 以后，每隔 12 h 可从接种管取样 1 次，观察菌种生长和萌发情况，一般检查菌液澄清度、气味、菌球数量等，培养周期为 72～96 h。

(7)栽培袋接种　当液体菌种具有适合菌龄的菌丝球、健壮洁白的菌丝后即可进行栽培袋接种。

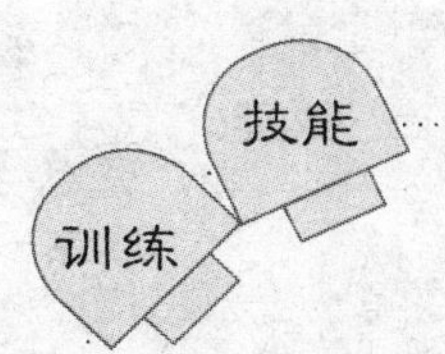

实验实训 5-1:加富 PDA 培养基制作技术

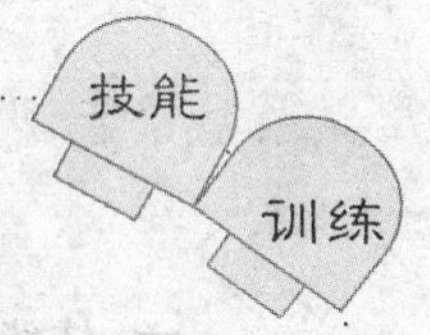

第一部分:技能训练过程设计

一、目的要求讲解

向学生讲明 PDA 培养基与加富 PDA 培养基制作的异同、适用性和重要性。

二、材料用品准备

提前报批和准备实验用品;按照 4 人/组,准备 6 组实训用品,每组按 500 mL 制作量准备。实验材料及用品详见教材内容。

三、仪器用具准备

按照实验实训的要求准备好仪器、材料、用具;课程开始前主讲教师和实验员要对仪器、设备、设施的使用状态进行检查和必要的维修;检查水、电供给和安全状况。

四、实训过程设计

1. 在学生实验操作前教师进行实物直观演示和讲解:加富 PDA 培养基制作流程及操作关键。

2. 学生按照实验实训的要求,在教师演示、讲解、指导的基础上,完成实验操作。

3. 教师鼓励或抽点学号让学生也走上讲台,通过制作好的试管培养基、棉塞向其他学生展示自己的实验结果,谈自己的实验心得;或总结实验的操作流程及要点。

五、实训考核评价

实验实训考核评价标准分为技能考核和素质评价 2 个部分,采取学生走上讲台介绍实验结果的形式,对学生实验技能和综合素质进行培养和锻炼。每个实验实训项目设置一个单项技能考核评价记录卡,全部单项考核评价记录卡共同装订成册,一式二份,学生、主讲教师各一份。实验实训总成绩的平均值占期末课程理论考试总成绩的 30%,(理论课程考勤、课堂提问、作业完成情况、课堂笔记记录情况等的平均成绩占期末理论课总成绩的 10%;期末理论课考试卷面满分 100 分,占期末理论课总成绩的 60%)。

技能 训练

续上页

技能 训练

六、技能训练后记

本次技能训练课程通过教师为学生演示、讲解达到实物直观教学的效果;鼓励学生走上讲台在活泼、欢快、和谐的学习氛围中既学习了实训技能又锻炼了学生的综合素质;但是需要提出的是为了保证实验课的设计效果,对主讲教师、实验人员的职业素质提出了更高的要求。

第二部分:技能训练考核评价

一、基本信息

学生姓名	所在专业、班级	考核评价时间	技能考核得分	素质评价得分	最后得分	主讲教师签字

二、考核评价形式与标准

1. 考核评价形式

<table>
<tr><th colspan="2">考核评价类别</th><th>考核评价形式</th><th>成绩</th></tr>
<tr><td rowspan="2">走上讲台展示结果</td><td>学生自主参与</td><td>教师在实验过程中进行技能考核和素质评价,教师对进行实验结果展示的学生进行现场赋分和点评,免交实验报告</td><td>85～100 分</td></tr>
<tr><td>教师抽点参与</td><td>教师在实验过程中进行技能考核和素质评价,教师对进行实验结果展示的学生进行现场赋分和点评,免交实验报告</td><td>85～95 分
(不包括 85 分)</td></tr>
<tr><td colspan="2">未走上讲台展示结果</td><td>教师在实验过程中进行技能考核和素质评价,实验课结束的时候当堂交实验报告,教师课后批阅学生的实验报告</td><td>80 分以下
(不包括 80 分)</td></tr>
</table>

技能训练　续上页　技能训练

2. 考核评价标准

考核评价项目	考核评价观测点	分值	主讲教师评价	平均分
技能考核（60分）	棉塞制作效果	10		
	培养基制作效果	10		
	仪器、设备使用的熟练和准确程度	10		
	讲解效果（或实训报告）	30		
素质评价（40分）	专业思想、学习态度	10		
	语言表达、沟通协调	10		
	合作意识、团队精神	10		
	参与教师实验前的准备和实验后的处理工作	10		

第三部分：技能训练技术环节

一、目的要求

熟悉加富 PDA 培养基制作的工艺流程，掌握加富 PDA 培养基制作的关键技术。

二、材料用品

选用表 5-4 加富 PDA 培养基 1 进行制作。马铃薯、葡萄糖、琼脂、麸皮、玉米面、黄豆粉、磷酸二氢钾、硫酸镁、维生素 B_1、普通棉花、纱布、报纸、皮套等。

三、仪器用具

电饭锅、手提式高压蒸汽灭菌锅、18 mm×180 mm 试管、20 mL 注射器、玻璃棒、1 000 mL 量杯、菜刀、砧板、托盘天平，剪刀、烧杯、培养皿等盛器、削皮器、塑料筒等。

四、方法步骤

1. 确定制作量

根据实验实训人数确定使用量，一般每人制作 10～20 支培养基供后续实验实训课用。

技能训练　续上页　技能训练

2. 制备营养液

①马铃薯去皮，挖掉芽眼，切成黄豆大小的块。称量后用略多于用量的水煮 20 min 左右，至马铃薯块酥而不烂，再用 4 层纱布过滤，取其滤液定容至 1 000 mL。

②琼脂称好后，用剪刀剪成 2 cm 长的小段，再用清水浸泡，以利于熬煮时融化。

③将琼脂条放入电饭锅滤液中边煮边搅拌，至全部融化。

④切断电饭锅电源，将葡萄糖等可溶性药物加入营养液中，并不断搅拌使之完全溶解，营养液的 pH 值不需要特意调制。

3. 营养液分装

①趁电饭锅的余热，用 20 mL 医用注射器分装营养液。营养液以装入试管的 1/5～1/4 容量为宜，一般 18 mm×180 mm 试管，注入 10 mL 营养液即可。不要使培养液粘到近管口的壁上，每次用注射器抽取营养液后都要用纱布擦干净注射器口。装好后最好置于盛有凉水的塑料筒中，以促进凝固，便于下一步操作。

②营养液装好后，制作循环使用的纱布棉塞或一次性使用的不包纱布的棉塞，棉塞松紧适度，为试管长度的 1/5，2/3 插入试管，1/3 长留在管外。

③每 10 支试管捆成一束，管口一端用防潮纸包好，待灭菌。

4. 灭菌

按照手提式高压蒸汽灭菌锅的操作规程对培养基进行灭菌。一般 123 ℃灭菌 30 min。灭菌结束后待温度、压力降到“0”，打开锅盖取出已灭菌物品。

5. 摆斜面

趁热将试管摆成斜角，培养基以试管长度的 1/2～2/3 为宜，斜面制成后，如不马上使用，可在 5 ℃的冰箱中保存待用。

五、实训作业

1. 总结棉塞制作的主要技巧，与同学们比较制作数量和制作质量。

2. 总结培养基制作过程中需要注意的几个关键环节，并分析操作的得失。

第三节　原种、栽培种培养基制作技术

一、原种、栽培种培养基制作的注意事项

1. 明确培养基的用途

制作原种、栽培种培养基要根据生产的目的，制作生产性的还是试验性的培养基；是用于培养草腐型菌、木腐型菌，还是粪草型；是用于野生菌的开发，还是用于大规模生产，我们需要思考这些因素，认真做好培养基的配制。

2. 认真筛选培养原料

制作原种、栽培种培养基的栽培原料要认真选择，玉米芯、棉子壳、木屑、谷粒等要选择新鲜、无霉变、无病虫害、颗粒适中的培养料。在木屑使用过程中，要注意松、杉、柏等树种木屑若没经过特殊处理，不可随意使用；米糠、麸皮等不宜使用已结块、变质的原料；养菌、拌料的水要没有污染的水源。生产者要根据本地资源来确定自己最适宜、最经济的配方。

3. 严格培养料成分的配比

制作原种、栽培种培养基要严格按照食用菌对营养成分的需求规律。通常营养成分中碳源、氮源、大量元素、微量元素和微量生长因子之间的比例关系为 $1:10^{-1}:(10^{-4}\sim10^{-2}):(10^{-7}\sim10^{-5}):(10^{-8}\sim10^{-6})$，我们要根据食用菌的这些营养需求规律配比好营养成分间的用量，切不可超量添加某种营养，特别是在添加微量元素和微量生长因子时用量超标。同时在配制营养料时要将营养料间各营养成分混拌均匀，同时调节好含水量和 pH 值。

4. 准备好原材料

制作原种、栽培种时，所选罐头瓶要清洗干净，特别是清洗一些肉类罐头瓶时，一定要用碱水、肥皂水或其他一些去污剂将其洗净。选用塑料袋时要看灭菌时采用常压灭菌还是高压灭菌方式，依此选用合适的塑料袋材质，同时塑料袋要选择密闭性好、强度高的材质，切忌选用容易破损、扎眼儿的塑料袋。

二、原种培养基的配方

原种和栽培种的配方很多，但我们在设计这些配方的时候，要按照相应食用菌的特性来选择适宜培养原料。我们经常选用的原料有木屑、玉米芯、棉子壳、稻草、谷粒等原料。我们可以单一地利用这些原料，也可以将这些原料中的 2 种或几种组合起来共同栽培一种食用菌，这样常可以起到改善、优化培养基物理性状的效

果。如木屑颗粒小、密度大、吸水性强，但透气性差；而玉米芯、稻草等颗粒较大、透气性好、但持水性差，所以我们经常将木屑同玉米芯、稻草以一定比例混合起来，这样可以很好地改善培养原料的物理性状。

1.常用栽培原料的物理性状(表 5-7)

我们用于栽培食用菌的培养原料很丰富，多取自农村或山区的农业废弃有机物或来自野生的一些培养原料。对于这些培养原料我们要对其物理性状有一个清楚的认识才可更好利用它们为我们服务。

表 5-7　常用栽培原料的物理性状和利用方法

栽培原料	物理性状	利用方法
棉子壳	结构疏松、空隙度大、通气性好、内含营养丰富、碳氮比合理	使用前最好过筛，除去多余棉子；同时将棉子壳在使用前利用阳光暴晒 1～2 d，之后闷堆使用，适宜的含水量范围在 55%～60%
木屑	颗粒较细、密度较高、空隙度小，吸水力强，含有较高的木质素，含氮量差，常要补充氮素营养，使碳氮比合理	常选用除松、杉、柏等有异味树种之外的阔叶树木。常将粗、细木屑以 1 ：1 等量混合，为改善其通气性常在木屑内混入玉米芯、棉子壳等原料，同时要向内补充 15%左右的氮素营养，之后闷堆使用，适宜的含水量范围在 55%～60%
玉米芯	结构疏松、空隙度大、通气性好、持水力差，内含碳素营养丰富、碳氮比较合理	常加工为直径为 0.5～1 cm 的颗粒，使用前利用阳光暴晒 1～2 d，之后闷堆使用，适宜的含水量范围在 60%～65%
甘蔗渣	结构疏松、空隙度大、通气性好、持水力好，富含纤维素、半纤维素，内含一定量糖分	将经过糖分提取后的甘蔗渣晾晒干、粉碎，通常配方中添加 15%左右的麸皮和 1%的白灰，混合闷堆 3～5 d，之后进行装袋，全熟料灭菌法。
高粱壳	结构疏松、空隙度大、通气性好、持水力差，具有较高的纤维素含量和较高的碳素营养	高粱米脱粒后，我们不能完全利用剩下的外壳，因为单纯用它持水力较差，通常我们将约 40%的高粱壳粉碎成粉再与其余高粱壳混用，或高粱壳内掺上一部分棉子壳用。使用前利用阳光曝晒1～2 d，之后闷堆使用，适宜的含水量范围在60%～65%
稻草	结构致密，表层被有蜡质层，持水力强，空隙度大、通气性好、内含纤维素、半纤维素丰富、含氮量差，常要补充氮素营养，使碳氮比合理	常对稻草进行预处理，先将稻草于阳光下晾晒干，之后可采用碾压、粉碎、浸泡等手段破坏稻草表面蜡质层，使其变得松散、柔软，吸水力增强、孔隙度降低。使用中还要加入 15%左右的氮素营养和一定肥土或粪肥，之后一层稻草一层粪肥层层堆积发酵 15～20 d，待稻草变为酱褐色、一拉即断、富有稻草香味时即可使用

续表 5-7

栽培原料	物理性状	利用方法
豆秸粉	结构疏松、空隙度大、通气性好、内含较高的纤维素和氮素营养、碳氮比合理	常对豆秸进行预处理，先将豆秸于阳光下晾晒干，之后可采用碾压、粉碎等手段使其变得松散、柔软，吸水力增强、孔隙度降低。之后堆积发酵 4～6 d，待豆秸变为酱褐色、柔软、富有清香味时即可使用
麸皮	质地疏松、片状、米黄色，营养丰富、粗蛋白含量较高，含有较丰富的维生素	作为氮素营养向玉米芯、木屑等主料内添加，以改变培养料的碳氮比、增加营养成分。使用前利用阳光暴晒 1～2 d 后使用。常向培养料内添加量以 10%～20%为宜，不宜过多
麸皮	质地疏松、片状、米黄色，营养丰富、粗蛋白含量较高，含有较丰富的维生素	作为氮素营养向玉米芯、木屑等主料内添加，以改变培养料的碳氮比、增加营养成分。使用前利用阳光暴晒 1～2 d 后使用。常向培养料内添加量以 10%～20%为宜，不宜过多
玉米面	颗粒细密、金黄色、有玉米清香，其营养丰富、含有较高的碳水化合物和维生素，以及各种微量元素	作为氮素营养向棉子壳、木屑等主料内添加，以改变培养料的碳氮比、增加营养成分。常向培养料内添加量以 3%～5%为宜
粪肥	质地疏松、营养丰富、富含有机氮源和多种微量元素	先将所选用粪肥堆积腐熟，之后晒干、打碎，同稻草、麦秸等以一定比例混合起来堆积发酵，发酵腐熟后使用

2. 原种、栽培种培养基的配方

这里介绍几种草腐生型和木腐生型的常用配方（表 5-8，表 5-9）和一些特殊食用菌的配方（表 5-10）。

表 5-8　草腐生型、木腐生型常用配方　　%

配方	棉子壳	木屑	玉米芯	稻草	麸皮	玉米面	豆秸粉	石膏
一		80		12	3	0	1	
二			80		14	2		0.5
三		20	42		10	3	20	0.5
四	99							1
五	30	58			8			0.5
六				75	20			0.5

注：上述配方中加入过磷酸钙 1%、蔗糖 0.5%、尿素 0.5%，磷酸二氢钾 0.2%，硫酸镁 0.1%；配方一适合灵芝、云芝、榆耳、灰树花等生长；配方二适合于培养灵芝等；配方三适合于培养裂褶菌等；配方四、五适合大多数品种；配方六适合草腐生品种。

表 5-9 常用谷物培养基配方 %

配方	小麦	玉米	木屑	过磷酸钙	石灰
小麦配方	78		20	1	1
玉米配方		98		1	1

表 5-10 特殊菌类培养基配方

适用菌株	营养配方
灵芝	甘蔗渣 80%,麸皮 19%,石膏 0.5%,石灰 0.5%,含水量 60%～65%
猴头	金刚刺渣 80%,麸皮 8%,米糠 10%,石膏 2%,含水量 60%～65%
茯苓	小松木块 57%,松木屑 20%,米糠或麦麸 20%,蔗糖 2%,石膏粉 1%,含水量 60%左右
蛹虫草	高粱米 85%,麸皮 15%,添加磷酸二氢钾 1%,硫酸镁 0.5%,维生素 B_1 1 片,含水量 55%
密环菌	棉子壳 45%,杂木屑 43%,麸皮 10%,糖 1%,石膏 1%,含水量 55%～60%
云芝	阔叶树木片 55%,木屑 25%,麸皮 20%,糖 1%,硫酸铵 0.2%,含水量 55%～60%
安络小皮伞	稻壳 70%,麦麸 25%,糖 2%,玉米粉 3%,硫酸镁 0.05%,磷酸二氢钾 0.1%,碳酸钙 0.4%,含水量 55%～60%
灰树花	阔叶树木枝(1 cm 左右)50%,木屑 30%,麸皮 15%,玉米粉 3%,糖 1%,石膏 1%,含水量 55%～60%
榆耳	棉子壳 50%,木屑 30%,麸皮 15%,玉米粉 3%,石膏 1%,蔗糖 1%,含水量 55%～60%
裂褶菌	棉子壳 58%,甘蔗渣 20%,麦麸 18%,玉米粉 2%,石膏粉 1%,磷肥 0.5%,稀土 0.5%,含水量 55%～60%
桑黄	阔叶硬杂木屑 90%,玉米粉 5%,黄豆粉 3%,石膏粉 1%,KH_2PO_4 0.2%,蔗糖(或葡萄糖)1%,硫酸铵 0.5%,含水量 65%左右

注:以上仅列举了一些较为特殊的配方,不一定为最适配方,仅供大家参考。

三、原种培养基的制作方法

(一)工艺流程

草腐生型、木腐生型培养基制作工艺流程如图 5-4。

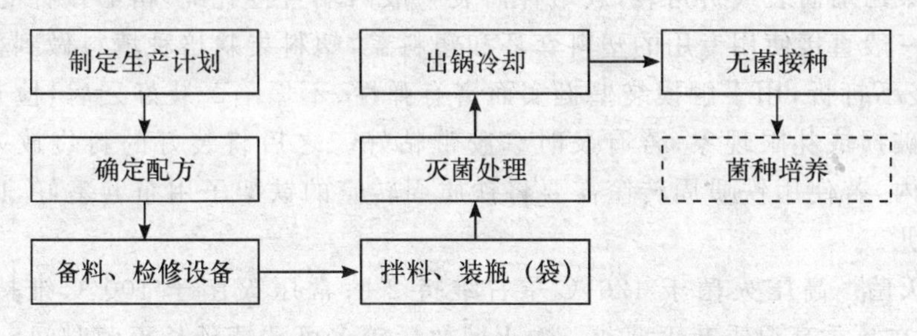

图 5-4　草腐生型、木腐生型培养基制作工艺流程图

(二)制作方法

1. 草腐生型和木腐生型原种、栽培种培养基制作

①制订生产计划。我们搞生产不能盲目去做，一定要安排好生产计划。如我们计划在什么时间、生产多少数量菌种、选择什么样的菌种、安排多大的出菇房（大棚），以及准备什么材料、物资，安排什么类型的工人去完成这一任务。这些都是需要我们去考虑的问题。哪一方面考虑不周，则会造成生产的延误。

②确定配方。我们生产食用菌、尤其在生产一些比较特殊的药用菌、野生食用菌的时候，我们一定要按照食用菌的品种特性去设计配方，根据它们是草腐型、木腐型还是粪草型等因素确定一个最可能适合它们生长的配方。

③备料、检修设备。根据料的配方和生产的数量，并考虑生产中的污染率和其他一些影响因素来确定需要准备的主辅料和营养物质的数量；同时要对拌料机、装袋机或其他一些自动机器的生产线、灭菌设备和接种设备等进行一下检修和维护，确保生产环节的顺利进行。

④拌料。拌料的目的是为了将主辅料和各营养成分间搅拌均匀，根据主辅料和各营养成分间的不同特性，拌料通常要经过以下几个步骤：干混（将主料和辅料以及不易溶于水的营养物质在不加水的情况下层层混合均匀）；湿混（将石灰等微溶和溶于水的辅料制成母液，加入所需水量稀释后搅匀拌料）。将料搅拌均匀后，不要急于装瓶（袋），先闷堆 1～2 h（夏季时间不宜过长）待培养料吸水充分、无干心、干料现象时即可装瓶（袋）。

⑤装瓶（袋）。闷好培养料后，原种可以使用 500 mL 或 750 mL 罐头瓶，装料至瓶肩处，培养料做到上紧下松，擦干净瓶口内外侧，打 0.5 cm 粗接种孔至瓶底，用双层封口膜封口（原种分别用带接种孔的封口膜，即普通封口膜剪边长 1.5 cm菱形口和普通封口膜封口）；栽培种一般使用 17 cm×35 cm×0.005 cm

的常压聚乙烯筒袋或折角袋，栽培种筒袋一般两端直接扎绳，留够接种的长度；折角袋一般直接使用专用的塑料套环和塑料盖，塑料袋栽培种填料做到松紧适度，料袋不打折，用手触摸袋壁挺实而富有弹性、不塌陷。装好袋后，检查袋壁是否有破损或扎眼现象，若有及时拿胶带粘好。之后将装好的料袋放入塑料周转筐内，若使用铁质周转筐需要将铁质周转筐的铁架子用布缠裹好，以防二次扎眼儿。

⑥灭菌。高压灭菌于 126 ℃左右维持 2 h；常压灭菌于 100 ℃维持 10～12 h，若在夏季高温季节灭菌或一次灭菌数量较多可酌情延长灭菌时间，一般而言在原有基础上每增加 1 000 袋则要延长灭菌 1 h，灭完菌后还要利用余热闷一夜即可。栽培种袋灭菌最好使用周转筐，以保证灭菌效果。若不使用周转筐，最好将菌袋之间留有一定缝隙以使蒸汽能够到达每一个菌袋，切忌在灭菌锅内将菌袋摆放的过于紧密，以致造成灭菌不彻底。不少企业单纯为了增加灭菌数量而在有限的蒸锅内摆放过多的菌袋，结果造成近一半菌袋灭菌不彻底，这样给生产造成了很大的经济损失，所以我们搞生产不能盲目，一定要严格按照灭菌的规程。

⑦出锅、冷却。灭完菌出锅前，要提前将接种室或接种帐内进行熏蒸消毒，以便使灭完菌的菌袋处于一个洁净少菌的环境之中，减少菌袋在冷却过程中由于收缩而吸进带有杂菌的空气；出锅时，要注意刚刚灭完菌的菌袋要轻拿轻放，因为这时的菌袋温度依然很高，塑料袋很柔软，极易破裂或扎眼儿，所以一定要规范运送、摆放菌袋的动作；出锅后将菌袋置于消过毒的接种室或接种帐内冷却，准备使用。冷却的时间不宜过长，当料袋内温度降至 20 ℃以下时便可及时接种。不可将灭完菌的菌袋停放过长时间不用。

⑧无菌接种。无菌接种首先要保证接种室或接种帐内无菌，所以接种前要对接种场所进行熏蒸。对接种工具等进行浸泡消毒，接种的台面、地面都要进行擦拭消毒。接种的菌种要选择洁白、健壮、未老化、活力强的菌种；接种的人员要事先经过技术培训，选择速度快、动作标准、责任心强的人员进行接种。接种时间通常选在清晨进行，接种任务要在规定的时间内完成。接种的技术要领详见本章原种、栽培种扩繁技术。

⑨菌种培养。按照常规培养方法进行。

2. 谷物原种培养基制作

详见“实验实训 5-2：小麦原种培养基制作技术”。

实验实训 5-2:小麦原种培养基制作技术

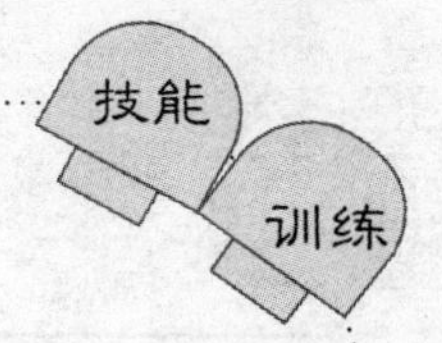

第一部分:技能训练过程设计

一、目的要求讲解

向学生讲明小麦原种培养基制作的重要性,掌握谷物培养基制作的关键技术。

二、材料用品准备

提前报批和准备实验用品;按照 4 人/组准备 6 组实训用品。麦粒要提前进行泡制。

三、仪器用具准备

按照技能训练的要求准备好仪器、用具,课程开始前主讲教师和实验员要对仪器、设备、设施的使用状态进行检查和必要的维修;检查水、电供给和安全状况。

四、训练过程设计

1. 在学生实验操作前教师进行实物直观演示和讲解:小麦原种培养基制作流程及操作关键。

2. 学生按照实验实训的要求,在教师演示、讲解、指导的基础上,完成实验操作。

3. 教师鼓励或抽点学号让学生也走上讲台,总结实验的操作流程及要点。

五、技能训练评价(略)

六、技能训练后记(略)

第二部分:技能训练考核评价

一、基本信息(略)

二、考核评价形式与标准

1. 考核评价形式(略)

2. 考核评价标准

技能 训练 续上页 技能 训练

考核评价项目	考核评价观测点	分值	主讲教师评价	平均分
技能考核（60分）	麦粒煮制效果	10		
	麦粒装瓶效果	10		
	高压灭菌锅使用的熟练和准确程度	10		
	讲解效果（或实训报告）	30		
素质评价（40分）	专业思想、学习态度	10		
	语言表达、沟通协调	10		
	合作意识、团队精神	10		
	参与教师实验前的准备和实验后的处理工作	10		

第三部分：技能训练技术环节

一、材料用品

优质小麦、木屑、蔗糖、尿素、石膏、高压聚丙烯封口塑料膜、皮套等。

二、仪器用具

10 kg 盘秤、电饭锅、漏勺（孔隙适中）、塑料大盆、500 mL 罐头瓶、立式高压蒸汽灭菌锅等。

三、方法步骤

1.泡小麦：冬天浸泡 24～48 h，夏天浸泡 10～12 h，泡好的小麦用清水漂洗干净。

2.煮小麦：煮至充分吸水、无白心。煮后小麦不能在电饭锅中久放，以防煮开花。

3.木腐生菌类添加 10％的木屑效果更好。木屑用煮小麦的水拌料，料：水＝1 ：0.5 的比例拌和，同时添加木屑干重的 0.5％蔗糖，0.5％的尿素，1％的石灰。

4.装瓶：将小麦粒捞出后，趁热摊平，使表面多余水蒸发，装至瓶肩处即可。如需拌木屑，将 50％调好的木屑混于麦粒中，其余在瓶内麦粒铺 1 cm 厚作过桥。培养双孢菇菌种或快速培养菌种，可装半瓶麦粒，后期进行摇瓶处理。

5.封瓶口：分别封 2 层塑料，内层塑料封剪菱形接种孔。

6.灭菌：麦粒菌种一般采用高压灭菌方式，于 126 ℃左右维持 2 h 即可。

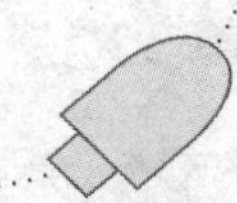

第四节　菌种扩繁与培养技术

一、母种扩繁与培养技术

母种扩繁，也称转管。由于分离或引进的母种数量有限，不能满足生产所需，因此需进行扩大培养。母种扩繁技术是一项非常重要的技术，扩繁后的母种管通常将应用到实际生产中，因此它的质量好坏直接关系到以后各级的菌种质量，我们必须要严格扩繁后母种质量，必须对该项技术的操作规程严格把关。母种转管的次数以不超过 4 次为宜，否则会降低菌种活力。

(一)母种无菌接菌生产规程

①接菌室要注意保持洁净，要定期进行地面、墙壁、接种台面和接种环境的清洁、消毒。

②接种人员要规范接种动作、熟悉接种流程、提高接种速度，同时要有良好的职业素质、卫生习惯和菌种生产的基本常识。

③每次母种生产都要写明接种人、接种品种、接种日期和转管次数，同时记录清楚培养基类型、营养配方和菌丝生长情况等因素。出了问题要责任到人，查清问题根源。

(二)工艺流程(图 5-5)

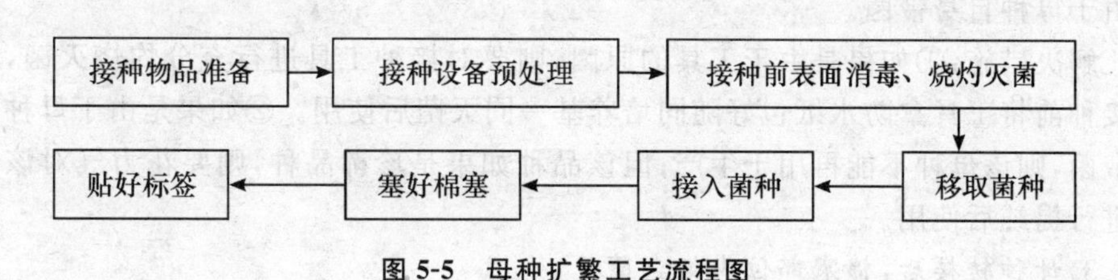

图 5-5　母种扩繁工艺流程图

(三)操作方法

具体的操作方法详见“实验实训 5-3:母种扩繁与培养技术”。

(四)母种扩繁与培养中常见问题及解决措施

1. 母种转接后，接种块不萌发菌丝

原因：首先观察所接母种块颜色是否变黑，如果变为黑色则是在接种过程中被烫死；若果所接母种块颜色未变黑，并且上面菌丝没有生长迹象，则可能是母种已经老化。

解决措施:①如果是母种块被烫死,那么就要注意在接种过程中严格接种动作,注意接种时速度要快,尤其在母种块转出试管口经过酒精灯火焰无菌区的一瞬间,要迅速把母种块转接入待接试管培养基斜面中央。②如果是母种自身老化的原因,那么要进一步确定是否原先母种丧失活力。我们可以将剩余的母种转接至新的培养基内生长,如果依然不生长,那么就可以确定该母种以丧失活力;如果菌种正常萌发,那么它就不是母种老化的原因,而是培养基自身的原因。

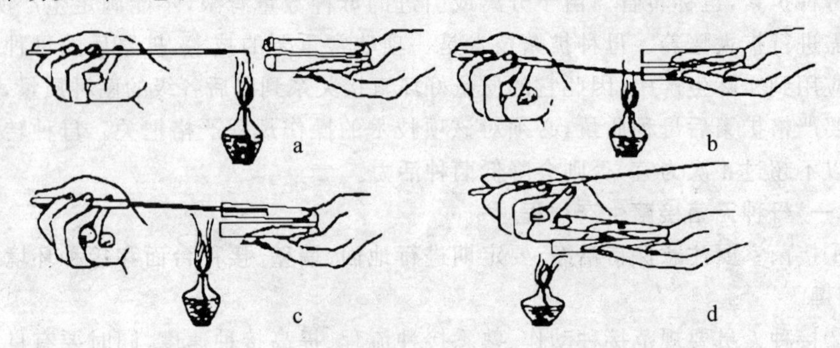

a. 左手接种镐烧灼灭菌、右手握平握菌种管和待接试管　b. 移取菌种
c. 将移取的菌种块接到待接试管中　d. 塞好棉塞

图 5-6　母种转管操作(仿黄毅)

2. 母种转接后,接种块周围出现霉菌污染

原因:可能是由于接种者对接种工具消毒、灭菌不彻底,造成了工具上带菌;或是由于母种自身带菌。

解决措施:①如果是由于工具的原因,则要对接种工具进行充分灼烧灭菌,最好接种前将工具拿防水纸包好随同培养基一同灭菌后使用。②如果是由于母种自身带菌,则该母种不能再用于生产;但该品种如果是珍稀品种,则要花力气对该母种进行提纯后使用。

3. 母种转接后,棉塞部位感染杂菌

原因:这是由于培养基制作过程中管口沾染了营养液;或是由于灭菌过程中棉塞被打湿;亦或是由于后天培养过程中环境潮湿引起棉塞受潮所致。

解决措施:①培养基制作过程中要防止营养液沾湿试管口。②在灭菌过程中要将待灭菌试管拿防水纸包严,同时试管上部再用一层防水纸盖严;出锅时先利用锅内热气将防水纸烘干后再摆斜面。③母种试管培养环境要放在清洁、干燥、黑暗的环境中培养;不能置于不卫生、环境潮湿的地方培养。

4. 母种转接后,母种块萌发出的菌丝在培养基内生长很慢,远低于正常长速

原因:首先判断是否该母种丧失活力;这也可能是由于培养基配置不合理,导

致菌丝不能正常利用培养基内养分。

解决措施：①判断是否该母种丧失活力的方法同前。②如果是由于培养基配制不合理，首先要查明培养基配制时是由于哪种成分加的比例不适宜；同时可将该食用菌品种转接到其他培养基内培养。

5.母种转接后，培养基表面和贴近试管壁处出现浅黄色黏稠菌落

原因：这是由于培养基灭菌不彻底，或是由于接种操作不严格所致。

解决措施：①要严格按照灭菌时间去灭菌，不能缩短灭菌时间。②接种要严格操作过程，特别要对接种工具在接种前充分消毒、灭菌。

二、原种、栽培种扩繁与培养技术

原种是由母种菌丝体转接到原种培养料上繁殖而成；栽培种是由原种菌丝体转接到栽培种培养料上繁殖而成。原种和栽培种扩繁一方面是为了增加数量，另一方面是为了使菌种能够适应栽培料的营养条件，操作的工艺流程基本相同。

（一）原种、栽培种无菌生产规程

①接菌室、培养室要注意保持洁净，要定期进行地面、墙壁、接种台面和接种、培养环境的清洁、消毒。

②接种人员要规范接种动作、熟悉接种流程、提高接种速度，同时要有良好的职业素质、卫生习惯和菌种生产的基本常识。每次原种、栽培种生产都要写明接种人、接种品种、接种日期，同时记录清楚培养基营养配方和菌丝生长情况等因素。

③要选择清洁、干燥无霉变的培养料，对其处理得当，严格灭菌环节和接种操作，重视对培养环境的消毒、防虫工作。

（二）工艺流程（图 5-7）

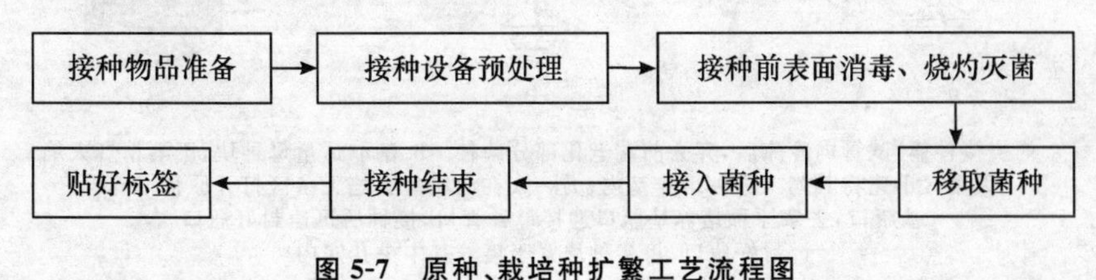

图 5-7　原种、栽培种扩繁工艺流程图

（三）操作方法

1.原种接种技术

（1）单人单一型原种接种操作　少量原种制作可利用超净工作台或接种箱。

接种的无菌操作规程和母种转管的无菌操作基本相同，具体的操作是：母种管拿试管架固定于酒精灯火焰上方，打开棉塞后火焰封口，用接种镐弃去母种前端 1 cm 左右已经老化的部分，然后铲取 1 cm^2 左右菌种块，另一只手将原种培养基移至酒精灯附近，拿接种镐的手利用小手指和鱼际处于酒精灯火焰无菌区迅速打开原种棉塞，之后迅速将母种块移入原种培养基上，棉塞过火轻燎，后迅速封上瓶口，全部过程动作要迅速，并始终注意火焰封口(图 5-8)。

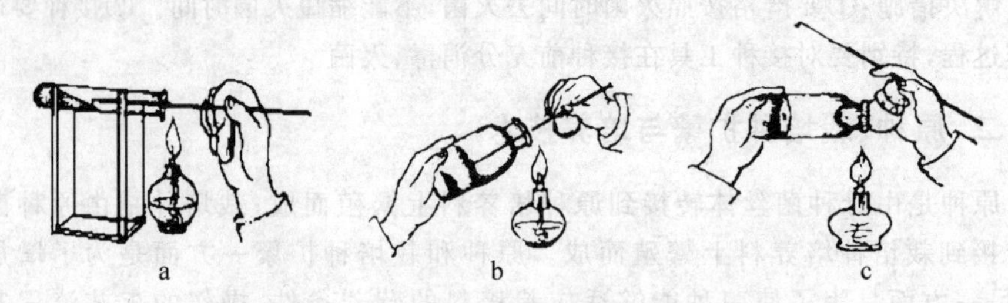

a. 移取母种　b. 母种接种到原种培养基上　c. 塞好棉塞

图 5-8　单人单一型原种接种操作(仿黄毅)

(2)三人单一型原种接种操作　大量原种接种往往利用塑料接种帐或接种室，按照无菌操作规程，3 个人配合进行接种。具体操作是：在酒精灯火焰附近，1 人负责铲取菌种，1 人负责掀开第一层塑料皮，2 人配合将菌种接入，掀皮的人同时负责迅速封好塑料皮；第 3 个人负责搬动罐头瓶及喷消毒药等工作。3 人配合动作要迅速，每一次接种的时间夏季以 1 h 左右为宜，冬季可以适当延长。实际操作中，这种方法方便、快捷，处理量大，接种效果很好(图 5-9)。

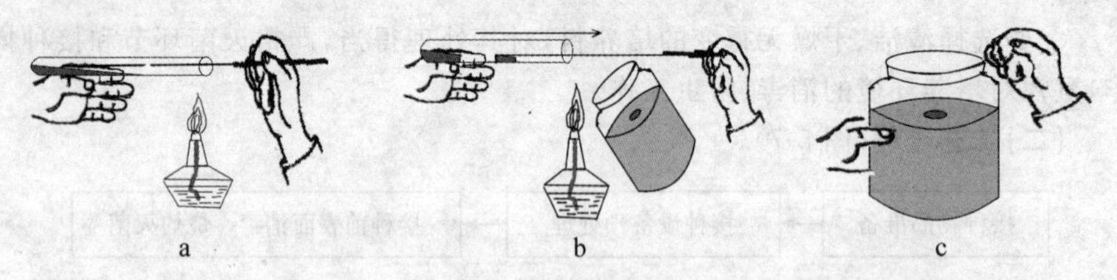

a. 灼烧接种镐、试管内冷凉后，弃去前端老化部分菌种　b. 割取适量母种块，于酒精灯火焰无菌区迅速将其勾入原种培养基内；另一人在酒精灯火焰无菌区打开原种培养基瓶口，去拿原种培养基瓶口迎接母种管口，接种后迅速封好瓶口
c. 封好瓶口、将接种块置于培养基中央孔穴内

图 5-9　三人单一型原种接种部分操作(牛长满)

2. 栽培种接种技术

(1)单人单一型栽培种接种操作　少量栽培种制作也可利用超净工作台或接

种箱。具体的操作是:原种拿木架固定,于酒精灯火焰上方打开原种瓶棉塞后火焰封口;灼烧接种匙,冷凉后用接种匙刮去原种表层已经老化的部分,然后挖取满满一匙菌种,另一只手将栽培种培养基移至酒精灯附近,拿接种匙的手利用小手指和鱼际处于酒精灯火焰无菌区迅速打开栽培种棉塞,之后迅速将原种移入栽培种培养基上,棉塞过火轻燎,后迅速封上瓶口,全部过程动作要迅速,并始终注意火焰封口。接入的原种要经过轻磕让其均匀散布于栽培种培养基表层,以利于今后发菌部位一致(图 5-10)。

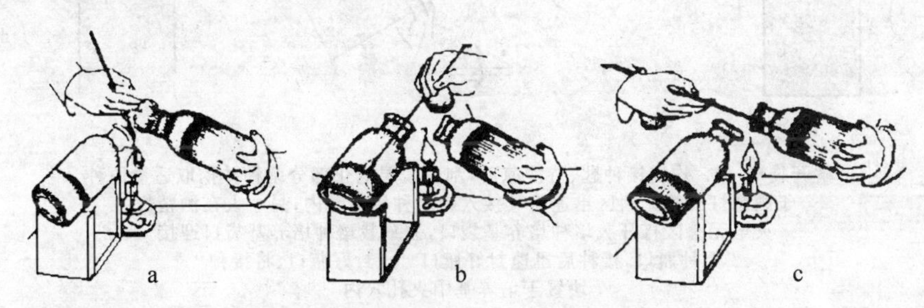

a. 接种匙烧灼灭菌　b. 移取原种
c. 将移取的原种接种到栽培种培养基上

图 5-10　单人单一型栽培种接种操作(仿黄毅)

(2)多人单一型栽培种接种操作　栽培种的接种方法,若使用罐头瓶制作栽培种,则与原种三人接种过程相似。一般也是 3 个人配合,一人用接种匙挖取菌种进行接种;一人于酒精灯火焰无菌区打开棉塞,待接入原种后迅速塞上棉塞;另一人负责搬动栽培种瓶及喷消毒药等工作。配合熟练,可在短时间内大量接种,效果也很好。如果栽培种制作采用塑料袋做容器,则接种时采取 4 人配合的形式,第 1 个人负责拿取待接栽培种料袋,并解开栽培袋口绳;第 2 个人负责挖取菌种接种;第 3 个人负责把持袋口,待接入菌种后将菌袋口迅速旋紧;第 4 个人负责系袋封口(图 5-11)。

(四)原种、栽培种培养

接种后于 25 ℃左右的培养室暗光培养,并适当通风,维持其空间相对湿度在 55%~60%。培养室在菌袋摆放前必须要进行一下环境熏蒸消毒,使得菌袋在一个清洁、无菌的环境下生长。5~7 d 以后,进行全面检查一次,发现有污染的菌袋要及时拣出,妥善处理。挑菌时,不要用力挤压菌袋,要轻拿轻放;在温度较高的季节,要注意菌袋间不要摆放过于紧密,随时监测菌袋间的温度,避免超过 30 ℃出现烧菌(图 5-12)。

在发菌期间,还要注意观察有无虫害和鼠害的发生,若有要及时采取措施处理。菌种约 30 d 天即可长满菌袋(瓶),部分野生菌种时间能稍长。长满的菌种要及时用于生产,弱等菌种出现原基或老化时,会影响到今后菌的产量和品质。

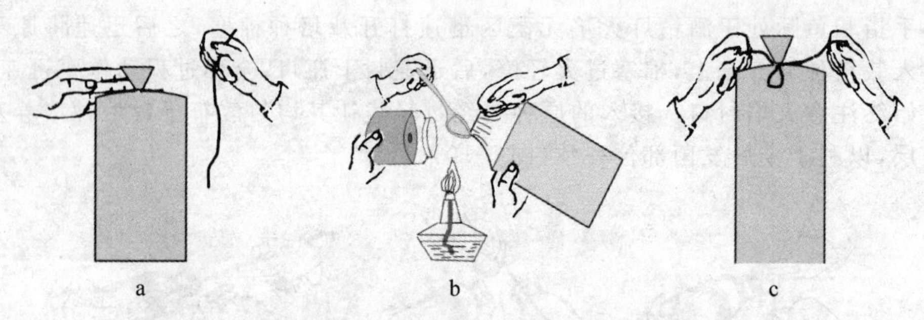

a. 解开袋口 b. 灼烧接种匙、待冷凉后,刮去表层老化部分菌种并挖取适量原种,于酒精灯火焰无菌区迅速将其接入栽培种培养基内;另一人在酒精灯火焰无菌区打开栽培种培养基袋口,去拿栽培种培养基袋口迎接原种瓶口,接种后迅速封好瓶口 c. 封好瓶口、将接种块置于培养基中央孔穴内

图 5-11 四人单一型栽培种接种操作(牛长满)

图 5-12 原种、栽培种培养架及培养状态(仿潘崇环)

(五)原种、栽培种扩繁与培养中常见问题及解决措施

1. 原种转接后,接种块不萌发菌丝

原因:首先观察所接母种块颜色是否变黑,如果变为黑色则是在接种过程中被烫死;如果所接母种块颜色未变黑,并且上面菌丝没有生长迹象,则可能是母种已经老化,或是原种内培养基内一些不良气体抑制了菌丝的萌发。

解决措施:①如果是母种块被烫死,那么就要注意在接种过程中严格接种动作,注意接种时速度要快,尤其在母种块转出试管口经过酒精灯火焰无菌区的一瞬间,要迅速把母种块转接入待接原种培养基中央。②如果可能是母种自身老化的原因,那么要进一步确定是否原先母种丧失活力。我们可以将剩余的母种

转接至新的培养基内生长，如果依然不生长，那么就可以确定该母种已丧失活力；如果菌种正常萌发，那么它就不是母种老化的原因，而是培养基自身的原因。③在制作培养料时，若向料内添加一定比例的旧料或是一些易分解的营养元素时，最好要提前将原料经过一定时间的发酵、并通过反复翻堆散尽料内不良气体之后再用。

2.原种瓶、栽培袋接种表面出现霉菌污染

原因：可能是由于接种环境不清洁；或接种者操作不规范；或是由于菌种自身带菌。

解决措施：①如果是由于接种环境不清洁所致，要对接种环境提前熏蒸消毒。②如果是由于接种者操作不规范的原因，在接菌过程中则要对接种工具进行充分灼烧灭菌，同时接种动作要规范、迅速。③如果是由于菌种自身带菌，则该菌种应淘汰。

3.原种瓶、栽培袋接种表面未出现霉菌污染，而是料袋（瓶）周围出现大量污染菌落

原因：这种现象主要是由于料袋（瓶）灭菌不彻底所致。

解决措施：灭菌要严格按照灭菌的要求达到灭菌时数；在灭菌过程中不要一次性放入大量的料袋，结果造成菌袋之间过于紧密，以致于湿热蒸汽难以到达菌袋上。灭菌时最好将料袋（瓶）置于周转筐内，将筐之间留有一定缝隙摆放。

4.原种瓶、栽培袋接种后前期菌丝萌发良好，后期生长缓慢甚至停止生长

原因：这种现象可能是由于料袋（瓶）装料过于紧密，造成菌种生长后期缺氧；或是培养料营养成分配比不适宜菌种生长；亦或是培养料内水分含量过高，和培养环境不适宜。

解决措施：①装料时要将料装的松紧适度，不能过于紧密，也不可过于松。②菌种通常要在适宜的培养环境才能生长，料内不能添加某种矿质营养、生长因子超量，一旦过量则会导致菌丝停止生长。当料内酸碱度过高或过低时，同样会造成菌丝停止生长。③在配制培养料时，料内不可一次加入过多的水，当料内含水量大于70%时则会导致菌丝停止生长，并有拮抗线的形成。④当培养环境处于通风不良的状况，或环境温度偏低时，也常常导致菌丝生长缓慢甚至停止生长。

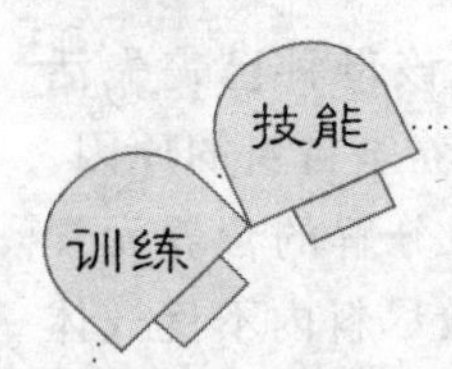

实验实训 5-3:母种扩繁与培养技术

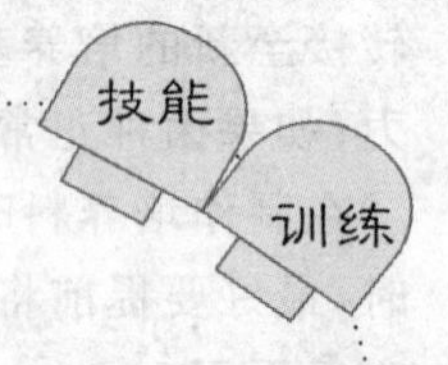

第一部分:技能训练过程设计

一、目的要求讲解

向学生讲明母种扩繁与培养的重要性,应用范围。

二、材料用品准备

提前报批和准备实验用品;按照 4 人/组准备 6 组实训用品。

三、仪器用具准备

按照实验实训的要求准备好仪器、用具,课程开始前主讲教师和实验员要对仪器、设备、设施的使用状态进行检查和必要的维修;检查水、电供给和安全状况。

四、实训过程设计

1. 讲课之前,叫学生把待接试管、母种、工具等放入超净工作台或接种箱中(超净工作台在接种操作前 30 min 开启紫外线灯,20 min 前开启风机;接种箱用气雾消毒剂熏蒸 30 min 后使用)。

2. 在学生实验操作前教师进行实物直观演示和讲解:母种扩繁与培养操作流程及关键。

3. 学生按照实验实训的要求,在教师演示、讲解、指导的基础上,在实验台面分组练习。

4. 学生按照实验实训的要求,在超净工作台或接种箱中实际操作。

5. 教师鼓励或抽点学号让学生也走上讲台,总结实验的操作流程及要点。

五、技能训练评价(略)

六、技能训练后记(略)

第二部分:技能训练考核评价

一、基本信息(略)

二、考核评价形式与标准

1. 考核评价形式(略)

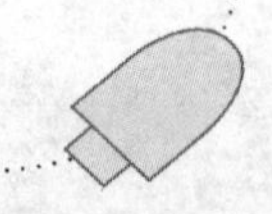

技能训练　续上页　技能训练

2.考核评价标准

考核评价项目	考核评价观测点	分值	主讲教师评价	平均分
技能考核（60分）	母种转管动作规范	10		
	母种转管观察效果	10		
	仪器、设备使用的熟练和准确程度	10		
	讲解效果（或实训报告）	30		
素质评价（40分）	专业思想、学习态度	10		
	语言表达、沟通协调	10		
	合作意识、团队精神	10		
	参与教师实验前的准备和实验后的处理工作	10		

第三部分：技能训练技术环节

一、目的要求

熟悉母种扩繁的工艺流程，熟练掌握母种扩繁的操作技术。

二、材料用品

斜面母种、待接试管斜面培养基、酒精棉球、火柴、口取纸等。

三、仪器用具

超净工作台、接种箱、接种镐、酒精灯、培养皿、镊子、油笔、气雾消毒剂、恒温培养箱等。

四、方法步骤

1.物品、用具准备

将接种用的相关物品、用具整齐有序地放入超净工作台或接种箱中备用。

2.接种设备预处理

超净工作台在接种操作前 30 min 开启紫外线灯，20 min 前开启风机，达到时间后，关闭紫外线灯、风机照开，暗光 30 min 后即可接菌；接种箱用气雾消毒剂熏蒸 40 min 后使用。

技能训练 续上页 技能训练

3.接种操作

①将洗净的双手伸入超净工作台或接种箱内，用酒精棉球擦拭双手、培养皿、接种工具、母种试管壁和接种台面，之后点燃酒精灯。

②以左手四指并拢伸直，手心向上，把待接试管放在中指和无名指之间斜面向上，菌种试管放在食指和中指之间，拇指按住两支试管的下部管口取齐。

③右手拿接种镐，将镐头和接种时进入试管的杆部进行烧灼灭菌。

④左手将两支试管的管口部分靠近火焰，右手同时夹住两个棉塞(右手无名指和小手指夹一个，小手指和鱼际处夹一个)，并立即以火焰烧灼试管口。操作过程中，试管口处于火焰无菌区。

⑤将烧过的接种镐，伸入菌种管内经管壁冷却，然后取火柴头大小的菌种块，轻轻抽出接种镐(注意不要在火焰上烧灼菌种)，迅速将接种镐伸进待接试管中，在斜面中部放下菌种，抽出接种镐放于母种试管中供连续使用(一般转管的数量不只一支，需要连续使用接种镐)。

⑥烧灼棉塞至微焦，在无菌区塞好棉塞(注意不要用试管口去迎棉塞；连续转管操作只塞接种结束的试管，菌种管棉塞继续拿在手中，如果转管操作需要将母种使用完，那么母种试管棉塞在操作之初就可以放置在操作台面的培养皿中)。

⑦接种完毕后，及时贴上标签，规范标签书写内容。

4.培养

接种后，在22 ℃的恒温培养箱中闭光培养，及时淘汰染杂的试管，一般10 d左右菌丝可长满管，一些特殊的品种时间要长一些。

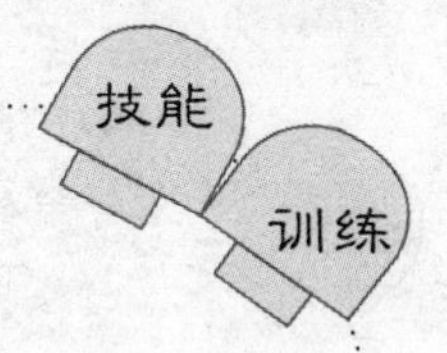

生产实训 5-1:香菇原种、栽培种制作技术

技能 训练

第一部分:技能训练职业要求

实训生产时间:1 周,于第 1 学期进行。

实训生产环境:食用菌生产车间。

技能等级要求:生产实训、关键技能。要求达到熟悉香菇原种、栽培种生产工艺流程;学会香菇原种、栽培种实训生产计划的制定方法;掌握主要生产环节的操作技能;能够处理香菇原种、栽培种生产中出现的实际问题;在香菇原种、栽培种生产的基础上能够进行其他品种原种、栽培种的生产;污染率控制在 5%以内,实现投入、产出平衡。

职业素质目标:自觉遵守企业员工准则,适应企业生产环境,融入企业文化氛围,在实训生产过程中能够吃苦耐劳,具备成本意识,具有团队精神。

职业能力目标:能够按照生产操作规程准确操作,具备原种、栽培种生产的设计、组织、实施能力。

企业导师职责:企业技术人员任导师,负责协调企业内部员工生产和学生生产实训的具体设计、实施,实训过程中对关键技术进行演示操作和详细讲解,并直接参与对学生的技能考核和素质评价。

主带教师职责:30～60 人班级设主带教师 1 名。主带教师负责根据“教学计划”和“实践教学大纲”的具体要求与企业导师共同设计技能内容和评价标准,协调和落实企业生产、学生生产实训的准确衔接与有机融合;配合企业导师组织全程生产实训,实训现场随时进行技术指导;与企业导师共同对学生进行生产实训的全程技术考核和素质评价;组织副带教师、基地管理学生、生产实训组长、食用菌协会学生全过程开展实习的后续管理工作;与企业共同为学生创造真实的职业实训环境,在全真的生产环境中模拟企业化管理,培养学生的职业素质和职业能力。

副带教师职责:辅助主带教师共同完成实训生产的各个环节。在主带教师的总体安排下,侧重对学生进行考勤、分组、分工、产品质量检测、岗位安全监督、实训生产管理文件记录等。

技能训练 续上页 技能训练

第二部分:技能训练考核评价

实训生产本着“以考核评价为手段,以巩固提高为目的”的原则,采取以过程考核评价为主,以期末集中考核评价为辅,技能考核评价和职业素质、职业能力考核评价并重的形式;按照实训技能的自然划分设置单项技能考核评价记录卡,全部单项考核评价记录卡共同装订成册,一式三份,学生、企业导师、主副带教师各一份;日常的实训生产考核评价在实训生产过程中进行,学期末的考核评价在实训生产结束后灵活选择时间开展;本学期的实训生产总成绩的平均值占期末总成绩的70%,期末实训生产考核评价成绩以课程论文答辩的形式开展,占总成绩的30%。

一、实训生产日常考核评价记录

1.基本信息

学生姓名	所在专业、班级	考核评价时间	学生组长	企业导师	主、副带教师	最后得分

2.考核评价标准

考核评价项目	考核评价观测点	分值	学生自评	学生组长评价	企业导师评价	主、副带教师评价	平均分
技能考核(50分)	实训生产工艺流程掌握	3					
	实训生产计划制定	3					
	配方确定	3					
	实训生产物料预算	4					
	培养基制作准备工作	4					
	拌料操作	3					
	装瓶(袋)操作	3					
	灭菌处理	4					

技能 续上页 技能

训练 训练

续表

考核评价项目	考核评价观测点	分值	学生自评	学生组长评价	企业导师评价	主、副带教师评价	平均分
技能考核（50分）	出锅冷却	3					
	实训生产后期清理、入库等工作	2					
	接种准备工作	4					
	接种操作技术	4					
	实训生产后期清理、入库等工作	2					
	培养检查工作	5					
素质评价（30分）	专业思想、学习态度	3					
	文明生产、遵章守纪	3					
	语言表达	2					
	自觉自律	2					
	适应承受	2					
	沟通协调	2					
	组织实施	3					
	设计管理	3					
	应变决策	2					
	创造创新	2					
	合作意识	3					
	团队精神	3					
专项评价（30分）	参加食用菌专业学习协会	5					
	在教学实训基地勤工俭学	5					
	在校内企业勤工俭学	5					
	参加校内大学生自主创业项目	5					
	参与教师科研课题	5					
	寒、暑假社会企业实践锻炼	5					
合计	100						

注：表中分值为满分数值，在考核评价的过程中，可以划分为优秀、良好、合格、基本合格、不合格5个等级，分别按照0.9～1.0、0.8～0.89、0.7～0.79、0.6～0.69、0.59（含0.59）以下的权重系数赋分。

技能训练

续上页

二、实训生产期末课程答辩考核评价记录

1. 基本信息

学生姓名	所在专业、班级	考核评价时间	企业导师	主、副带教师	最后得分
考核评价结果	学生自评	企业导师评价	主、副带教师评价	平均分	
主观命题得分					
自主选题得分					
综合印象	—				

2. 考核评价标准

项别	具体内容
主观命题（40分）	企业导师、主副带教师根据学生在日常的实训生产中出现的实际问题，本着“考核评价是手段、巩固提高是目的”的原则，有针对性地进行命题
自主选题（50分）	学生围绕本学期实训生产的内容进行自主选题，选题内容可以是专业知识、专业技能，也可以是实训生产、勤工俭学、社会实践等的心得体会，还可以是个人创造发明、科研观点，也可以将自己搜集的数据资料、典型案例、行业发展前沿动态等知识进行介绍，只要与实训生产内容相关就可以
综合印象（10分）	主考教师根据学生的综合素质和现场发挥情况灵活赋分

技能 训练

续上页

技能 训练

续表

项别	具体内容
主观命题考核评价	1.考核评价在实训生产结束后灵活安排时间,分期、分批进行。学生以实训生产小组为单位(一般为6～8人),推荐主答1名,副答2名,抽签选题后,准备时间为1周,1周后进行课程答辩 2.课程答辩每个小组需要经历4个环节。第一个环节,主答根据命题进行3 min的全面陈述,副答进行2 min的补充;第二个环节,主考教师针对第一个环节的陈述进行现场提问,主答、副答回答3 min,之后组员进行2 min的补充;第三个环节,主答进行总结;第四个环节,主考教师进行现场点评、赋分 3.要求其他实训生产小组参加答辩会
自主选题考核评价	1.考核评价在实训生产结束后灵活安排时间,在主观命题考核评价后以小组为单位分期、分批进行 2.课程答辩每名学生需要经历3个环节。第一个环节,1名学生进行5 min的自由陈述;第二个环节,主考教师针对陈述内容进行现场提问;第三个环节,主考教师进行现场点评、赋分 3.要求其他实训生产小组参加答辩会

注:主观命题考核评价由主考教师根据小组综合表现给出小组平均分,主答加8分,副答加5分,组员参与补充回答每次加1分。

第三部分:技能训练技术环节

一、确定实训生产项

与校企合作企业共同研究,结合企业目前生产运行的实际情况以及学生的后续学习(香菇生产技术是栽培技术学习的重要内容),确定学生的实训生产项目为香菇原种、栽培种生产。

二、下达实训生产任务

实训生产项目一:40瓶香菇原种3月20日投入使用实训生产项目。

实训生产项目二:600袋香菇栽培种4月25日投入使用实训生产项目。

三、实训生产组织实施

(一)确定生产工艺流程

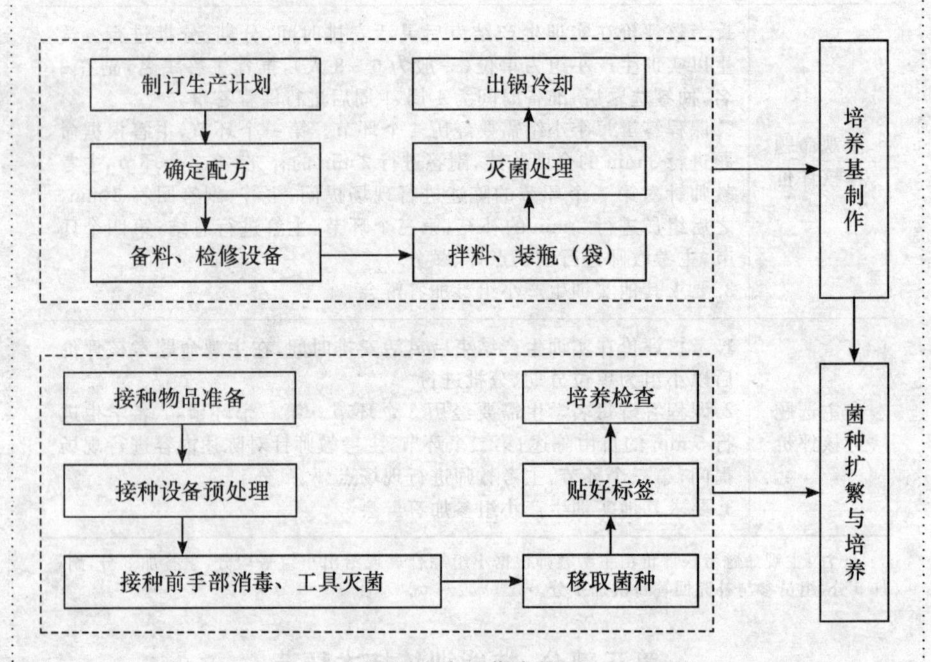

实训生产工艺流程

(二)实训生产计划制订

1. 时间数量

原种			栽培种		
数量	接种时间	使用时间	数量	接种时间	使用时间
40 瓶	2 月 20 日	3 月 20 日	600 袋	3 月 20 日	4 月 25 日

技能训练 续上页 技能训练

2.配方确定

原种选用小麦培养基配方;栽培种选用表5-8配方一。

3.实训生产用具、设备、设施准备

实训前按照实训生产的工艺流程和数量要求提前报批和清点实训用具,对实训设备、设施进行全面检修。

4.实训生产物料及预算

①原种生产物料及预算。500 mL罐头瓶使用的优质小麦每瓶约250 g。其他如木屑、蔗糖、尿素、石膏、高压聚丙烯封口塑料膜、罐头瓶、皮套等详细的物料预算略。

②栽培种生产物料及预算。

物料种类	物料数量	单价	成本/元
原种	40瓶	1.5元/瓶	60.00
木屑	240 kg	0.40元/kg	96.00
麸皮	36 kg	1.00元/kg	36.00
玉米面	9 kg	2.00元/kg	18.0
蔗糖	1.5 kg	4.00元/kg	6.0
石膏	3 kg	1.00元/kg	3.0
尿素	1.5 kg	1.60元/kg	2.4
过磷酸钙	3 kg	0.60元/kg	1.80
磷酸二氢钾	0.6 kg	10.00元/kg	6.0
硫酸镁	0.3 kg	10.00元/kg	3.0
栽培种袋	650个	0.10元/个	65.0
封口绳	700个	4.00元/kg	2.0

技能训练 续上页 技能训练

续表

物料种类	物料数量	单价	成本/元
95%酒精	2瓶	5.00元/瓶	10.0
气雾消毒剂	5盒	3.00元/盒	15.0
脱脂棉	1包	12.00元/袋	12.0
记号笔	2支	2.00元/支	4.0
火柴	1盒	0.10元/盒	0.2
烧柴	5 kg	0.20元/kg	20.0
煤	250 kg	0.7元/kg	175.0
其他			100.0
成本合计			635.4

注：直径15 cm×长35 cm×0.005 cm栽培种袋按照0.5 kg干料/袋计算；表中数据仅供教学实训生产参考。

三、实训生产管理实施

1.在企业导师和主副带教师的指导和组织下，按照实训生产项目和工艺流程的具体要求，根据企业生产和专业实训的实际需求，熟练完成香菇原种、栽培种制作的全程生产操作，为香菇栽培实训生产项目做准备。

2.在企业导师和主副带教师的指导下，以小组为单位，利用业余时间经常到实训基地参与日常管理，定期以小组为单位进行生产总结和交流，并准确、及时体现在生产管理日志中。

3.日常管理中，充分发挥基地管理和食用菌专业协会学生的作用从事日常管理，实现投入与产出平衡。

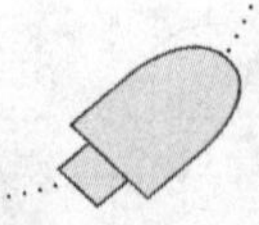

第五节　菌种质量鉴定与保藏

一、菌种质量的鉴定

(一)外观鉴定

1.母种外观鉴定

一般说来，每种食用菌母种菌丝都有它们各自的特点，我们根据它们母种菌丝相关的特点可以对它们进行大致鉴定(表5-11)。但不论它们都有什么不同，作为优良的母种它们都是有一些共性的，比如它们在母种培养基内菌丝生长整齐一致、长速符合品种自身的生长特性、菌丝颜色正常，无老化、无污染等现象发生。

表5-11　部分药用菌优质母种外观鉴定的标准

菌种类型	优质菌种标准
灵芝	菌丝白色、纤细、致密、平坦、整齐，气生菌丝发生量少，表面常生成白色结晶物。菌种老熟后常形成一层硬皮，25 ℃下15 d左右长满斜面
猴头	菌丝微黄色，紧贴培养基表面生长，气生菌丝稀疏，菌丝表面常形成珊瑚状小突起，常分泌色素，使培养基变为茶褐色，25 ℃下16 d左右长满斜面
茯苓	菌丝常呈白色、稀疏，菌丝生长过程中常出蜂窝状或菊花状子实体，后期气生菌丝较浓密，常分泌褐色素，使培养基变为茶褐色，25 ℃下15 d左右长满斜面
蛹虫草	菌丝洁白、浓密、绒毛状，气生菌丝旺盛、生长整齐一致，菌丝体表层在见光时常有金黄色气生菌丝发生，25 ℃下15 d左右长满斜面
密环菌	菌丝灰白色、棉絮状，生长缓慢，后期发生根状物质，常分泌色素，使培养基变为褐色。菌丝体常有荧光现象，25 ℃下20 d左右长满斜面
云芝	菌丝白色、纤细、平坦、整齐，气生菌丝发生量少，25 ℃下15 d左右长满斜面
黑柄炭角菌	菌丝白色、稀疏、细长绒毛状、生长整齐，25 ℃下15 d左右长满斜面
灰树花	菌丝白色、浓密、绒毛状至絮状，气生菌丝旺盛，菌落厚，25 ℃下15 d左右长满斜面
榆耳	菌丝白色、浓密、生长整齐，气生菌丝发达，表面常生褐色原基，25 ℃下12 d左右长满斜面
桑黄	菌丝初期白色、浓密、绒毛状，生长整齐，后期菌丝变为淡黄色至深黄色，25 ℃下20 d左右长满斜面

2. 原种、栽培种外观鉴定(表 5-12)

①菌袋外观形态鉴定。用手抓住棉花塞轻轻提起,看棉花塞或皮套松紧是否适度,如果太松容易导致杂菌入侵,同时注意棉塞是否潮湿并感染了杂菌;再看菌种外观是否破瓶、破袋;再用手摸袋壁上是否扎了小眼儿,如果发现小眼儿可能此处有感染了杂菌的可能。

②菌袋(瓶)内部形态鉴定。一"闻",随机抽样检查,把棉花塞拔起后,用鼻子嗅菌种气味,正常的菌种菇香味浓郁,若菌种中散发出酸、霉、臭等气味,则说明菌种有杂菌的污染;二"看",看菌种是否纯度高,菌丝色泽要正,长势丰满而富有弹性,多数种类的菌丝应纯白,原种、栽培种菌丝应连结成块,无老化、变色、吐黄水等现象;菌丝要粗壮长势强,分枝多而密,且生长速度整齐一致;三"摇",菌种要湿润,含水适宜,用手晃菌袋(瓶)无干缩脱壁现象。

表 5-12　部分药用菌优质原种、栽培种外观鉴定的标准

菌种类型	优质菌种标准
灵芝	菌丝洁白、致密、生长整齐一致,后期常分泌黄色液体。菌丝满袋天数通常为 30～40 d
猴头	菌丝洁白、浓密、粗壮,生长均匀一致,表面易形成小原基。菌丝满袋天数通常为 30～40 d
茯苓	菌丝白色、致密、菌丝生长后期常出现细绳状菌索,菌种培养 3 d 左右即可使用
蛹虫草	菌丝洁白、浓密、绒毛状、生长整齐一致,后期表层菌丝有金黄色气生菌丝发生,菌丝满瓶天数通常为 35 d 左右
密环菌	菌丝灰白色、浓密、生长整齐,后期逐渐变为深褐色,菌丝满袋天数通常为 30～40 d
云芝	菌丝白色、纤细、生长整齐,后期有较厚菌被。菌丝满袋天数通常为 30～40 d
灰树花	菌丝白色、浓密、生长整齐,后期有较厚菌被,并产生褐色素。菌丝满袋天数通常为 30～40 d
榆耳	菌丝白色、绒毛状、生长整齐,随着生长菌丝逐渐变为浅黄色,菌丝满袋天数通常为 40 d 左右
桑黄	菌丝白色、浓密、生长整齐,随着生长菌丝逐渐变为浅黄色至深黄色,菌丝满袋天数通常为 50 d 左右

(二)液体鉴定

采用液体培养的方法,在 2%蔗糖水中接种待鉴定菌种,如培养后出现浑浊或稀薄现象,说明该菌种不可用于栽培;如培养结果为洁白的菌丝球,该菌种可以放

心用于生产当中。

(三)出菇试验

大规模生产前,进行出菇试验,是保证生产成功的重要方面,也只有出菇试验,才能够最终直观地体现菌种质量情况。随机抽取计划用于生产的原种(或栽培种)若干袋,给其营造一个适合出菇的生长环境,出菇快、朵形好的菌种则可放心用于生产。

二、菌种保藏

(一)菌种保藏的原理

菌种保藏的目的在于利用物理或化学手段,给菌种生长创造一个不利于它和病原微生物的生长环境,但在该种环境下菌种活力又不会丧失,而是使菌种处于最低的生理活性状态,在适宜的条件下将所保藏的菌种进行繁殖又可以正常恢复其生理活性,通过这样达到延长保藏菌种的目的。

(二)菌种保藏的注意事项

①菌种保藏需要具有一定专业知识和实践经验,并具有相关保藏设备的专业技术人员和机构才可从事该工作。它需要定期收集、整理、检查和保藏菌种,这些工作需要高度的责任心、耐心和细心。

②保藏菌种要了解保藏菌种的特性,和对营养的需求规律。如在保藏一些高温品种时,我们就不能按照常规方法去保藏菌种。

③所保藏的菌种都有一定的保藏期限,所以一定要在保证菌种活性的期限内及时进行菌种的二次保藏、生产和检查。

④所保藏的菌种要有一定的重复,避免品种的遗失。

⑤保藏的环境要清洁、干燥,对于一些见光易老化的品种要拿黑色遮光纸包裹;对于一些不耐冻的品种还要在试管内加入防冻剂,以防菌种冻伤失去活力。

(三)菌种保藏的方法

菌种保藏的方法很多,通常采用的手段是低温、干燥和减少氧气供应,这里介绍比较常用的斜面低温保藏、木屑保藏、液体石蜡保藏和液氮超低温保藏方法。

1.斜面低温保藏

斜面低温保藏菌种是较为常用的母种保藏方法。它通常要求培养基内营养丰富并且所含琼脂用量要高。将加富 PDA 培养基的琼脂用量增加到 25 g/1 000 mL,18 mm×180 mm 试管装营养液 12 mL,斜面长度为试管长度的 1/2,常规接种,培养至菌落接近长满整个培养基斜面时,按照无菌操作将棉塞换成橡胶塞,并用石蜡封口,放入 4～5 ℃冰箱内保存。每隔 3～6 个月转管一次。草菇菌种不耐低温，保存温度应提高到 10～15 ℃。菌种在使用前应先进行一下活化处理后再使用。

2. 木屑保藏

木屑保藏菌种是较为经济、实用的一种保藏木腐菌的方法。该法可利用 50% 的木屑、30% 的 0.5 cm^3 小木块、18% 的麸皮、1% 的蔗糖和石膏，调节其含水量至 60% 左右，之后装入 3/4 的试管，正常灭菌 1.5 h，之后常规接种，当菌丝长至 1/2 的木屑培养基长度后，按照无菌操作将棉塞换成橡胶塞，并用石蜡封口。放入 4～5 ℃冰箱内保存，可保藏 2 年左右。

3. 液体石蜡保藏

液体石蜡保藏菌种是利用液体石蜡隔绝了氧气对菌丝的供给，并防止了菌丝体水分挥发的原理来保藏菌种的。将生长健壮的母种按照无菌操作，将灭菌的水液体石蜡灌注至斜面上方 1 cm 处，同样用无菌橡胶塞和石蜡封口。常温下可保藏 5～7 年。使用时用接种针从液体石蜡浸泡的斜面上挑取菌丝接种到适宜的母种培养基上，余下的母种可继续保藏。由于第一次转接的菌丝粘有石蜡生长微弱，因此必须再转接一次才能恢复正常生长状态。

4. 液氮超低温保藏（图 5-13）

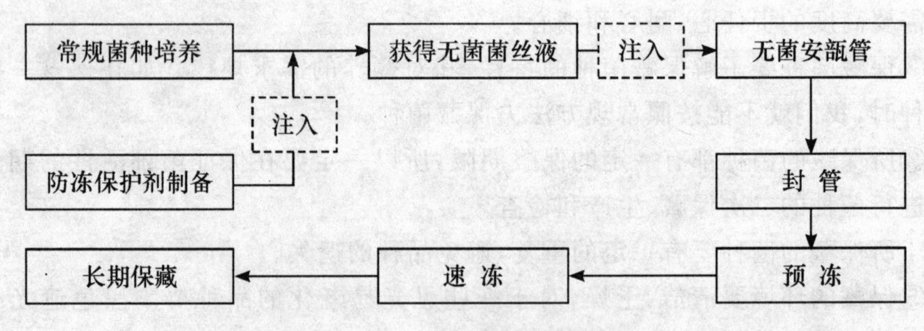

图 5-13　液氮超低温保藏流程图

利用液氮罐，在 −196 ℃的低温条件下保藏菌种 10 年左右，该方法将菌种体内的生理代谢几乎完全停止，种性不发生变异，是目前最理想的菌种保藏方法，但是价格昂贵，需要专人维护，适合科研院所使用。

具体的操作方法是：采用 10%（体积比）的无菌冷冻保护剂如甘油蒸馏水溶液，淹没母种培养基斜面，按照无菌操作轻轻刮落斜面上的菌丝体，使其成悬浮液。将 0.5～0.8 mL 悬液按照无菌操作注入无菌的安瓿管中，熔封瓶口，检查不漏气后，置液氮冷却器内，以每分钟下降 1 ℃的速度缓慢降温至 −35 ℃，以后冻结速度就不需控制，迅速降低到气相 −150 ℃或液相 −196 ℃进行长期保藏。

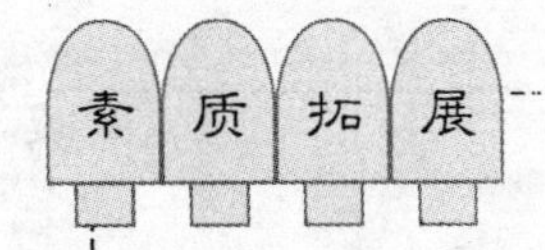

菌类园艺工国家职业标准

1. 职业概况

1.1　职业名称　菌类园艺工。

1.2　职业定义　掌握食、药用菌相关的基础理论知识和操作技术，从事食、药用菌菌种生产、保藏，原材料的准备以及食用菌栽培场所建造、栽培管理、病虫害防治、采收、加工与贮藏等活动的人员。

1.3　职业等级　本职业共设四个等级，分别为：国家职业资格五级（初级）、国家职业资格四级（中级）、国家职业资格三级（高级）、国家职业资格二级（技师）。

1.4　职业环境　室内、外，常温。

1.5　职业能力特征　手指、手臂灵活，动作协调性强，色、嗅、味等感官灵敏，有一定的学习、判断、分析、推理、计算和表达能力。

1.6　基本文化程度　初中毕业。

1.7　培训要求

1.7.1　培训期限　全日制职业学校教育，根据其培养目标和教学计划确定。晋级培训期限：初级不少于500标准学时；中级不少于400标准学时；高级不少于300标准学时；技师不少于100标准学时。

1.7.2　培训教师　培训初、中级的教师应具有本职业高级以上职业资格证书或相关专业中级以上专业技术职务任职资格；培训高级工的教师应取得本职业技师职业资格证书或具有相关专业高级专业技术职称；培训技师的教师应取得本职业技师职业资格证书3年以上或具有本专业高级专业技术职称。

1.7.3　培训场地设备　满足教学需要的标准教室、实验室、菌种生产车间、栽培试验场、产品加工车间。设备、设施齐全，布局合理，符合国家安全、卫生标准。

1.8　鉴定要求

1.8.1　适用对象　从事或准备从事本职业的人员。

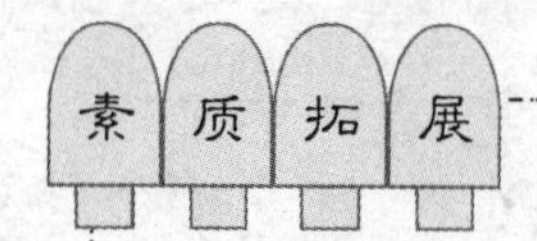

素质拓展

续上页

1.8.2　申报条件

——初级/国家职业资格五级(具备以下条件之一者)

(1)经本职业初级正规培训达规定标准学时数,并取得毕(结)业证书。

(2)在本职业连续见习工作2年以上。

(3)本职业学徒期满。

——中级/国家职业资格四级(具备以下条件之一者)

(1)取得本职业初级职业资格证书后,连续从事本职业工作3年以上,经本职业中级正规培训达规定标准学时数,并取得毕(结)业证书。

(2)取得本职业初级职业资格证书后,连续从事本职业工作5年以上。

(3)连续从事本职业工作7年以上。

(4)取得经劳动保障行政部门审核认定的、以中级技能为培养目标的中等以上职业学校本职业(专业)毕业证书。

——高级/国家职业资格三级(具备以下条件之一者)

(1)取得本职业中级职业资格证书后,连续从事本职业工作4年以上,经本职业高级正规培训达规定标准学时数,并取得毕(结)业证书。

(2)取得本职业中级职业资格证书后,连续从事本职业工作7年以上。

(3)取得高级技工学校或经劳动保障行政部门审核认定的、以高级技能为培养目标的高等职业学校本职业(专业)毕业证书。

(4)取得本职业中级职业资格证书的大专以上本专业或相关专业毕业生,连续从事本职业工作2年以上。

——技师/国家职业资格二级(具备以下条件之一者)

(1)取得本职业高级职业资格证书后,连续从事本职业工作5年以上,经本职业技师正规培训达规定标准学时数,并取得毕(结)业证书。

(2)取得本职业高级职业资格证书后,连续从事本职业工作8年以上。

(3)取得本职业高级职业资格证书的高级技工学校本职业(专业)毕业生和大专以上本专业或相关专业的毕业生,连续从事本职业工作满2年。

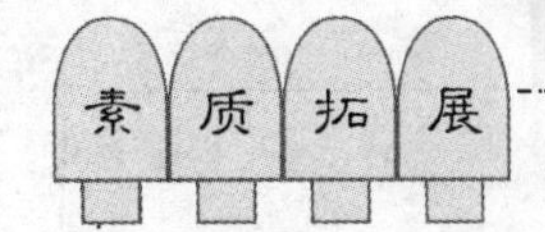

续上页

1.8.3 鉴定方式 分为理论知识考试(笔试)和技能操作考核,理论知识考试采用闭卷笔试方式,技能操作考核采用现场实际操作方式。理论知识考试和技能操作考核均实行百分制,成绩皆达到60分以上者为合格。技师鉴定还须进行综合评审。

1.8.4 考评人员与考生配比 理论知识考试考评人员与考生配比为1∶15,每个标准教室不少于2人;技能操作考核考评员与考生配比为1∶5,且不少于3名考评员。

1.8.5 鉴定时间 理论知识考试90分钟;技能操作考核不少于60分钟;综合评审不少于40分钟。

1.8.6 鉴定场所、设备 理论知识考试在标准教室里进行;技能操作考核在食、药用菌制种、栽培、产后加工场所进行,设备设施齐全,场地符合安全、卫生标准。

2.基本要求

2.1 职业道德

2.1.1 职业道德基本知识

2.1.2 职业守则

(1)热爱本职,忠于职守;(2)遵纪守法,廉洁奉公;(3)刻苦学习,钻研业务;(4)诚实守信,安全生产;(5)谦虚谨慎,团结协作。

2.2 基础知识

2.2.1 基本理论知识

2.2.1.1 微生物学基础知识

(1)微生物的概念与微生物类群;(2)微生物的分类知识;(3)细菌、酵母菌、霉菌、放线菌的生长特点与规律;(4)消毒、灭菌、无菌知识;(5)微生物的生理。

2.2.1.2 食、药用菌基础知识

(1)食、药用菌的概念、形态和结构;(2)食、药用菌的分类;(3)常见食、药用菌的生物学特性;(4)食、药用菌的生活史;(5)食、药用菌

素质拓展

续上页

的生理;(6)食、药用菌的主要栽培方式。

2.2.2 有关法律基础知识

(1)《食用菌菌种管理办法》;(2)《种子法》;(3)《农业野生植物保护办法》的相关知识;(4)《森林法》的相关知识;(5)《环境保护法》的相关知识;(6)《食品卫生法》的相关知识;(7)《劳动法》的相关知识;(8)《合同法》的相关知识。

2.2.3 食、药用菌业成本核算知识

(1)食、药用菌的成本概念;(2)食、药用菌干、鲜品的成本计算;(3)食、药用菌加工产品的成本计算。

2.2.4 安全生产知识

(1)实验室、菌种生产车间、栽培场所、产品加工车间的安全操作知识;(2)安全用电知识;(3)防火、防爆安全知识;(4)手动工具与机械设备的安全使用知识;(5)化学药品的安全使用、贮藏知识。

第六章 药用大型真菌 菌种选育技术

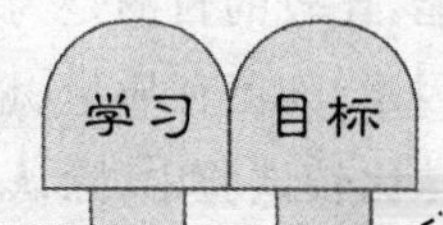

知识目标

- 掌握选种技术背景知识。
- 掌握育种技术背景知识。

能力目标

- 能够通过子实体组织分离技术获得原始菌种。
- 掌握并能够应用单孢子杂交育种技术进行新品种选育。

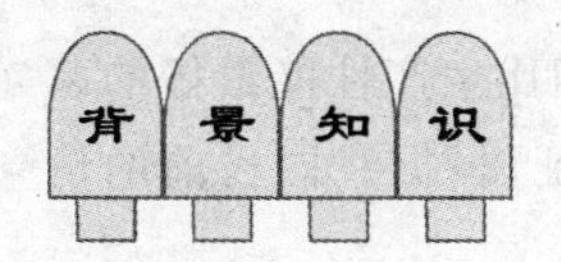

第一节 选种技术

选种是指通过人工选择培育新品种，而所谓人工选择，其实质是经过长期的去劣存优的选择作用，不断淘汰那些不符合人类需要的个体，保留那些符合人类需要的个体，就可以逐步选择出符合育种目标的新品种。选种包括野生药用真菌的驯化，药用真菌的异地引种等。

选种的基本操作过程主要包括品种收集、性能测定、菌株比较、扩大试验、示范推广等基本内容。选种过程中菌种是出发点，菌种的分离方法一般可分为组织分离法、孢子分离法和基质分离法 3 种，目前常采用的是组织分离和孢子分离方法。

品种收集 选择应侧重于在不同菌株间进行而不是在同一个菌株的后代中进行，更主要的是要广泛收集不同地域、不同生态型的菌株，以便从大量菌株中去粗取精、弃劣留优，筛选到符合人们需要的新品种。具体做法是根据选种目标，确定适宜的收集种类、收集地点和收集方法。栽培种可以通过国内外的科研院所、菌种保藏机构或生产厂商进行引进，收集野生菌株则要详细记录采集时间、地点、海拔、坡向、土质、植被等项内容，并对采集的菌株进行编号，以便对该菌株进行综合分析。尤其注意，两个采集点之间的距离应尽可能远一些，以避免是由于同一子实体的孢子多年传播、逐步扩散而形成的，同时，选采集点要充分利用不同的地形、地势，如南坡与北坡、山顶与山腰等。

性能测定 为了避免浪费人力、物力，提高选种效率，对于不同编号的菌株，可通过拮抗试验来淘汰那些重复的菌株。测定适宜的培养基种类、温湿度、光照、二氧化碳浓度及 pH 值要求范围，同时，还要测定各菌株的菌丝生长速度、生长势、出菇(耳)时间等，以便对其生理特性有初步的了解。

菌株比较 根据实际情况，选用瓶栽、袋栽或箱栽等方式比较各菌株的生产性能，比较的目的是为了选优汰劣。试验过程中，应力求使可能影响试验结果的各种因素，如菌种质量、培养基成分、接种方法、栽培管理措施等方面尽量保持一致。菌株比较试验中，除认真记录各菌株的产量外，还应对菇形、温性、干鲜比、始菇期等形态、生理及栽培特性进行详细记载。

扩大试验 菌株比较试验后，选用与当地的主栽品种相比生产性能最好的菌株进行更大规模的试验，以对菌株比较结果作进一步的验证，根据我国目前的情况，扩大试验时，每品种一地一次，栽培面积不少于 50 m^2。

示范推广 经过扩大试验后，对选出的优良品种有了更明确的认识。但在大量推广之前，应选取几个有代表性的试验点进行示范性生产，待结果得到进一步确证后，再由点及面逐步推广。

食用菌的良种选育过程中，菌种是出发点，采集的子实体需要经过分离、获得纯菌种。菌种分离就是采用无菌操作技术，将所需要的食用菌与其他杂菌分开，让其在适宜的条件下生长繁殖而得到纯菌丝体的过程。

一、组织分离

(一)工艺流程

组织分离技术工艺流程见图 6-1。

(二)操作技术

组织分离法属于无性繁殖，能够保持原品种的优良性状，而且取材广泛、操作简便、容易成功，在生产上常被用于菌种复壮、新品种选育。根据分离材料的不同

又分为子实体组织分离、菌核组织分离和菌索组织分离法(图 6-2)。

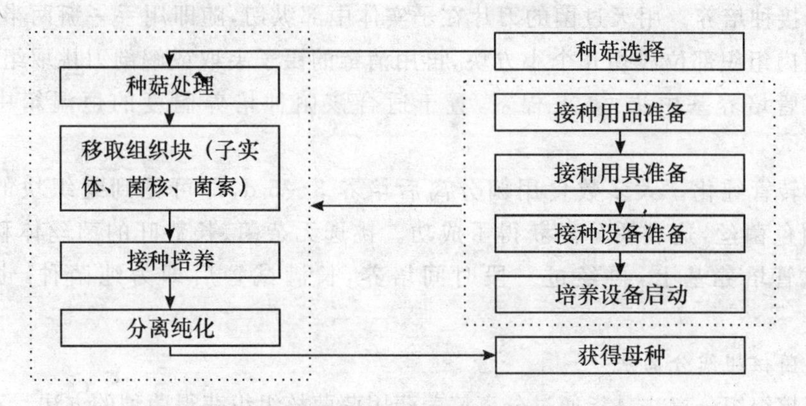

图 6-1　组织分离技术工艺流程图

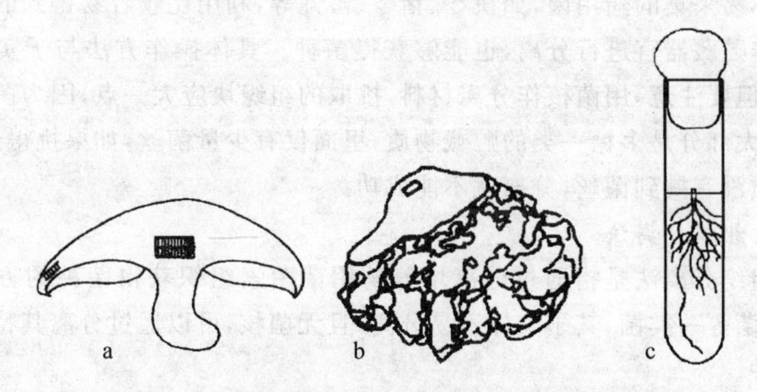

a. 大型子实体组织分离　b. 菌核组织分离　c. 菌索组织分离

图 6-2　大型子实体、菌索、菌核组织分离(仿黄毅)

1. 子实体组织分离法

通过分离培养药用菌子实体的菌肉组织获得菌种的方法,适用于灵芝、猴头、桑黄等绝大多数药用菌。但不同药用菌子实体的各种组织及不同部位生长分裂的旺盛程度不同,因此在切取子实体组织时应该有所选择。

①选择子实体。子实体应选择生长健壮、无病虫害、形状端正、大小适中、颜色正常、尚未散发孢子、七八分成熟的单个个体。最好是在第一、二批菇中采摘,采摘后如果不马上进行分离,用托盘盛装置于冰箱中保鲜一夜,使子实体略失水,有利于降低污染率。

②子实体消毒。在已经消毒灭菌的接种箱内或超净工作台上,用 75%酒精棉球进行表面消毒。也可以将子实体表面直接在酒精灯火焰上方轻轻灼烧,以不烤

焦为宜，起到杀死和固定表面微生物的作用。

③接种培养。用灭过菌的刀片在子实体中部纵切，随即用手一掰两半，用刀片在菌肉组织部位浅切几个小方块，再用消毒的镊子夹取或解剖刀挑取组织块，接入试管培养基中央，塞上棉塞，置于适合该菌种培养温度的恒温箱中黑暗培养。

④转管纯化。大多数食用菌分离后培养 3～5 d，即可见到组织块的周围长出白色菌丝，这表明分离获得了成功。挑选无杂菌、长势旺的菌丝体移接到新的试管培养基上，再经过一段时间培养，长满试管后即为纯菌种，也就是母种。

2. 菌核组织分离法

菌核组织分离法是指通过分离培养药用菌菌核组织获得菌种的方法。对于一些子实体不易采集的药用菌，如茯苓、猪苓、雷丸等，利用比较容易得到的菌核——它们的营养贮藏器官进行分离，也能够获得菌种。具体操作方法与子实体分离时基本相同，但要注意，用菌核作分离材料，挑取的组织块应大一点，因为菌核是贮藏器官，其中大部分是多糖一类的贮藏物质，里面仅有少量菌丝，如果挑得过少，只挑到贮藏物质没有挑到菌丝，分离就不能成功。

3. 菌索组织分离法

菌索组织分离法是指通过分离培养药用菌菌索组织获得菌种的方法。蜜环菌、假蜜环菌等一类菌，其子实体不易分离，且无菌核，可以通过分离其特殊的菌索来获得菌种。

具体操作方法是：在已经消毒灭菌的接种箱内或超净工作台上，用 75％酒精棉球对菌索进行表面消毒，用无菌的解剖刀除去菌索的黑色外皮层，即菌鞘，将其中的白色菌髓部分切成小段，移接到试管培养基中央。在适当条件下培养，当菌丝生长出来后，经几次转管可制成母种。应当注意的是，菌索比较细小，操作起来也比较麻烦，所以容易污染，解决的办法是在培养基中加入抑菌的青霉素或链霉素，浓度为 40 mg/kg，以提高分离成功率。

二、孢子分离

（一）工艺流程

孢子分离技术工艺流程见图 6-3。

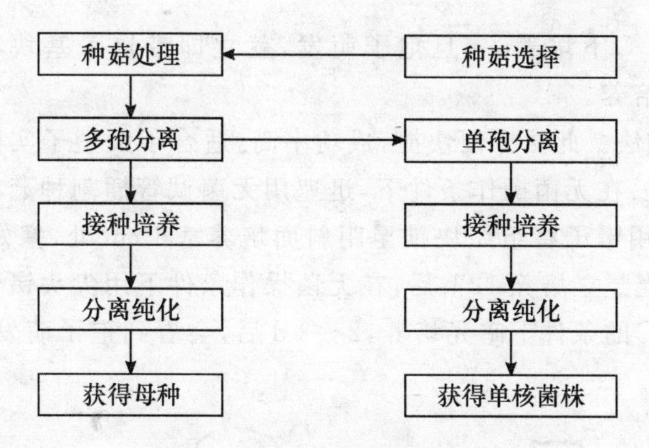

图 6-3　孢子分离技术工艺流程图

(二)操作技术

孢子分离方法获得的菌种生活力强，后代变异较大，因此，增加了选择优良菌株的机会，但操作较复杂。孢子分离法有单孢子分离与多孢子分离 2 种。一般菌种生产过程中，多采用多孢子分离法，单孢子分离法常用于杂交育种工作。

孢子分离法操作技术在种菇选择、消毒、培养、转管纯化等环节与组织分离法相同，所不同的是该方法需要进行孢子的收集和接种，下面对这 2 个环节进行介绍。

1. 多孢子分离

①整菇插种法。将经过消毒的种菇插入无菌的孢子收集器收集孢子，蘑菇、草菇、香菇、平菇等大多数菌类都可使用此方法。具体操作是：按照无菌操作将种菇放入孢子收集器置于恒温培养箱培养，数小时后孢子就会从菇盖上弹射到培养皿内；将整个孢子收集器移入接种箱内或超净工作台上，去掉收集器的各个部分，留下盛有孢子的培养皿，用接种针刮取少许孢子接入试管斜面培养基或于试管内稀释成孢子悬浮液，置于恒温箱中培养；数日孢子萌发长出菌丝后转入试管斜面培养基上培养、纯化获得该菌株的母种。

②钩悬法。木耳、银耳多用此法。具体的操作是：在 350 mL 的三角瓶内，注入 50 mLPDA 培养基，瓶口垂挂一支用回形针改制的 S 形钩，塞上棉花塞进行高压灭菌；将银耳或木耳片在流水中反复冲洗 3～5 min，再转入无菌水冲洗 3 次，将耳片切成宽为 0.5 cm 的小条，腹面朝下，钩悬在 S 形钩上，放入三角瓶内，塞上棉塞；将三角瓶移到有散射光的地方，在 18～25 ℃下，经过数小时，即有足够的孢子散落在培养基面上；取出子实体块，将三角

瓶置于28～30 ℃下培养；一旦孢子萌发，就立即带培养基块移入新的PDA培养基内继续培养。

③试管插割法。此法方便快捷，成功率高，适合于大型子实体的孢子分离。具体操作方法是：在无菌操作条件下，迅速用无菌试管插割种菇有菌褶一侧，直至取下组织块；用镊子将组织块推至距斜面培养基1 cm处，塞好棉塞；于25～28 ℃条件下见光竖立培养12 h后，在无菌操作条件下用尖头镊子取出组织块；继续于25～28 ℃的条件下暗光培养，2～3 d后，会看到孢子萌发成星芒状的单孢子菌落。

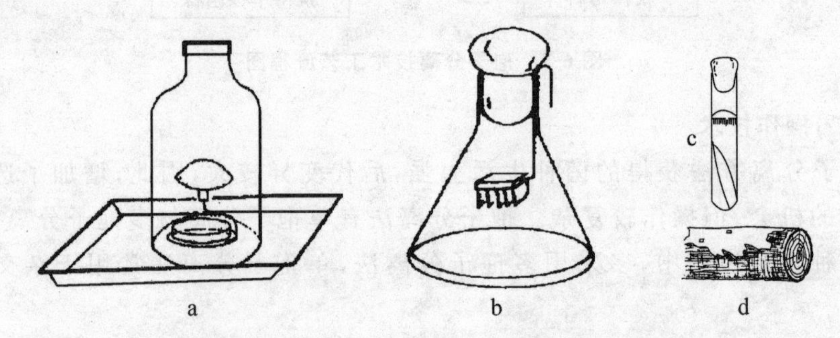

a. 整菇插种法　b. 钩悬法　c. 试管插割法　d. 基质分离法

图6-4　整菇插种法、钩悬法、试管插割法、基质分离法(仿黄毅)

2. 单孢子分离

单孢子分离的方法很多，常用的是平板稀释分离法。在无菌操作条件下，制备成1∶10的孢子悬浮液，再用无菌移液管逐次稀释至10^{-4}或10^{-5}浓度的孢子稀释液；从最后3个浓度的孢子稀释液中，各取0.2 mL孢子液至琼脂平板上涂布均匀；适温下培养，定时用解剖镜检查平板上的菌落，将单孢菌落移至平板或试管斜面上培养。

三、基质分离

基质分离是通过分离生长食用菌的土壤、耳(菇)木或栽培袋、栽培瓶中的菌丝而得到纯菌种的一种方法。目前来说，除非特殊情况，现在已经很少使用这种分离方法。

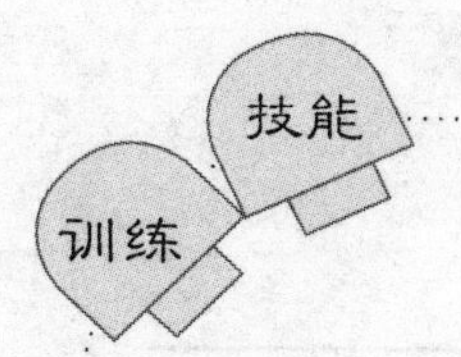

实验实训 6-1:子实体组织分离技术

第一部分:技能训练过程设计

一、目的要求讲解

向学生讲明子实体组织分离技术的适用性和重要性。

二、材料用品准备

提前报批和准备实验用品;按照 4 人/组,准备 6 组实训用品。

三、仪器用具准备

按照综合实训的要求准备好仪器、材料、用具;课程开始前主讲教师和实验员要对仪器、设备、设施的使用状态进行检查和必要的维修;检查水、电供给和安全状况。

四、训练过程设计

1.在教师演示、讲解、指导的基础上,学生进行子实体组织分离操作。

2.操作结束后组织学生进行演示、讲解。

3.学生课余时间分组进行培养观察、转管纯化,不占用上课时间。

五、技能训练评价(略)

六、技能训练后记(略)

第二部分:技能训练考核评价

一、基本信息(略)

二、考核评价形式与标准

1.考核评价形式(略)

2.考核评价标准

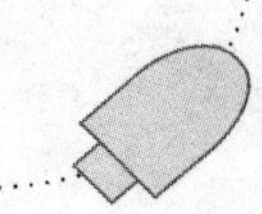

技能 训练

续上页

技能 训练

考核评价项目	考核评价观测点	分值	主讲教师评价	平均分
技能考核（60分）	种菇选择、准备工作	10		
	种菇处理、移取组织块	10		
	接种培养、转管纯化	10		
	讲解效果（或实训报告）	30		
素质评价（40分）	专业思想、学习态度	10		
	语言表达、沟通协调	10		
	合作意识、团队精神	10		
	参与教师实训前的准备和实训后的处理工作	10		

第三部分：技能训练技术环节

一、目的要求

熟悉子实体组织分离的基本原理和方法，掌握子实体组织分离的关键技术。

二、材料用品

平菇、香菇、金针菇等新鲜子实体、试管斜面培养基、95%酒精、75%酒精棉球、火柴、口取纸、记号笔等。

三、仪器用具

超净工作台、酒精灯、尖头镊子、螺纹镊子、接种针、培养皿、废物罐等。

四、方法步骤

1. 种菇选择

在栽培示范厂选择生长健壮、无病虫害、菇形正、大小适中、颜色正常、尚未散发孢子、七八分成熟的单朵菇，作为分离菌种的种菇使用。最好在第二批菇中采摘，采摘后如果不马上进行分离，用托盘盛装置于冰箱中保鲜一夜，使子实体略失水，有利于降低污染率。

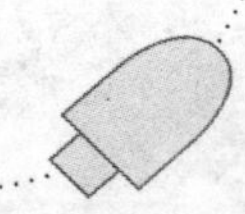

技能训练 续上页 技能训练

2.准备工作

将实验用的材料用品和仪器用具准备好、摆放整齐，并按照超净工作台的使用方法使其处于使用状态。

3.种菇处理

在超净工作台的无菌区，按照无菌操作规程，进行常规的手部消毒和器械的烧灼灭菌。随后用75%酒精棉球对子实体进行擦拭消毒，也可以将子实体表面直接在酒精灯火焰上方轻轻灼烧，以不烤焦为宜，起到杀死和固定表面微生物的作用。

4.移取组织块

大型子实体如香菇、平菇、双孢蘑菇等可以直接将子实体沿菌柄迅速纵向撕开，用烧灼灭菌后的尖头镊子直接移取菌盖、菌柄、菌褶交界处或菌盖边缘的组织块，大小不要超过火柴头。中、小型子实体如金针菇等，采用生长点组织分离法。即用尖头镊子快速击掉菌盖，用镊子尖移取菌柄尖端的生长点。胶质菌类如黑木耳组织分离一般是取尚未完全伸展的胶质耳基团，移取中央无菌组织进行分离。

5.接种培养

将移取的组织块迅速接种到试管斜面培养基中，塞好棉塞。菌种分离结束后，贴好标签，将个别组织块接种位置偏离的试管调整好，每10支1捆，将棉塞端包好，置于恒温箱中进行适温培养。培养期间每天都要检查菌种的萌发与生长情况，对污染的试管及时挑选、处理。

6.转管纯化

多数食用菌分离后培养3～5 d，即可见到组织块的周围长出白色菌丝，当菌丝团直径接近1 cm时，挑选无杂菌、长势旺的试管，用接种针挑取菌丝生长的前端移接到新的试管培养基上，再经过7～10 d培养，菌丝体长满试管，即为纯菌种。

五、技能训练作业

1.分析分离的试管菌种发生污染的原因。

2.观察组织块生长情况，并做填写观察记录。

第二节　育种技术

育种的方法主要有杂交育种、诱变育种、基因工程、DNA 指纹技术等方法。杂交育种是当前食用菌育种中应用最广泛、效果最显著的育种手段,主要有单孢子杂交育种和原生质体融合技术。

一、杂交育种技术

(一)单孢子杂交育种技术

1. 单孢子杂交育种的原理

杂交育种着眼于双亲性状的优势互补或借助于以一个亲本的优点去克服另一亲本的缺点,通过杂交育成的食用菌优良品种。

2. 单孢子杂交育种操作

(1)工艺流程(图 6-5)

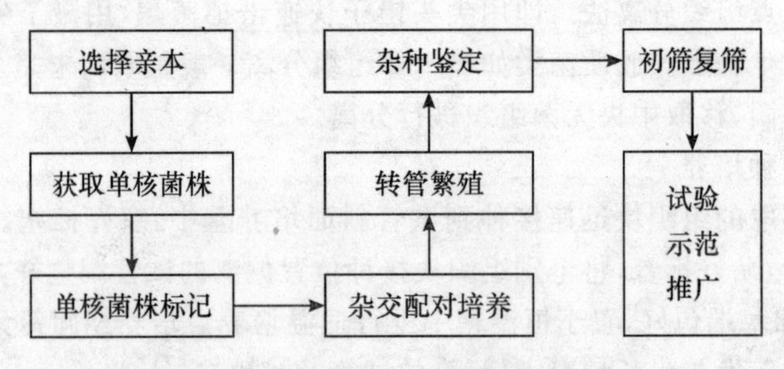

图 6-5　单孢子杂交育种工艺流程图

(2)操作技术　具体内容详见“实验实训 6-2:香菇单孢子杂交育种技术”。

(二)原生质体融合技术

原生质体是指失去细胞壁后余下的由原生质膜包裹的裸露的细胞结构。原生质体虽然失去了细胞壁存在时的原有细胞形态,变成了圆球体,但它仍然具有质膜和整体基因组,是一个具有生理功能的单位。

原生质体融合是指通过脱壁后的不同遗传类型的原生质体,在融合剂的诱导下进行融合,最终达到部分或整套基因组的交换与重组,产生出新的品种和类型的过程,是一种不通过有性生殖而达到遗传重组或杂交的育种手段。

原生质体融合技术是现代生物工程中最重要的遗传操作技术之一,它比传统的杂交育种技术更具有开拓性。药用菌由于不亲和性因子和细胞壁的存在,使得传统杂交育种时,种外的远缘杂交非常困难,但去壁后的原生质体可以跨越这个障碍,实现种间、属间的杂交,对生产实践中创造药用菌新品种具有十分重要的意义。

1.工艺流程

原生质体融合育种工艺见图 6-6。

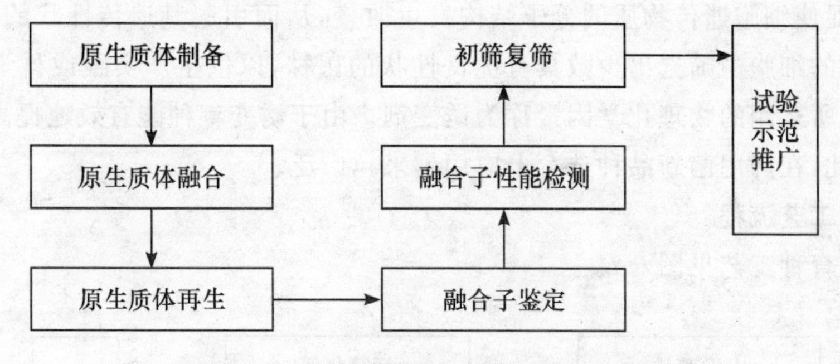

图 6-6　原生质体融合育种工艺流程图

2.操作技术

①原生质体的制备。一般多采用幼龄的菌丝体作为制备材料,选择合适的溶壁酶去除细胞壁释放出原生质体,再通过离心或过滤等方法得到纯净的原生质体悬浮液。

②原生质体的融合。采用生物制剂、化学药剂或电场、激光等物理手段诱导原生质体发生融合。

③原生质体的再生。选择合适的再生培养基培养酶解去壁后的原生质体,一方面使细胞壁重新再生出来,恢复完整的细胞形态;另一方面使其能正常生长、分裂,长出菌丝体。

④融合子的鉴定。首先,利用选择标记进行融合子(融合后的原生质体,再生细胞壁后叫融合子)的选择,检测融合效果;其次,采用生物学方法(比如菌落特征、拮抗试验、结实试验等)、生化和分子生物学等方法鉴定融合子的稳定性;再次,通过对融合子结实后产生的担孢子类型进行分析,进一步鉴定融合子的可靠性;最后,获得遗传稳定的融合子。

⑤融合子生产性能的检测。以当地推广品种和两亲本菌株为对照,对所获得

的融合子进行室内栽培、小试、中试、大范围栽培等一系列试验，对其定殖成活率、发菌快慢、抗杂能力、产量与质量等性能进行检测，逐级淘汰，最终筛选出能够在生产上推广应用且具有明显杂种优势的新品种。

二、诱变育种技术

诱变育种的理论基础是基因突变。它是利用物理或化学因素处理药用菌的细胞群体，促使细胞遗传物质的分子结构发生改变，从而引起其遗传性状的变异，然后从变异的细胞中筛选出少数具有优良性状的菌株，以供生产实践或科学实验之用。这里所运用的物理化学因素称为诱变剂。由于诱变育种能有效地提高突变的频率，因此，在药用菌新品种选育上应用越来越广泛。

(一)工艺流程

诱变育种工艺见图 6-7。

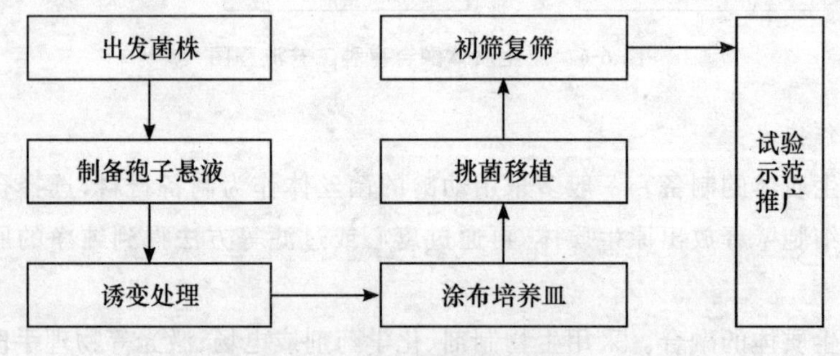

图 6-7　诱变育种工艺流程图

(二)操作技术

1. 选择出发菌株

用来进行诱变育种处理的起始菌株称为出发菌株。在诱变育种中，选好出发菌株有助于提高诱变育种的效果和效率。要求出发菌株要有一定的目标产物的生产能力，其他生产性能要求包括生长繁殖快、营养要求低、对诱变剂敏感、变异幅度大等。还必须了解用作诱变的出发菌株的产量、形态、生理等方面的情况。具体选择方法如下：

①选用已在生产中应用过而发生了自然变异的菌株。

②选用具有生长快、产菇早等有利性状的菌株。

③选用自然界新分离的野生型菌株。

④选用每次诱变后表现的优秀性状都有一定提高的菌株。

2.制备孢子悬液

在诱变育种中，所处理的对象必须呈单细胞的、均匀的悬液状态。这样做可以使其均匀地接触诱变剂，避免出现不纯菌落。因此，在对药用菌进行诱变处理时，一般都不处理其双核菌丝，而是处理其单核孢子。真菌成熟的孢子一般都处于休眠状态，而稍加萌发后的孢子则对诱变剂较为敏感，诱变效果较好。因此，如处理前把孢子先培养数小时，使其脱离静止状态，可增加变异率。基本做法是：

菌悬液可用生理盐水或缓冲液配制。通常是，物理因素处理时用生理盐水配制，化学因素处理时，因为 pH 值会发生变化，所以必须采用缓冲液配制。配制时，先用玻璃珠振荡，以把成团的细胞打碎，然后用灭菌的脱脂棉进行过滤。一般处理真菌孢子的浓度大约在 10^6 个/mL。

除此以外，也可以用细胞少的菌丝片断或原生质体代替孢子进行诱变。

3.诱变处理

诱变处理时，一方面要选择合适的诱变剂，另一方面要确定诱变时所使用的剂量。诱变剂分为两大类：物理诱变剂和化学诱变剂。

①物理诱变剂。常用的物理诱变剂有紫外线、X 射线、γ 射线、快中子、α 射线、β 射线、超声波、激光等，其中紫外线、X 射线、γ 射线应用得较多。紫外线不需要特殊的设备，只要普通的灭菌紫外灯管即可做到，而且诱变效果也很显著，因此是最常用的物理诱变剂。不同种类的药用菌对紫外线的敏感程度不一样，这就导致诱变时所需要的紫外线剂量不同。处理时照射剂量随紫外灯的功率、照射距离和照射时间而定。紫外线诱变处理的基本方法如下：

可以选用功率为 15 W 的紫外灯，照射前，先开灯预热 20 min，使光波稳定。将 5 mL 菌悬液置于直径 6 cm 的培养皿中，放在离灯管 30 cm 处照射。培养皿底要平整，要有搅拌设备或者进行摇动，以求照射均匀。照射时间一般为 0.5～5 min。为了避免光复活现象，处理过程应在暗室的红光下进行，处理完毕后，将盛菌悬液的容器用黑纸或黑布包住进行增殖培养。

X 射线和 γ 射线都是高能电磁波，生物学上应用的 X 射线一般由 X 光机产生，γ 射线来自放射性元素钴、铯等。它们的诱变率和射线剂量有关，而与时间无关。

②化学诱变剂。化学诱变剂的种类很多,常用的有三大类,一类是烷化剂,如硫酸二乙酯、亚硝酸、甲基磺酸乙酯、亚硝基胍等;另一类是碱基类似物,如5-溴尿嘧啶、5-氨基尿嘌呤等;第三类是吖啶类化学物质。决定化学诱变剂剂量的因素主要有诱变剂的浓度、作用温度和作用时间。化学诱变剂与物理诱变剂不同,在处理到确定时间后,要有合适的终止反应方法,可以采用加入大量水稀释、加入解毒剂或改变pH值等方法来中止。

无论是物理诱变剂,还是化学诱变剂,都要确定一个合适的剂量,有时需要多次反复实验才能做到。一般说来,诱变率往往随剂量的增高而增高,但并非越高越好。在诱变育种时,有时可根据实际情况,采用多种诱变剂复合处理的办法,比如,对于经过多次诱变处理的老菌种,单一诱变因素重复处理,效果甚微,可以采用复合诱变剂处理来提高诱变效果。

4. 诱变菌株的筛选

通过诱变处理,在被处理的群体中,会出现各式各样的突变类型,要在这中间选出个别的优质高产菌株是十分困难的,需要做大量的筛选工作以达到去劣选优的目的。可以采用形态的、生理的方法或者DNA指纹技术进行筛选,然后进行栽培试验,反复比较各菌落的生产性能,择优留取。

5. 试验、示范、推广

经过大面积生产试验,将优良菌株逐步示范推广。

三、基因工程技术

基因工程是基因水平(分子水平)上的遗传工程,又称基因操作、基因克隆、DNA重组技术等,它是将基因在体外进行人工地剪裁与拼接,然后引入某一受体细胞,使之能够在其中进行正常的复制和表达,从而获得符合人们预先设计要求的新物种的过程。

基因工程具有很强的目的性和方向性,是在分子水平上的一种离体的遗传重组技术,它彻底打破了常规育种中种属间不可逾越的鸿沟,使超远缘杂交成为可能,可以按照人们的意志定向培育药用菌新品种,以及将编码纤维素或木质素降解酶基因导入药用菌体内,以提高药用菌菌丝体对栽培基质的利用率或开拓新的栽培基质,最终提高药用菌产量,也会使人工栽培共生药用菌成为一种可能。

其基本方法与步骤如下:

1.目的基因的取得

目的基因就是要研究的特定基因,它可以通过多种方法来获得,比如直接从目的生物(或称供体生物)的细胞中分离提取、采用人工的方法合成,或者从基因库中筛选和扩增等。

2.载体的选择

载体是携带目的基因并将其转移至受体细胞内复制和表达的运载体。通常为环状DNA,能在体外经限制性内切酶和DNA连接酶的作用同目的基因重新组合成环,形成重组DNA,然后经转化进入受体细胞,大量复制及表达。基因工程中所用的载体主要有细菌质粒、酵母菌质粒、λ噬菌体、病毒等。

3.DNA体外重组

将带有目的基因的DNA和载体DNA分子用限制性内切酶处理后,使它们都形成带有黏性末端或平头末端的目的基因片段和载体DNA片段,然后再用DNA连接酶把这两个片段连接起来,成为完整的有复制能力的DNA重组体。

4.重组DNA的转化与扩增

将带有目的基因的重组DNA导入受体细胞中,通过它在细胞内的自我复制,使其数量迅速增加。

5.重组子的筛选与鉴定

重组子是指含有重组体DNA的细胞。通过载体上的遗传标记、菌落杂交法或者对受体细胞的单菌落进行扩增等方法,筛选、鉴定出真正带有重组DNA的受体细胞。

6.获得工程菌

对重组DNA在受体细胞内所表达的产物进行分析和鉴定,得到符合预定“设计蓝图”的工程菌。

四、DNA指纹技术

DNA是一切生命物质的遗传基础,决定着生物性状。不同真菌个体的DNA被限制性内切酶酶切或PCR引物随机扩增的DNA片段的长度不同,呈现出电泳谱带的差异,这种具有个体、群体和物种特异性的带纹就称为DNA指纹。DNA指纹是以个体间遗传物质内核苷酸序列变异为基础的遗传标记,是DNA水平遗传变异的直接反映。它符合孟德尔遗传规律,而且终生不变。DNA指纹往往具有品种特异性，某个品种指纹图谱就是该品种的“身份证”，同一品种的不同菌株具有相同的遗传背景，因而任何一个菌株的DNA指纹图都能够代表其所属品种的特性。

DNA指纹技术有很多，包括RFLP（限制性片段长度多态性）、RAPD（随机扩增多态性）、核糖体DNA（rDNA）重复序列、SSR（简单序列重复）、SNP（单核苷酸多态性标记）、SCAR（特征片段扩增区域）、ISSR（简单重复间序列）、SRAP（相关序列扩增多态性）、TRAP（目标区域扩增多态性）等。其中，以RFLP、RAPD和rDNA标记较为广泛地应用于药用菌的杂交育种（选择亲本菌株和鉴定杂种）、评估种质资源与鉴定菌种菌株、遗传多样性与亲缘关系分析、遗传图谱构建及基因定位和克隆等研究领域中。下面就RFLP和RAPD的方法与应用进行简要介绍。

1. RFLP指纹技术（限制性片段长度多态性）

RFLP技术是最早发展起来的DNA指纹技术。供试菌株通过提取DNA、酶切、电泳、Southern杂交等过程，会产生不同长度的多态性，显示不同的电泳带型，这些带型是鉴别品系、分析亲缘关系、证实遗传分离的科学依据。如果两个样本在同一次操作中得到的DNA指纹图谱条带数目一样，且所有条带一一对应，处于相同的迁移位置上，则可以认定两者是出于同一个体。如果个体间共有的谱带数增加，它们的亲缘关系近，遗传距离就小；反之，遗传距离就大。据此，选定合适的亲本进行杂交，可有效地预测杂种的优良性状表现，节约育种费用。

2. RAPD指纹技术（随机扩增多态性）

RAPD是利用随机引物与模板DNA结合，经PCR循环反应后扩增出随机片段。这些片段的长度是由不同生物种的DNA不同序列所决定。对不同生物种的DNA来说，随机引物所结合的位置及位点数目都是不同的，扩增出来的不同长度的DNA片段可由凝胶电泳加以分开，形成不同的条带。这些DNA片段经溴化乙锭染色后，在紫外光下观察和照相，即可记录下DNA指纹，然后做多态性分析。它比RFLP更简单、快速，而且只需要少量DNA即可解决问题，广泛应用于物种及杂交子、融合子的鉴定和遗传相关性分析。此外，RAPD指纹技术还可以用来鉴定外生菌根真菌分离物，不仅弥补了常规鉴定方法的不足，而且具有快速、灵敏等特点，是一种有效而可靠的方法。

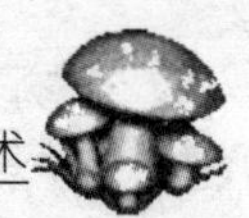
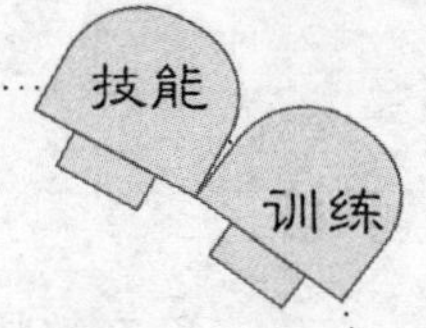

实验实训 6-2:香菇单孢子杂交育种技术

技能 训练 技能 训练

第一部分:技能训练过程设计

一、目的要求讲解

向学生讲明单孢子杂交育种技术的适用性和重要性。

二、材料用品准备

提前报批和准备实验用品;按照 4 人/组,准备 6 组实训用品。

三、仪器用具准备

按照综合实训的要求准备好仪器、材料、用具;课程开始前主讲教师和实验员要对仪器、设备、设施的使用状态进行检查和必要的维修;检查水、电供给和安全状况。

四、训练过程设计

(一)教师预实验

1.教师提前选择好杂交菌株,并制备好父本和母本的相应多孢子液。

2.学生做完实训后,教师利用业余时间对实训结果提前进行镜检观察,选择出不同观察结果,以供下次实训课学生观察。

(二)学生实验操作

1.在学生实验操作前教师进行实物直观演示和讲解:单孢子杂交育种技术制作流程及操作关键。

2.学生按照综合实训的要求,在教师演示、讲解、指导的基础上,进行获得单孢子菌落的操作。

3.学生课余时间分组进行观察、镜检,获得单孢子菌落,不占用上课时间。

4.在教师演示、讲解、指导的基础上,学生进行单孢子菌落之间的杂交。

5.学生课余时间分组进行观察、镜检,获得双核菌丝,不占用上课时间。

6.在教师演示、讲解、指导的基础上,学生进行转管繁殖。

7.学生课余时间分组进行观察、镜检,不占用上课时间。

技能训练

续上页

8.在教师演示、讲解、指导的基础上，学生进行杂种鉴定。并总结整个实训流程。

五、技能训练评价(略)

六、技能训练后记(略)

第二部分:技能训练考核评价

一、基本信息(略)

二、考核评价形式与标准

1.考核评价形式(略)

2.考核评价标准

考核评价项目	考核评价观测点	分值	主讲教师评价	平均分
技能考核(60分)	单孢菌落获得效果	10		
	单孢菌落杂交效果	10		
	仪器、设备使用的熟练和准确程度	10		
	讲解效果(或实训报告)	30		
素质评价(40分)	专业思想、学习态度	10		
	语言表达、沟通协调	10		
	合作意识、团队精神	10		
	参与教师实训前的准备和实训后的处理工作	10		

第三部分:技能训练技术环节

一、目的要求

熟悉单孢子杂交育种技术的基本原理;掌握单孢子杂交育种技术的操作方法。

技能训练　　续上页　　技能训练

二、材料用品

当地香菇当家品种如1363等新鲜子实体和试管母种、远缘优秀香菇品种的新鲜子实体和试管母种、平板培养基、200 mm×20 mm无菌试管、95%酒精、75%酒精棉球、无菌水、试管斜面培养基、火柴、口取纸、记号笔等。

三、仪器用具

解剖镜、超净工作台、酒精灯、尖头镊子、螺纹镊子、接种针、无菌移液管、培养皿、烧杯等、恒温培养箱。

四、方法步骤

1.选择亲本

选择优秀的菌株作为杂交育种的亲本。其中一个亲本为当地当家菌株，另一个亲本为野生菌株或亲缘关系较远的优秀菌株。

2.获取单核菌株

参照"多孢子分离的方法"，如试管插割法获得孢子，注意在操作的时候略有不同之处是用空白的无菌试管获取孢子；再按照本章第二节单孢子分离的方法如平板稀释分离法，连续稀释并镜检获得单孢子；在平板培养基上培养单孢子获得单核菌丝，将镜检进一步确定为单核菌丝的移接入新的试管培养基上培养，得到单核菌株。

3.单核菌株标记

香菇的有性繁殖方式属于四极性异宗配合，单核菌丝没有锁状联合，而杂交后产生的双核菌丝具有明显的锁状联合，因此，可以根据这个特点从形态上对单核菌丝进行标记。

4.杂交配对培养

用"单×单"或"单×双"方式将亲本单核菌株两两配对杂交。

①单×单杂交。在平板培养基上接入杂交亲本的单核菌丝各1块，距离为2 cm，适宜的温度下培养。当两单核菌丝发生接触时，用解剖镜检查接触处的菌丝体是否已经双核化。

技能训练 续上页 技能训练

②“单×双”杂交。在平板培养基上，分别接种单核菌丝体和双核菌丝体各 1 小块，两者相距约 1 cm，适宜温度下培养。当单、双核菌落刚接触时，挑取远离双核菌丝体一侧的单核菌落边缘上的菌丝进行镜检，检查接触处菌丝是否已经双核化。

5. 转管繁殖

用接种针将镜检确认为双核化的菌丝体挑取 1 小块（肉眼可见即可）移接到新的试管培养基上培养，保存备用。

6. 初筛、复筛

将杂交成功的菌株进行初步比较试验，淘汰大部分表现一般的菌株；再经过进一步的比较试验，选出少数具有明显优良性状的菌株。

7. 试验、示范、推广

进行大面积生产试验，将优良菌株逐步示范推广。

五、技能训练作业

1. 对杂交成功的菌株进行初步的生物学特性比较并详细记录。

2. 对初筛的杂交菌株进行栽培试验，进一步了解其农艺性状并进行详细记录。

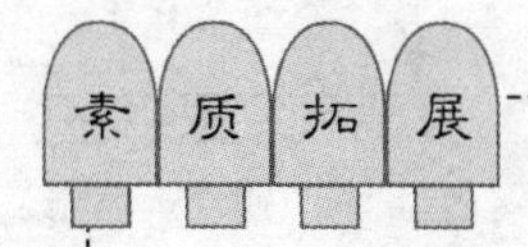

菌类园艺工国家职业标准

3. 工作要求

本标准对初级、中级、高级、技师的技能要求依次递进，高级别包括低级别的要求。

3.1　初级

职业功能	工作内容	技能要求	相关知识
一、食、药用菌菌种制作	(一)制作原种和栽培种培养基	1.能够制作原种培养基 2.能够制作栽培种培养基	1.制作原种培养基的程序和技术要求 2.制作栽培种培养基的程序和技术要求
	(二)转接菌种	1.能够进行空间、器皿、接种工具的消毒和灭菌 2.能够进行手的消毒 3.能够使用接种工具 4.能够进行转接操作	1.消毒的方法与技术要求 2.灭菌的方法与技术要求 3.接种的技术要求与正确的操作方法
	(三)培养原种	1.能够培养原种 2.能够识别侵染原种的常见病害特征 3.能够识别一种正常的食、药用菌原种	1.原种的培养要求 2.常见原种病害的侵染特征 3.原种的质量标准
	(四)培养栽培种	1.能够培养栽培种 2.能够识别侵染栽培种的常见病害特征 3.能够识别一种正常的食、药用菌栽培种	1.栽培种的培养要求 2.常见栽培种病害的侵染特征 3.栽培种的质量标准
	(五)菌种的短期贮藏	1.能够实施母种的短期贮藏 2.能够实施原种的短期贮藏 3.能够实施栽培种的短期贮藏	1.母种的短期贮藏方法 2.原种的贮藏方法与要求 3.栽培种的贮藏方法与要求

素质拓展

续上页

续3.1 初级

职业功能	工作内容	技能要求	相关知识
二、食、药用菌栽培	(一)栽培棚室的建造与维护管理	1.能够搭建出菇棚室 2.能够进行出菇棚室的维护管理	1.食、药用菌出菇棚室搭建的要求 2.食、药用菌出菇棚室的维护管理知识
	(二)栽培食、药用菌培养料的处理	1.能够粉碎、配制栽培原料 2.能够进行培养料的发酵 3.能够进行培养料的装袋 4.能够进行培养料的上床操作 5.能够进行播种操作 6.能够调试使用粉碎机、拌料机和装袋机	1.栽培食、药用菌的原料知识 2.栽培袋的选择与合理使用 3.培养料发酵、装袋、上床和播种操作知识 4.粉碎机、拌料机和装袋机的调试与使用方法
	(三)栽培场所环境因素调控	1.能够调节食、药用菌出菇棚室的温度条件 2.能够调节出菇棚室的光照条件 3.能够调节出菇棚室的水分条件 4.能够调节出菇棚室的空气条件	食、药用菌出菇棚室温度、光照、水分、空气等环境因素的调节方法
	(四)栽培场所的病虫害防治	1.能够识别侵染食、药用菌的常见病害特征 2.能够识别侵染食、药用菌的常见虫害特征	1.常见食、药用菌病害的侵染特征 2.常见食、药用菌虫害的侵染特征
	(五)食、药用菌的栽培管理	1.能够指出一种食、药用菌发菌期所需的温度、光照、水分、空气等环境条件 2.能够进行一种食、药用菌发菌期的常规管理 3.能够指出一种食、药用菌出菇期所需的温度、光照、水分、空气等环境条件 4.能够进行一种食、药用菌出菇期的常规栽培管理	1.平菇、香菇、黑木耳发菌期所需的温度、光照、水分、空气等环境条件的要求 2.平菇、香菇、黑木耳的栽培管理知识

素质拓展

续上页

续 3.1 初级

职业功能	工作内容	技能要求	相关知识
三、食、药用菌产品加工	(一)鲜菇采收	1.能够确定食、药用菌的鲜菇适时采收期 2.能够正确采收 3.能够进行采收后处理	1.食、药用菌生长发育的知识 2.食、药用菌采收后处理方法
	(二)食、药用菌商品菇干制	1.能够选择食、药用菌商品菇的干制方法 2.能够进行三种食、药用菌商品菇的干制	食、药用菌干制的方法与技术要求

第七章 香菇生产技术

知识目标

- 了解香菇的药用价值和栽培现状等。
- 熟悉香菇栽培的工艺流程和开发技术。
- 掌握香菇实训生产计划的设计思路和制定方法。

能力目标

- 能应用所学知识进行香菇棚内袋栽生产计划的制定。
- 能完成香菇棚内袋栽的全部生产操作。
- 能处理香菇棚内袋栽生产管理中出现的技术问题。
- 能全程进行香菇棚内袋栽生产管理并填写生产管理日志。

素质目标

- 能够通过自主学习,进一步了解香菇保健食品和保健药品的开发技术。

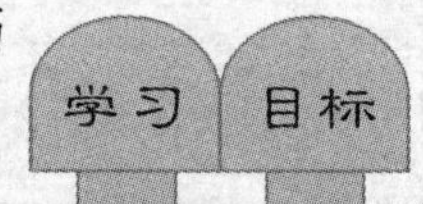

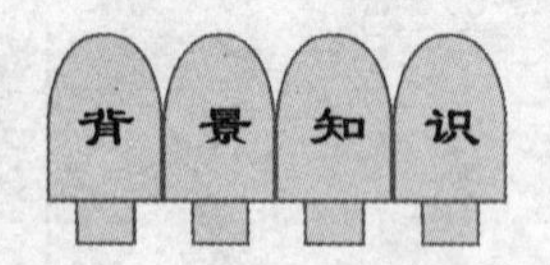

第一节 概 述

香菇[*Lentinus edodes*(Berk.)Sing.]又名香蕈、冬菇、香菌,属担子菌纲、伞菌目、侧耳科、香菇属(图7-1)。香菇是著名的食药兼用菌,其香味浓郁,营养丰富,含有19种氨基酸,7种为人体所必需。所含麦角甾醇,可转变为维生素D,有增强人体抗疾病和预防感冒的功效;香菇多糖有抗肿瘤作用;腺嘌呤和胆碱可预防肝硬化和血管硬化;酪氨酸氧化酶有降低血压的功效;双链核糖核酸可诱导干扰素产生,有抗病毒作用。民间将香菇用于解毒、益气补肌和治风破血等。

中国是人工栽培香菇最早的国家，在中国已有近千年的栽培历史，历经老法种菇（砍花法）、新法接种的漫长发展阶段。目前，国内外香菇栽培的模式主要有段木栽培和代用料栽培。但随着人类环境保护意识的增强，采用木屑栽培香菇的研究也因此而逐步展开。1979 年福建古田彭兆旺等人首创塑料袋装木屑等代料栽培香菇新技术，此栽培法产量较高，经过同仁们不断地完善，获得了较为明显的经济效益，并在各地迅速推广。20 世纪 80 年代，辽宁省抚顺新宾县菇农和广大食用菌科技工作在生产实践中逐渐探索出露地套种香菇的新模式，掀起了我国香菇栽培历史上的一次数量与质量的革命。世界香菇主产地区主要集中在亚洲东部的中国、日本、韩国。改革开放以来，我国的香菇产量一直居世界霸主地位，2005 年香菇年产量已经达到 242 万 t，我国已经成为世界上名副其实的香菇生产第一大国。

a. 子实体 b. 担孢子 c. 锁状联合

图 7-1 香菇形态（仿卯晓岚）

一、药用价值

生物反应调节剂（BRM）和生物细胞过继免疫治疗是继肿瘤手术、放疗和化疗三大治疗手段之后的第 4 种有效治疗肿瘤的办法，它通过增强机体的抗肿瘤免疫防御反应或改变机体对肿瘤细胞的生物学效应，而产生机体或细胞介导的抗肿瘤效果，这是一种间接的作用，所以毒副作用小。多糖类就是其中一种重要的 BRM，目前在国内外临床上正式应用的有 3 种多糖：香菇多糖、云芝多糖及裂褶菌多糖。特别是香菇多糖具有组分单一、质量稳定、疗效好、毒副作用小等优点，应用更为广泛。香菇多糖以甘露糖为主，含少量的葡萄糖，微量的岩藻糖、半乳糖、木糖、阿拉伯糖等；肽链由天门冬氨酸、组氨酸、丝氨酸、赖氨酸、谷氨酸等 18 种氨基酸组成。香菇多糖具有广泛的药理学活性，如免疫调节作用、抗肿瘤、抗衰老作用，对化学物质所致肝损害具有保护作用以及作为 LAK 细胞活性上向调节剂（LURA）等。

1. 细胞免疫作用

香菇多糖抗肿瘤作用需要 T 细胞的参与，是依赖胸腺的，这从以下 3 点来证明：注射抗淋巴细胞血清可使香菇多糖抑瘤效力下降；新生小鼠去胸腺后多糖失去抑瘤作用；香菇多糖对胸腺缺乏的裸鼠无抗癌作用。香菇多糖对于不同肿瘤、不同种动物的 T 细胞反应不尽相同。

2. 体液免疫作用

香菇多糖能增加小鼠脾脏的重量，脾滤泡生长中心扩大而出现大量浆细胞，这说明其促进 B 细胞增生并转化为浆细胞，抗体生成增加，起到体液免疫增强作用。香菇多糖可拮抗化疗药物对脾细胞的抑制。如在环磷酰胺化疗前给予香菇多糖 7 d，脾细胞总数和 NK、LAK 细胞活性均较环磷酰胺单独治疗组高。香菇多糖又能激活补体系统的经典途径和替代途径，增加巨噬细胞非特异性细胞毒，并增加中性白细胞对肿瘤节的浸润，促使机体因肿瘤而引起的体内平衡失调的恢复。

3. 谷胱甘肽转移酶的作用

雌性 CDF_1 小鼠种植结肠腺癌细胞，给予香菇多糖或与顺铂两者联用。24 d 后，顺铂和香菇多糖联用组肿瘤的重量较顺铂单用组明显减小，这两组均比未给药组肿瘤小。

4. 对血管的作用

香菇多糖对血管的调节也参与了其抗肿瘤作用，它使肿瘤部位的血管扩张和出血（VDH），导致肿瘤出血坏死和完全退化，现已发现 VDH 是由香菇多糖触发的 T 细胞介导的反应，是由显性基因 Ltn2 控制的。接种 S908. D2 10 d 的 B10D2 鼠用五氟尿嘧啶和香菇多糖治疗后，肿瘤完全消退，血管反应增强，研究者认为观察血管反应是确定机体对香菇多糖抗肿瘤作用敏感性的一个有价值的工具。

二、栽培现状

香菇属于低温型变温结实性的食用菌。24～26 ℃的温度最适合菌丝的生长；低温条件下出菇，其中 15 ℃左右的温度最适合出菇，同时香菇出菇时需要变温刺激，一定温差有利于子实体的分化。香菇的栽培接种期必须以香菇发菌和出菇两个阶段的生理特点和生态要求确定：一是栽培接种期当地旬平均气温不超过 26 ℃；二是从接种日算起往后推 60～120 d 为脱袋期（根据菌种而定），当地旬平均气温不低于 12 ℃。（表 7-1）我国各地以秋播为主，但通过采用调节温湿度、选择适宜的品种，春栽已经普及。在北方条件好的日光温室，一年四季都可栽培（表 7-2）。本章主要介绍保护地代用料袋栽地畦式出菇和露地套种栽培技术。

表 7-1 香菇栽培季节与栽培模式

栽培季节	适宜模式
春栽 2 月下旬至 4 月上旬播种	代用料袋栽、露地套种栽培
秋栽 8 月中旬至 9 月下旬播种	代用料袋栽

表 7-2　香菇栽培季节与品种选择

栽培季节	品种选择
春栽	晚熟型:939、808、L-241、135、9608、庆科 20、9015 等
秋栽	早熟型:856、087、L26、Cr-04、L82-2、868(松香 2 号)、Cr-33、申香 1-10 等

第二节　香菇棚内袋栽生产技术

一、工艺流程

香菇棚内袋栽生产技术工艺流程见图 7-2。

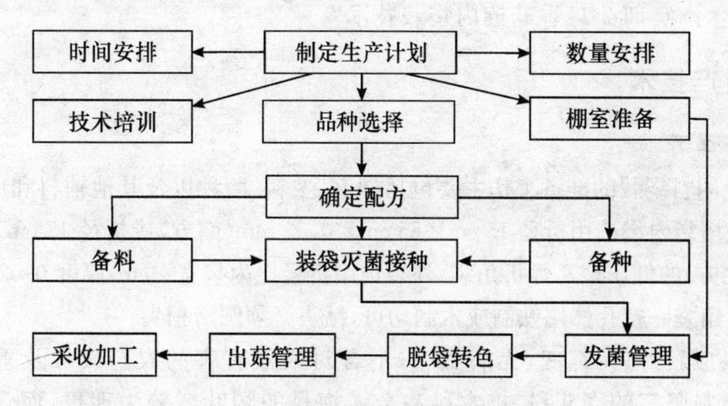

图 7-2　香菇棚内袋栽工艺流程图

二、生产计划

实训生产项目:100 延长米(跨度 10 m)日光温室,9 月 15 日鲜菇上市

1. 时间、数量

详见“生产实训 7-1:香菇棚内袋栽技术”。

2. 确定配方

香菇菌丝体阶段 C/N 为(25∶1)～(40∶1)为宜,在生殖生长阶段最适宜的 C/N 是 60∶1。可以根据当地的资源优势,因地制宜选用合适的配方。主、辅材料和种类配比可适当调整,有所不同(表 7-3)。

表 7-3 香菇栽培料配方 

配方	木屑	棉子壳	玉米芯	麸皮	石灰	红糖
一	85			13	1	
二	78			20		1
三	64	20		15		
四	40		40	18	1	
五	20		60	18		1
六	26	50		20	1	
七		28	40	20	1	

注:上述配方中石膏 1%,配方六中玉米粉 2%,配方七中豆秆粉 10%,料:水=1:(0.9～1.35)。

3.实训生产物料预算

详见“生产实训 7-1:香菇棚内袋栽技术”。

三、生产技术

1.准备工作

香菇代用料袋栽的准备工作主要包括棚室、主料、菌种以及其他辅料和用品、用具的准备。栽培袋内袋选用折径 15 cm×55 cm×0.05 mm(南方)或折径 17 cm×55 cm×0.05 mm(北方)的低压聚乙烯折角袋;外袋选用折径比内袋宽 1 cm,厚度 0.02 mm 的低压聚乙烯折角袋。打孔棒用铁制或木制均可,钻头必须圆滑稍尖。

培养料应新鲜、无霉变、无病虫害,不含对人体有害的农药残毒及重金属等。锯木屑以材料坚实的壳斗科、桦木科和金缕梅科的阔叶树较为理想,而含有松油、醇、醚等抑制菌丝生长的松、柏、杉等针叶树和含有芳香性杀菌物质的安息香科和樟科常绿树种则不适宜。但松木屑经高温堆积发酵或摊开晾屑的办法,除掉其特有的松脂气味,亦可用来栽培香菇。颗粒状的粗木屑优于细木屑,硬杂木屑优于软杂木屑,针叶树旧木屑优于新木屑。

2.培养料的配制

①配方。各地因地制宜地选择配方。

②拌料。做到“三均匀”,即原料与辅料混合均匀,干湿搅拌均匀,酸碱度均匀。

栽培料是香菇生长发育的物质基础,所以,栽培料的好坏直接影响到香菇生产的成败以及产量和品质。拌料前先将拌料场地打扫干净,最好在水泥地面拌料。木屑主料应先过筛一次,以除去木刺等杂物。拌料时按配方比例,先将主料摊铺在场地上,而后将辅料如麸皮、玉米粉、石膏等先按配方比例混合均匀,再加入溶有糖、磷酸二氢钾等辅料的水充分搅拌均匀,不能有干的料粒。取广谱试纸一小段插

入料中反应，1 min 后抽出对照，调节 pH 值为 7.0～8.0。若偏酸，加入适量石灰，若偏碱，加入适量石膏粉。含水量要调至 55%左右，一般手握培养料，手指间有水迹但不下滴，松开手指料结成团有裂纹即可。有条件的可以使用搅拌机拌料，先把各种干料装入搅拌机中，开机搅拌 5 min，然后打开供水开关，边供水边搅拌，将各种辅料加入料斗，搅拌均匀，调节好含水量和 pH 值。

3. 装袋灭菌

①装袋。拌好的培养料要及时装袋，装袋可采用人工或机械装袋。用装袋机装袋最好 6 人一组，1 人往料斗里加料，1 人装袋，1 人递袋，另外 3 个人整理料袋扎口。装袋时注意将塑料袋套在出料筒上，一手轻轻握住袋口，一手用力顶住袋底部，尽量把袋装紧，越紧越好。扎口时将料袋用绳扎两圈后回折袋口再用绳扎紧，随后套好外袋扎活结；手工装袋，要边装料，边抖动塑料袋，并用粗木棒把料压紧压实，装好袋后用手抓有木棒状感觉。

装袋过程要求轻拿轻放，切勿刺破菌袋造成杂菌污染。装袋要集中人力快装，一般要求从开始装袋到装锅灭菌的时间不能超过 6 h，否则料会变酸变臭。若有条件，最好有周转筐，装好一袋放入筐内一袋（注意从四周向中间装）。料袋放入筐中灭菌，既避免了料袋间积压变形，又利于灭菌彻底。

②灭菌。灭菌的效果是香菇生产的关键，灭菌可用常压蒸汽灭菌和高压蒸汽灭菌两种方式。常压蒸汽灭菌可以使用常压灭菌灶，高压蒸汽灭菌使用卧式高压蒸汽灭菌锅。当前生产中常用"常压蒸汽包"来灭菌，既灵活方便又降低了生产成本。具体方法是：在平地安放木排，下面插入蒸汽管道，在木排上铺垫透气材料，上面码放需要灭菌的料袋，上面用保温被盖严，四周与地面压牢、压严，从外形上看好像蒙古包，也称太空包。开始灭菌时，先留出离蒸汽管最远的一个角不压，用砖头或木棒撑起来，以便排除冷气，待排出的蒸汽到 90 ℃时，再过 10 min，撤去支撑的砖头或木棒，并将此角压严。继续供汽，直到太空包鼓起来，待料袋中心温度升至 100 ℃开始计时，需要灭菌 16～20 h，也要遵循"攻头、促尾、保中间"的原则。太空包灭菌最适合在大棚内就地灭菌，就地接种，减少了搬运过程，在节省劳力的同时，也降低了料袋的破损率，提高了成功率。

4. 冷却接种

料袋出锅后，冷却 24～48 h 后，料温降到 28 ℃以下，用手摸无热感时即可接种。接种是香菇生产中最为关键的一环。在整个接种过程都必须严格按照无菌操作要求进行，做到严和快，以减少杂菌污染。接种一般在接种箱、接种室或接种帐中完成，但无论在何种场所接种，接种空间一定是经过严格的消毒处理。目前，由于接种帐成本低、效果好、操作空间宽敞，也可随时移到合适的地方（如培养室、大棚内)进行接种,在生产中已广泛应用。

生产中一般在接种的前一天晚上对接种帐进行熏蒸消毒,第二天早晨开始接种。消毒方法按常规操作。香菇的接种方法有很多,最为常用的是长袋侧面打穴接种法(图 7-3)。香菇接种一般是先灭菌,再接种,并且边打穴边接种,这样操作迅速、接种效果好、污染率低。具体操作如下:4 人分为一组,统一戴乳胶手套,1 人负责打开外袋和最后扎好外袋,1 人负责擦袋消毒,1 人负责打接种穴,另 1 人负责接种、套袋。具体的操作是:在料袋正面消过毒的袋面上,用接种打孔棒均匀地打 3 个接种穴,直径 1.5 cm 左右,深 2～2.5 cm,接入菌种,再翻过相对的另一面,错开对面接种穴位置再打 2 个接种穴,同样接入菌种。打孔棒抽出时,操作者用手按住接种穴袋壁,以防筒袋与培养料脱离而透入空气,造成杂菌污染。打穴要与接种相配合,打一个穴,接一块菌种。接种动作要迅速熟练,种块必须压紧压实,不留间隙,让菌种微微凸起料面 1～2 mm,以加速菌丝萌发封口,避免杂菌感染。接种期间,每隔 30 min,用小喷雾器喷洒 1 次消毒药。

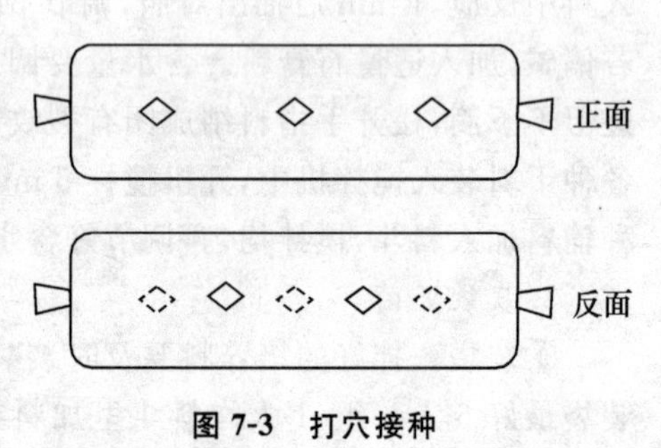

图 7-3　打穴接种

5. 发菌管理

料袋接种后移到棚室内发菌。棚室在发菌使用前要清理环境卫生,进行消毒、杀虫处理,地面撒石灰。接种后的菌袋按“井”字形或三角形堆放,摆放层数视环境温度而定。发菌场所温度保持在 22～26 ℃,覆盖草帘或遮阳网遮光。接种 15 d 左右菌丝直径长到 4～6 cm 时,解去外套袋扎口绳增加透气,20 d 左右菌丝圈达到 8 cm 左右时脱去外套袋。发菌期间每隔 7～10 d 翻堆 1 次,使菌袋通风、散热。发现污染袋及时处理,污染轻的用 300 倍的克霉灵或 400 倍菌绝杀局部注射,污染严重的菌袋,需破袋重新拌匀,装袋使用。

6. 转色管理

料袋一般要培养 45～90 d 菌丝才能长满袋。在此后的继续培养过程中,菌袋内壁菌丝体出现膨胀,有皱褶和隆起的瘤状物,且逐渐增加,占整个袋面的 2/3,手捏菌袋瘤状物有弹性松软感,接种穴周围稍微有些棕褐色时,表明香菇菌丝生理成熟,可进入转色期管理。转色的深浅、菌膜的薄厚,直接影响到香菇原基的发生和发育,对香菇的产量和质量关系很大,因此,转色是香菇出菇管理最重要的环节。转色的方法很多,常采用的是脱袋转色法。

要准确把握脱袋时间,脱袋太早了不易转色,太晚了菌丝老化,常出现黄水,易造成杂菌污染，或者菌膜增厚，香菇原基分化困难。脱袋的宏观标准是：菌丝表面起蕾发泡，接种穴周围出现不规则小泡隆起；菌袋内长满浓白菌丝，接种穴和袋壁部分出现红褐色斑点；用手抓菌袋富有弹性感时，就表明菌丝已生理成熟，适于脱袋。脱袋时的气温要在 15～25 ℃，最好是 20 ℃。脱袋前要搭架，架宽 1.7 m，长度视温室宽度而定，每隔 17 cm 拉一道 16 号铁丝，共拉 10 根，两头用 50 cm 的木桩固定铁丝，中间每隔 3 m 用横档板支撑铁丝，将要脱袋转色的菌袋运到转色场地，用刀片划破菌袋，脱掉塑料袋。菌袋脱袋后，就改称菌筒、菌棒或菌柱。

脱袋后要及时起架排筒，排放方式是立式倾斜 80°角放于搭好的铁丝架上，菌棒间距 3～5 cm，边脱袋、边排放。脱袋后的菌筒要防止太阳晒和风吹，这时转色场地内的空气相对湿度最好控制在 75%～80%，有黄水的菌筒可用清水冲洗净。脱袋、排筒（图 7-4）要快，排满一畦，马上用竹片拱起畦顶，罩上塑料膜，保湿保温。

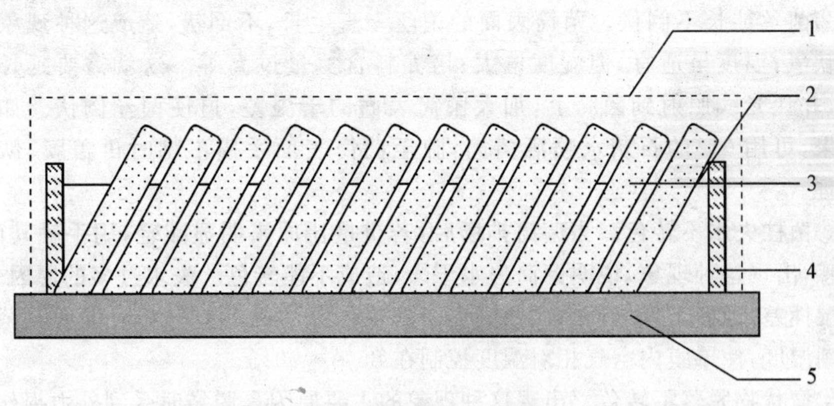

1.塑料膜　2.铁线　3.菌筒　4.木框　5.畦床

图 7-4　脱袋、排筒

待全部菌筒排完后，转色场地的温度要控制在 17～20 ℃，不要超过 25 ℃。如果温度高，可向空间喷冷水降温。白天转色场所多加遮光物，夜间去掉遮光物，加强通风来降温。光线要暗些，开始 3～5 d 尽量不要揭开畦上的罩膜，这时畦内的相对湿度应在 85%～90%，塑料膜上有凝结水珠，使菌丝在一个温暖潮湿的稳定环境中继续生长。应注意在此期间如果气温高、湿度过大，每天要在早、晚气温低时揭开畦的罩膜通风 20 min。在揭开畦的罩膜通风时，转色场地不要同时通风，二者的通风时间要错开。在立排菌筒 5～7 d 时，菌筒表面长满浓白的绒毛状气生菌丝时，要加强揭膜通风的次数，每天 2～3 次，每次 20～30 min，增加氧气、散射光照射，拉大菌筒表面的干湿差，限制菌丝生长，促其转色。当7～8 d开始转色时，可加大通风，每次通风1 h。结合通风，每天向菌筒表面轻喷水1～2次，喷水后要晾1 h再盖膜。连续喷水2 d，至10～12 d转色完毕。在生产实践中，由于播种季节不同，转色场地的气候条件特别是温度条件不同，转色的快慢不大一样，具体操作要根据菌筒表面菌丝生长情况灵活掌握。一般情况下，栽培香菇在温暖潮湿的南方多采用脱袋转色出菇，而在寒冷干燥的北方既可采用脱袋转色出菇也可采用转色脱袋出菇，还可采用袋内转色割袋出菇的方法。

转色过程中常见的不正常现象及处理办法：

①转色太浅或不转色。造成这种现象的原因是温、湿度不适宜。如果脱袋时菌筒受阳光照射或干风吹袭，造成菌筒表面偏干，可向菌筒喷水，恢复菌筒表面的潮湿度，盖好罩膜，减少通风次数和缩短通风时间，可每天通风1～2次，每次通风10～20 min。如果空间空气相对湿度太低或者温度低于12 ℃、或高于28 ℃时，就要及时采取增湿和控温措施，使畦内湿度在85%～90%，温度掌握在15～25 ℃。

②菌丝徒长不倒伏。菌筒表面的菌丝一直生长，不倒伏，造成这种现象的原因是缺氧；温度虽适宜，但湿度偏大；培养料含氮量过高等。这就需要延长通风时间，并让光线照射到菌筒上，加大菌筒表面的干湿差，迫使菌丝倒伏。如仍没有效果，可用3%的石灰水喷洒菌筒，晾至菌筒表面手摸不粘时再盖膜，恢复正常管理。

③菌柱失水不转色。当菌筒排场后，若重量比原来明显减轻，用手触其菌筒，有刺感，出现这种现象，说明菌筒失水干燥，造成不能转色。失水过多的原因是，菇床保湿性差，地面干燥或通风次数太多。解决的办法提高空气相对湿度及菌筒表面的潮湿度，使罩膜内空气相对湿度控制在85%～90%。

④瘤状物脱落不转色。出现这种现象的主要原因是脱袋时受到外力损伤或高温(28 ℃)的影响，也可能是因为脱袋早、菌龄不足、菌丝尚未成熟，适应不了变化的环境造成。解决办法是严格地把温度控制在15～25 ℃，空气相对湿度85%～90%，促其菌筒表面重新长出新的菌丝，再促其转色。

⑤污染袋不转色。发现菌筒出现杂菌污染时，可用Ⅱ型克霉灵1：500倍液喷洒菌筒，每天1次，连喷3 d。每次喷完后，稍晾再罩膜，进菌筒转色。

7. 出菇管理

香菇菌筒转色后，菌丝体完全成熟，并积累了丰富的营养，在一定条件的刺激下，子实体原基分化进入出菇期。

香菇属于变温结实性的菌类，一定的温差、散射光和新鲜的空气有利于子实体原基的分化。这个时期一般都揭去畦上罩膜，出菇室的温度最好控制在10～

22 ℃，昼夜之间能有 5～10 ℃的温差。如果自然温差小，还可借助于白天和夜间通风的机会人为地拉大温差。空气相对湿度维持 90%左右。条件适宜时，3～4 d 菌筒表面褐色的菌膜就会出现白色的裂纹，不久就会长出菇蕾。此期间要防止空间湿度过低或菌筒缺水，以免影响子实体原基的形成。

菇蕾分化出以后，进入生长发育期。不同温度类型的香菇菌株子实体生长发育的温度是不同的，多数菌株在 8～25 ℃的温度范围内子实体都能生长发育，最适温度在 15～20 ℃，恒温条件下子实体生长发育很好。要求空气相对湿度 85%～90%。随着子实体不断长大，呼吸加强，二氧化碳积累加快，要加强通风，保持空气清新，还要有一定的散射光。不同出菇季节管理各有侧重：

①秋季管理。北方秋季秋高气爽，气候干燥，温度变化大，菌筒刚开始出菇，水分充足，营养丰富，菌丝健壮，管理的重点是控温保湿。早秋气温高，出菇温室要加盖遮光物，并通风和喷水降温；晚秋气温低时，白天要增加光照升温，如果光线强影响出菇，可在温室内半空中挂遮阳网，晚上加保温帘。空间相对湿度低时，喷水主要是空间喷雾，增加空气相对湿度。子实体八成熟，即可采收。整个一潮菇全部采收完后，要大通风一次，晴天气候干燥时，可通风 2 h；阴天或者湿度大时可通风 4 h，使菌筒表面干燥，然后停止喷水 5～7 d。让菌丝充分复壮生长，待采菇留下的凹点菌丝发白，就给菌筒补水。补水方法是先用 10 号铁丝在菌筒两头的中央各扎一孔，深达菌筒长度的 1/2，再在菌筒侧面等距离扎 3 个孔，然后将菌筒排放在浸水池中，菌筒上放木板，用石头块压住木板，加入清水浸泡 2 h 左右，以水浸透菌筒（菌筒重量略低于出菇前的重量）为宜。补水后，将菌筒重新排放在畦里，重复前面的催蕾出菇的管理方法，准备出第 2 潮菇。第 2 潮菇采收后，还是停水、补水，重复前面的管理，一般出 4 潮菇。有时拌料水分偏大，当第 2 潮菇采收后，再浸泡菌筒补水。浸水时间可适当长些。

②冬季管理。北方的冬季气温低，子实体生长慢，产量低，但菇肉厚，品质好。这个季节管理的重点是保温增温，白天增加光照，夜间加盖草帘，有条件的可生火加温，中午通风，尽量保持温室内的气温在 7 ℃以上。可向空间喷水调节湿度，少往菌筒上直接喷水。如果温度低不能出菇，就把温室的相对湿度控制在 70%～75%，养菌保菌越冬。

③春季管理。北方春季的气候干燥、多风。这时的菌筒经过秋冬的出菇，失水多，水分不足，菌丝生长也没有秋季旺盛，管理的重点是给菌筒补水。浸泡时间 2～4 h，经常向墙面和空间喷水，空气相对湿度保持在 85%～90%。早春要注意保温增温，通风要适当，可在喷水后进行通风，要控制通风时间，不要造成温度、湿度下降。

8.采收加工

香菇采收的标准是菌膜已破，菌盖尚未完成伸展，少许内卷，形成“铜锣边”，此时为最适采收期。香菇采收后，除直接销售外，最常用的保鲜措施是冷藏保鲜；常用的加工方法是干制和罐藏。

生产实训7-1:香菇棚内袋栽技术

第一部分:技能训练职业要求

实训生产时间:0.5周，于第2学期进行

实训生产环境:食用菌生产车间

技能等级要求:生产实训、关键技能。要求达到熟悉香菇棚内袋栽生产工艺流程；学会香菇棚内袋栽实训生产计划的制定；掌握主要生产环节的操作技能；能够处理香菇棚内袋栽生产中出现的实际问题；在香菇棚内袋栽生产的基础上能够进行其他品种全熟料保护地生产；污染率控制在10%以内，实现投入、产出平衡。

职业素质目标:略

职业能力目标:能够按照生产操作规程准确操作，具备香菇棚内袋栽生产的设计、组织、实施能力。

企业导师职责:略

主带教师职责:略

副带教师职责:略

五、实训评价标准:略

第二部分:技能训练考核评价

一、实训生产日常考核评价记录

1.基本信息(略)

2.考核评价标准(略)

二、实训生产期末课程答辩考核评价记录

1.基本信息(略)

2.考核评价标准(略)

续上页

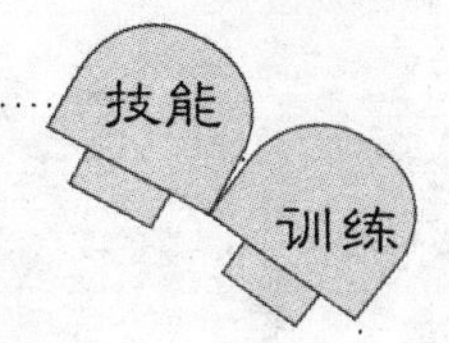

第三部分：技能训练技术环节

一、下达实训生产任务

实训生产项目：100 延长米(跨度 10 m)日光温室，9 月 15 日鲜菇上市实训生产项目。

二、实训生产组织实施

1.时间、数量

项目	装袋播种	出菇始期
时间	4 月 25 日	9 月 15 日
数量	2.8 万袋	14 000.00～15 000.00 kg

2.确定配方

选用表 7-1 配方二。

3.实训生产用具、设备、设施准备

实训前按照实训生产的工艺流程和数量要求提前报批和清点实训用具，对实训设备、设施进行全面检修。

4.实训生产物料预算

物料种类	物料数量	单价	成本/元
木屑	21 840 kg	0.40 元/kg	8 736.00
麸皮	5 600 kg	1.30 元/kg	7 280.00
蔗糖	280 kg	4.00 元/kg	1 120.00
石膏	280 kg	0.50 元/kg	140.00
杀菌剂	2.5 kg	50.00 元/kg	125.00
杀虫剂	2.5 kg	24.00 元/kg	60.00
内袋	28 500 个	15.00 元/200 个	2 137.50
外袋	28 500 个	15.00 元/600 个	712.50
扎口绳	20 kg(塑料包装绳)	4.00 元/kg	80.00
栽培种	1 300 袋(17 cm×33 cm)	1.50 元/袋	1 950.00
煤	8.0 t	300.00 元/t	2 400.00
固定设施费用(折旧)			3 000.00

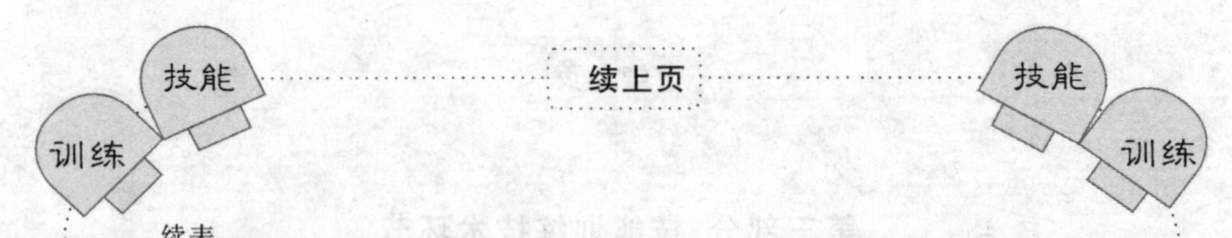

续表

物料种类	物料数量	单价	成本/元
其他(人工费、消毒药品等)			4 700.00
成本合计			32 441.00
产量	15 000 kg		
毛利润		4.40 元/kg	66 000.00
纯利润			约 33 000.00

注:栽培袋按照 2.0 kg 干料/袋装计算;表中数据仅供教学生产实训参考。

三、实训生产管理实施

1. 在教师的组织下,按照香菇生产工艺流程、生产计划、栽培技术要点,根据专业实训的实际需求,酌情确定实训生产数量,完成香菇袋栽的全部生产环节。

2. 在教师的指导下,以小组为单位,利用业余时间经常到实训基地参与日常管理,定期以小组为单位进行生产管理总结和交流,并准确、及时填写实训生产管理日志。

第三节　香菇露地套种技术

露地套种香菇是辽宁省抚顺市新宾县菇农和广大食用菌科技工作者历时 10 年在生产实践中逐渐摸索和总结出来的,是广大劳动人民智慧的结晶,也掀起了我国 800 多年香菇栽培历史上的一次数量与质量的革命。其特点是:对土质要求不严,栽培地域广阔;可与高秆作物套种;种植方法简单,管理方便;成本低、效益高,当年投资当年见效;子实体干物质多,商品率高;生长周期长,培养料可得以充分利用。见图 7-5。另外,种菇后的废弃物还可以直接还田,增加了土壤肥力,促进地力良性循环,生态效益明显。近几年,从黑龙江的牡丹江至伊春,辽宁的新宾至丹东,吉林露水河至敦化白山地区,都成功地进行了大规模开发,成为农民脱贫致富的支柱产业,市场前景看好。近年来 L867、L087、土育 04 号等都较为理想。

一、工艺流程

香菇露地套种生产工艺流程见图 7-6。

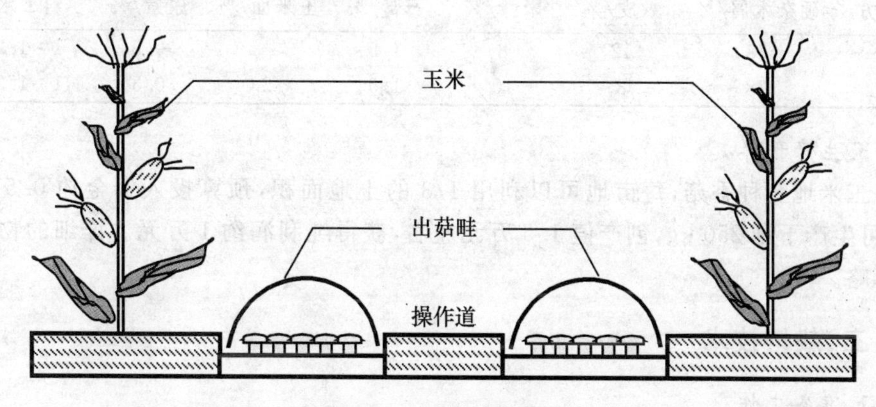

图 7-5　玉米地套种香菇

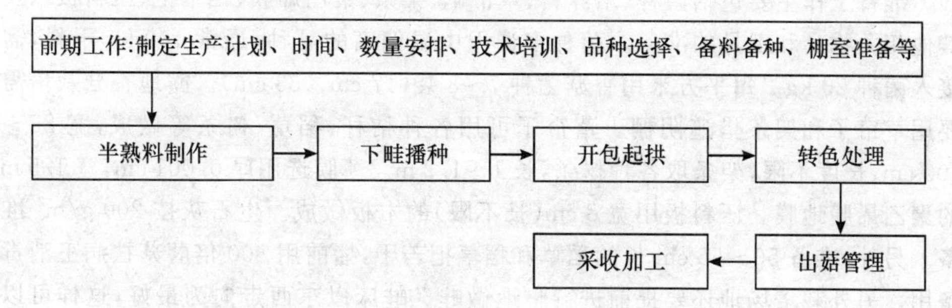

图 7-6　香菇露地套种生产工艺流程图

二、生产计划

实训生产项目：667 m² 玉米地套种香菇，8 月 20 日鲜菇上市

1. 时间数量

表 7-4　露地套种香菇时间与数量

项目	下畦播种	出菇始期
时间	3 月 20 日至 4 月 1 日	8 月 20 日
数量	5 000 kg	250 kg(干品)

2. 确定配方

表 7-5　露地套种香菇栽培料配方

配方	硬杂木屑/%	麸皮/%	米糠/%	石膏/%	玉米面/%	尿素/%	料：水
一	78	12	8	1.5		0.5	1：1.2
二	78	8	10	1.5	2	0.5	1：1.2

3. 生产预算

玉米地套种香菇，每亩地可以利用 1/3 的土地面积，预算投入资金约 0.5 万元，可生产干菇 250 kg，创产值 1.5 万元左右，获得纯利润约 1 万元。详细的物料预算略。

三、栽培技术

1. 准备工作

准备工作主要包括菌种、培养料、草帘子、架条、聚乙烯膜、稻草把、压料板以及其他相关物品和工具的准备。菌种多选用中温偏高的品种，通常 100 kg 干料，需接入菌种 20 kg。每平方米用香菇菌种 7～8 袋(17 cm×33 cm)。露地香菇栽培需要用草帘子和架条搭遮阴棚。草帘子可用各种秸秆、稻草、树条等做成，宽 85～100 cm，长度不限，架条取各种树条，长 1～1.2 m。薄膜选用厚 0.001 cm，宽 1.5 m 的聚乙烯膜地膜。压料板用宽 8 cm(长不限)的木板做成。生石灰按 200 g/m^2 准备。另外，准备 50～55 cm 长的稻草和稻草把若干，播前用 800 倍蘑菇祛病王消毒备用。另外栽培场地还要提前进行整地做畦。畦床以东西走向为最好，这样可以利用玉米遮阳。畦床宽 60 cm，深 10～15 cm，可在冬季将畦床做好，播种前稍加整理，并用生石灰消毒，每平方米用 200 g。如春季做畦，要早动手，边化冻边做床。畦床与畦床间宽 30～40 cm，种玉米株距 20～30 cm。栽培料按配方混配均匀，培养料内水分含量达到 55%～60%即可。

2. 半熟料制作

蒸料时，锅上放上蒸帘，锅内水面距蒸帘 20 cm，蒸帘上铺上编织袋或麻袋片，用旺火把水烧开，先撒上一层约 5 cm 厚的料，随着蒸汽的上升，哪里冒蒸汽就往哪里撒料，即见汽撒料，一直撒到离锅筒上口 10 cm 处为止。撒料时要“勤撒、少撒、匀撒”，不可一次撒料过多，造成上汽不均匀，产生“夹生料”。最后将出锅装料用的编制袋铺在料面上，然后用较厚的塑料薄膜把锅筒包盖，外边用绳捆绑结实。上大气后，塑料鼓起，呈馒头状，这时开始计时(锅内料温为 100 ℃)，保持 2～3 h，蒸料过程中的要求是“锅底火旺，锅内气足，见汽撒料，一气呵成”。停火后再闷 2 h 后出锅，出锅时将消毒处理后的培养料趁热装入编织袋内(一般蒸料的时候直接将编织袋铺在料面与培养料同时消毒)，扎好袋口放在清洁的室内外冷凉，当料温降到26 ℃以下可播种。

半熟料制作一方面可以起到软化培养料的作用，另一方面可以降解繁杂有机物质便于菌丝吸收利用，同时也起到杀死部分杂菌和害虫作用，从而控制病虫害发生。但由于这种培养料的处理方式只是一种消毒的过程，不能将杂菌全部杀灭，因此，只适合早春低温季节播种栽培。

3. 下畦播种

接种前要提前将菌种用特制的绞碎机绞成碎块，放入消毒后的编织袋内备用。接种量30%左右，其中20%用于拌入料内，10%用于撒在料面。整个操作过程中总的要求是4～5个人配合，各司其职，循序渐进、同步进行。具体的操作方法是：1人负责将整捆的薄膜放在畦床上，逐渐向前铺开3～4 m，并平整好；1人负责将编织袋内的培养料铺在畦床内；1人负责将20%菌种拌入培养料中；1人负责将料面压平；此时拌菌种的人将余下的10%菌种撒在压平后的料面；而负责铺薄膜的人此时拿另外一块压料板将料面的菌种压平，使其与培养料紧密接触；1人负责向播种处理后的料面中央顺畦床方向铺稻草束。稻草束20根左右一束，首尾相连铺在料面，生产者形象地称之为“龙骨草”。同时在料面上每间隔30 cm斜铺入事先准备好的稻草把；这时配合操作的几个人集中将薄膜合拢并覆盖土壤。具体的操作是：将薄膜合拢，如果栽培场地为坡地，需将地势高的一侧薄膜压在地势低的薄膜上，稻草把一端留在薄膜外3～5 cm；将做畦床时挖出的土覆盖在薄膜上，厚4～5 cm即可，覆土时要把草把稍露出土外。气温适宜时，畦床之间的种植垄上种植玉米(也可以根据实际情况种植其他高秆作物如向日葵等)，用以遮阳。

4. 开包起拱

播种后要经常检查发菌的情况，菌丝体培养发菌期间的管理非常重要，主要是控制好温度的变化。东北地区四月中下旬地温明显升高，要经常观察地温、料温的变化，防止料温过高，烧菌丝。一般在5月初到5月中旬菌丝就能穿透培养料，表现料块上下洁白一致，此时需及时撤土揭膜、通风换气。具体做法是将床面的覆土搂净，揭开薄膜，拣除草把，再将薄膜放回原处，最好放成皱褶状，以便新鲜空气流通。同时，搭建小拱棚，即用竹条、树枝、藤条等作架条，两头插地，搭起拱形或顶型的棚架，一般拱高28～43 cm，拱顶高28～35 cm，然后，盖上准备好的较薄的草帘以利遮光保湿。

5. 转色处理

撤土后，头2～4 d内，不要掀动薄膜。温度保持在25 ℃左右，空气相对湿度在85%以上，创造一个促进菌丝生长的小气候。当温度高于26 ℃时，要短时间掀膜降温。一旦菌块表面的短绒毛菌丝接近2 mm时(4～5 d)，就要通过增加掀膜次数降温降湿，一天2～3次，每次20～30 min，促使绒毛菌丝倒伏，使之在菌块表面形成一层薄薄的菌膜并分泌出一种褐色素，转色开始。在菌块表面菌丝的转色过程中，菌丝会吐黄水，待黄水大量吐出或积雨水时，要用木棒将培养基扎透将水放掉，再通风1～2 h，菌膜稍干，再盖膜，掀膜调整好温度与湿度。转色过程中，畦床内要有充足的散射光，光线适度，转色越快越好。正常情况下，从撒土掀揭膜到转色完成，需要20～30 d。

6.出菇管理

转色后，保持菌床适当的通风，避免水患和过度失水，使菌床顺利越夏。进入夏末秋初，山区的昼夜温差很明显，可以达到5～10 ℃，基本可以满足出菇的要求，此时进入出菇管理。如果气温一直处于23 ℃以上，要注意降低畦床温度，并让转色后的菌块稍微吹干，条件方便的可以在傍晚打开草帘和薄膜，让畦床温度迅速下降，这样人为拉大昼夜温差，连续4～5 d，原基就会大量露出菌块表面。转色后，初期维持畦床内相对湿度在85%左右，随着大量菇蕾分化出菇盖、菇柄后，可稍微降低空气相对湿度至80%左右，菇盖表面纤毛成圈分布，菇质很好。

采第一批菇后，停止喷水，让菌块表面适当干燥1～3 d，提高畦温，促进菌块内菌丝生长，2～3 d香菇采后留下的菇穴里逐渐发白，长出菌丝，这时喷水增湿，掀膜通风拉大温差，促使下一潮菇生长，出菇后期需灌水以满足出菇需求。

初学的栽培者，往往在重视盖膜保温、保湿的同时，而忽略了通风换气，造成菌盖薄小、柄粗长的畸形菇数量增多，商品价值下降。一般气温在23 ℃以上，每天通风应不少于3次，在早、中、晚进行；18～23 ℃早、晚各1次；17 ℃以下，每天1次。如果因通风造成水分损失，可通过喷水来补足；香菇子实体生长期间必须要有一定的散射光照，如果光照不足，则会引起着色不足而呈现浅褐色或黄褐色，同时会导致菇柄拉长而畸形。采菇后及时将床面清理干净，不要残留菇根；另外畦床内湿度不宜过高，以防杂菌感染，一旦发现零星的污染，要立即彻底清除。

7.采收加工

可参照前述采收方法，露地套种栽培的香菇一般都采取干制的加工方法。

8.春菇管理

11月后，天气转寒，此时可将草帘撤于拱架下，直接盖在畦床表面以利于越冬。来年春天，4月中、下旬始，气温又明显回升，可将草帘拿起，如前述进行出菇管理，可获得一定的产量。

第四节　产品开发

香菇保健品食品的开发主要是使用子实体和菌丝体制作成即食食品、面食、饮品、调味品等。香菇药用制剂的开发主要是利用香菇多糖，开发出片剂、胶囊、注射液等。

一、香菇多糖提取

1.材料用品

香菇菌丝液体深层发酵液、纱布、85%酒精、纯净水、2 mol/L 氢氧化钠、滤纸、蛋白酶、活性炭等。

2.仪器用具

量筒、量杯、烧杯、培养皿、托盘天平、电热恒温干燥箱、小型粉碎机、100 目筛子、恒温水浴锅、离心机、真空浓缩罐、无水酒精、烘箱、pH 计、层析柱、低温冷冻干燥机、包装机等。

3.方法步骤

①过滤。用 2 层纱布将香菇发酵液过滤 2 次，并反复洗涤得到香菇菌丝体，称量重量。

②烘干。将香菇菌丝体盛装在培养皿中，于 95～100 ℃下烘干，称量重量。

③粉碎。将烘干的香菇菌丝体放入小型粉碎机中粉碎，并过 100 目筛。

④水提。将粉碎过筛后的香菇菌丝体加入为其重量 20 倍的纯净水，水浴恒温 70 ℃，保持 5 h。

⑤离心。将水域加热后的液体离心（4 000 r/min，10 min），收集上清液；沉淀物再次加水，于 70 ℃水浴再次浸提 2.5 h，离心收集上清液，合并 2 次的离心上清液。

⑥浓缩。使用真空浓缩罐将离心所得的上清液真空浓缩至稀糖浆状。

⑦醇沉。向浓缩液中加入为其体积 4 倍的无水酒精，混匀，静置过夜。

⑧酶解。将醇沉后过滤所得的香菇多糖粗品溶于 5 倍体积的蒸馏水中，并加入蛋白酶，水浴恒温 35 ℃，保温 3 h 之后过滤。向酶解后所得滤液中加入 2 mol/L 的氢氧化钠，并调节 pH 值至中性，加热沸腾，加入活性炭，保温 15 min，过滤。

⑨柱层析。调节滤液至中性，分别通过阴离子柱和阳离子柱，收集流出液。

⑩醇沉。在流出液中加入无水酒精，使溶液中含醇量达 70%，混匀，静置过夜。

二、香菇挂面制作

香菇挂面是利用香菇的菌丝体与面粉混合制成的营养保健食品。其蛋白质含量比普通精面约高6%,还含有钙、铁、磷及维生素等多种营养成分。

1.原料

香菇菌丝体、面粉、豆浆、葡萄甘聚糖。

2.制作方法

以小麦作培养基。麦粒经过浸泡及高压灭菌后,在无菌的接种室或箱内接入香菇菌种,放置培养室中,在22～26 ℃进行菌丝体培养。当麦粒长满菌丝体后,可以烘干或晒干,烘烤时要严防烧焦。将菌粒粉碎成菌粉,细度要求通过140目筛,否则成品面条的光洁度和柔韧度达不到质量标准。配料严格控制比例,豆浆与面粉以3∶10为宜,再加入1%葡萄甘聚糖和10%香菇菌粉,拌料要均匀,并要多次揉压,然后加工成面条。

三、香菇多糖片

香菇多糖(香菇多糖片)由浙江普洛康裕天然药物有限公司生产,是一种具有免疫调节作用的抗肿瘤辅助药物,能促进T、B淋巴细胞增殖,提高NK细胞活性,对肿瘤有一定抑制作用,用于恶性肿瘤的辅助治疗。益气健脾、补虚扶正,是用于慢性乙型迁延性肝炎及消化道肿瘤的放、化疗辅助药。

四、香菇多糖注射液

香菇多糖(香菇多糖注射液)由金陵药业股份有限公司福州梅峰制药厂生产,是一种具有免疫调节作用的抗肿瘤辅助药物,能促进T、B淋巴细胞增殖,提高NK细胞活性,对肿瘤有一定抑制作用,用于恶性肿瘤的辅助治疗。用于恶性肿瘤的辅助治疗。产品主要成分为香菇多糖,为无色澄明的液体,其化学名称为β-(1—3)(1—6)-D-葡萄糖。

五、香菇多糖胶囊

处方中成药,由湖北创力公司生产。本品用于治疗各种肝炎,也可作为各种脑瘤患者治疗的辅助药物,对于因免疫功能失调带来的各种疾病也有很好的疗效。能够预防各种病毒性感染,如感冒、麻疹、病毒性肝炎等;对吸烟口苦、肝脏衰弱者亦有良好效果;对消化系统疾病,如脾、胃虚弱、食少滞呆、食后脘腹胀满、呕吐反胃、四肢倦怠乏力、面色萎黄、形体消瘦、肠风下血、痔疮出血、小儿麻疹等均有良好疗效,并能有效促进人体对钙的吸收。

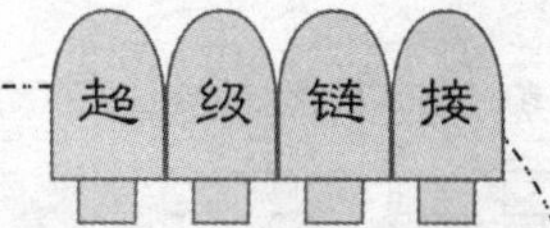

代用料袋栽香菇组图

1. 井字堆叠发菌　2. 转色处理　3. 转色结束　4,5. 出菇(马兰提供)

露地套种香菇组图

1. 下畦播种　2. 铺龙骨草　3,4. 盖薄膜(压土)

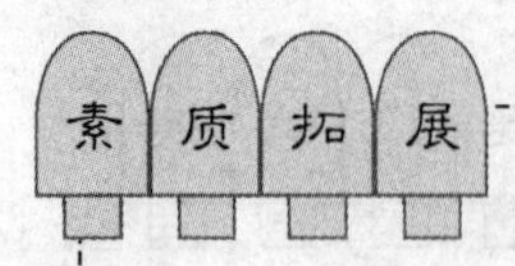

药用真菌多糖的提取和分离方法

多糖常常伴随着其他成分共存于真菌中，因此要提取纯净的多糖，必须除去其他杂质，然后再分离精制。为了便于多糖的提取，在新鲜原料进行干燥时，应尽量将其粉碎后浸渍在乙醇或丙酮中，破坏其新鲜原料中的各种酶，以避免多糖分解，然后在低温和减压下迅速进行干燥，再进行提取。

一、多糖的提取方法

提取药用真菌多糖主要是利用其溶解度的不同，根据提取多糖的性质，选择各种溶剂，最常用者为水(冷水或温水)、稀醇、碱金属氢氧化物或碱金属碳酸盐的稀释水溶液(5%以下)，以及0.5%～1%草酸铵溶液、二甲基亚砜等。

将粉碎成粗粉的真菌原料，加上述的溶剂浸渍，然后用倾倒法、离心法或过滤法分取浸渍液。当用碱溶液提取多糖时，大部分蛋白质分解或变质；当多糖加乙醇沉淀时，可使部分蛋白质残留在母液中而除去；若用冷水和温水提取多糖时，可在萃取液中加入40%三氯醋酸至其最终浓度4%，在冰点放置15～18 h，使蛋白质充分析出，离心分去蛋白质。也可以按Sevag方法在提取的水溶液中加入1/5体积的氯仿和1/5体积的异戊醇，震荡10～15 h，蛋白质与氯仿-异戊醇生成凝胶物而分离，离心或分液漏斗都可以提取。这样得到的多糖水溶液，适当减压浓缩后，加入适量或数倍的乙醇进行沉淀便可析出多糖。甲醇和丙酮也可以代替乙醇。

若多糖含有糖醛酸等酸性基团时，可在其盐溶液中直接加入乙醇，则多糖类以盐的形式沉淀出来，若用醋酸使或盐酸使成酸性后加入乙醇，则多糖以游离的形式沉淀出来。

另一种方法是加沉淀剂，使与多糖类结合生成不溶性络合物或盐类沉淀，常用的沉淀剂有弗林溶液、硫酸铜、硫酸铵，其次是氢氧化钡、氢氧化钙、氯化钾。另外还采用特殊季铵盐试剂，如氢氧化十六烷基三甲基铵、溴化十六烷基三甲基铵或溴化十六烷基吡啶等，也可用醋酸铅沉淀多糖，然后拖铅，再加有机溶剂使多糖析出。

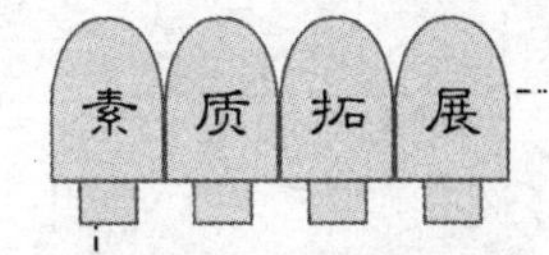

续上页

二、多糖的精制方法

上述提取的多糖类物质是多糖的混合物，必须加以精制纯化，主要方法如下：

1.多级提取法　依次用冷水、热水、冷稀碱溶液提取，由于溶解度不同，使各种不同性质的多糖获得初步分离。

2.划分沉淀　利用溶解度不同加入有机溶剂如乙醇调节不同浓度来划分沉淀，也有利用一定浓度的醋酸来划分沉淀，还有用在提取水溶液中加硫酸铵不断提高浓度使多糖分级析出或用其他沉淀剂来划分均可。

3.层析方法　柱层析已广泛用于多糖类的分离纯化。常用者为炭和硅藻土及在纤维素和葡聚糖中引进各种交换基团而成的阴阳离子交换剂，如引进羧甲基(CM 型)、磷酸基(P 型)、磺酸甲基(SM 型)、磺酸乙基(SE 型)、硫酸丙基(SP 型)的阳离子交换剂，以及引进三乙醇基胺(ECTEOLA 型)、氨基乙基(AE 型)、二乙基氨基乙基(DEAE 型)、三乙基胺(TEAE 型)、胍乙基(GE 型)、季胺乙基(QAE 型)的阴离子交换剂，选择使用可使酸性、中性多糖分离。

4.凝胶过滤　常用的凝胶剂是葡聚糖凝胶，这是一种分子筛，来分离多糖混合物。

5.超速离心法　利用超速离心机分离多糖。

6.其他方法　多糖体也可用电泳法、超滤法、透析法和酶解法等加以分离纯化。

上述分离制备的多糖体，可采用高压电泳、聚丙烯酰胺凝胶电泳、超离心、气相层析、酶降解及浊度滴定等方法来鉴定其纯度。

香菇保健食品与保健药品知识自主学习

课余时间按照下表要求查阅资料，并将查询到的图文资料制作成幻灯片在师生中交流，了解目前我国香菇保健食品与保健药品的开发现状。

素质拓展

续上页

项别	商品名称	主要技术指标	生产厂家信息
保健食品			
保健药品			

第八章　灵芝生产技术

知识目标

- 了解灵芝的药用价值和栽培现状等。
- 熟悉灵芝生产工艺流程、产品开发技术。
- 掌握灵芝栽培实训生产计划的设计思路和制定方法。

能力目标

- 能应用所学知识进行灵芝生产计划的制订。
- 能完成灵芝全熟料覆土栽培的全部生产操作。
- 能处理灵芝生产管理中出现的技术问题。
- 能全程进行灵芝生产管理并填写生产管理日志。

第一节　概　述

灵芝是一种药用真菌，在分类学上属于非褶菌目，灵芝菌科，灵芝属。全世界灵芝科真菌有 100 种以上，我国是世界上灵芝科真菌种类最丰富的国家之一。通常所称的灵芝是狭义上的灵芝［*Ganoderma lucidum*（Leyss.：Fr.）Karst］，俗称灵芝草、仙草、红芝、赤芝、丹芝、木灵芝、菌灵芝、万年蕈等。

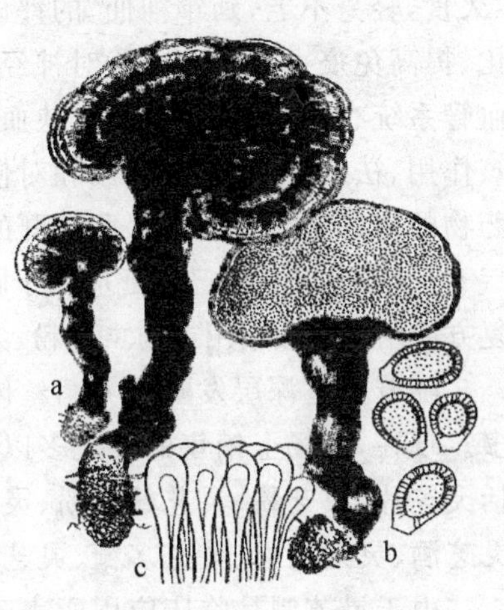

a. 子实体　b. 担孢子　c. 盖表层细胞

图 8-1　灵芝形态（仿卯晓岚）

我国最早的灵芝栽培方法，记载于王充的《论衡》一书中（距今已有 1 900 余年）。不过，当时的栽培方法是借灵芝孢子的自然接种。1964 年，广东微生物研究所在全世界最早实现了灵芝人工栽培。此后，灵芝人工栽培技术逐渐发展起来，尤其是近 20 年来，发展迅速。据中国食用菌协会统计，2007 年我国灵芝年产量已经超过 11 万 t，主产区在浙江、福建、湖南、云南、江西、河北等地。

一、药用价值

灵芝尽管品种繁多，但是药用价值和功效基本相同。中国古代将灵芝作为可起死回生的仙草，并有不少神奇的传说。现代医学研究的成果揭开了灵芝神秘的面纱。研究表明灵芝对人体有益的成分有数千种，归纳起来主要是三萜类、多糖类、核苷类、甾醇类、生物碱类、呋喃衍生物、氨基酸多肽类、脂肪酸等成分，此外，还有对人体有益的锌、锰、铁、锗等微量元素，特别是其中的有机锗具有很好的抗衰老作用。灵芝的锗(Ge)含量与一般植物相似，但它对锗的富集能较强，很多研究者将无机锗加入灵芝培养基(液)中以得到较高含量的有机锗。

现代医学研究表明，灵芝所含有的三萜类、多糖类及核苷类等生物活性物质，使灵芝具有很多药理作用，主要体现在以下 8 个方面：①抗肿瘤作用：灵芝及其所含多糖既不能直接抑制或杀死肿瘤细胞，又不能直接诱导肿瘤细胞凋亡，但它可以通过增强机体免疫能力而获得抗肿瘤的效果，还可以通过增强机体对放疗、化疗的耐受性，来达到抗肿瘤的目的。②免疫调节作用：其免疫调节作用主要体现在 6 个方面，即提高机体非特异性免疫功能、增强机体体液免疫功能、增强机体细胞免疫功能、促进免疫细胞因子的产生、增强淋巴细胞的 DNA 多聚酶 λ 活性、抗过敏作用。③抗衰老作用：灵芝自古以来就被认为是抗衰老的珍品，《神农本草经》即有“久食，轻身不老，延年神仙”的评语，其抗衰老的效应可能与灵芝清除自由基、抗氧化、提高免疫力等有关。④对神经系统有镇静作用、安定作用和镇痛作用。⑤对心血管系统有强心作用、对心肌缺血的保护作用和降血压作用。⑥对呼吸系统有镇咳作用、祛痰作用、平喘作用和对慢性气管炎的治疗作用。⑦对肝脏通过加强代谢药物的解毒功能而起到保肝护肝的作用。⑧抗放射、抗病毒和抑菌作用。

近年来，灵芝虽已广泛应用于临床，但仍未成为严格意义上的西药，而多以中药复方应用。单独服用或与虫草粉、人参、枸杞等中药混合服用，都能收到很好疗效。

随着灵芝深层发酵培养菌丝体和发酵液技术的出现及发展，灵芝制品越来越多。现在，市场上销售的灵芝多以加工成的灵芝保健品和药品为主，种类繁多，包括灵芝片、灵芝粉、灵芝超微粉、灵芝孢子粉、灵芝破壁孢子粉、灵芝丸、灵芝冲剂、灵芝酒、灵芝胶囊、灵芝多糖、灵芝糖丸、灵芝糖浆、灵芝饮料等。

由于灵芝制品临床应用所表现出的良好治疗效果，2000 年出版的《中华人民共和国药典》已经收载灵芝(赤芝、紫芝) 子实体为法定中药材。2005 年 5 月国家食品药品监督管理局将 11 种真菌列入可用于保健食品的真菌菌种名单(国食药监注[2005]202号文件),其中包括灵芝(*Ganoderma lucidum*)、紫芝(*Ganoderma sinensis*)、松衫灵芝(*Ganoderma tsugae*)。

二、栽培现状

灵芝疗效的好坏和产量的高低与菌种的质量有很大关系。人工栽培灵芝,要特别注意选择优良菌种(表8-1),以确保达到生产目标。

表8-1 我国灵芝主要栽培品种介绍

品种名称	品种特点
信州灵芝	引进种,抗逆性强,菌盖大而厚、菌柄较长、商品性好,产量高,出口品种
南韩灵芝	引进种,发菌快、出芝早、盖大而厚、柄短、抗杂力强、产量高、出口品种
泰山灵芝	国内种,生长迅速,适合代用料栽培,但产量稍低
园芝6号、8号	国内种,芝盖圆整、朵大盖厚、产量高,是福建省目前推广的优良品种
金地灵芝	国内种,产孢量大、生长周期短、芝形好,抗杂力强

此外,还有G801、植保6号、日本2号、台湾1号、云南4号、惠州灵芝等多个品种在全国范围内普遍使用。

灵芝属于高温型真菌,自然条件下,灵芝的出芝季节在5～10月份,因此,人工栽培时,如果栽培场所有温、湿度控制设备,可以一年四季出芝,否则应根据其生长发育的特点,选择适宜季节进行栽培(表8-2)。

表8-2 自然气候条件下灵芝栽培季节安排

区域	栽培季节
华南地区	2月上、中旬制种,3月下旬至4月上旬栽培
长江流域	4月上、中旬制种,5月上、中旬栽培
黄河以北	4月下旬制种,5月下旬栽培

灵芝的栽培方式有室内和室外2种。室外栽培可以利用休闲田或者选取阔叶林、针阔混交林或坡地,整畦搭棚进行,场地要求土质肥沃、疏松、富含腐殖质,没有病虫害;室内栽培可以利用现有菇房、床架进行栽培管理。栽培方法有瓶栽、袋栽和菌砖栽培,栽培时多采用熟料。本章主要介绍代用料覆土栽培技术。

第二节 栽培技术

一、工艺流程

灵芝代用料覆土栽培工艺见图8-2。

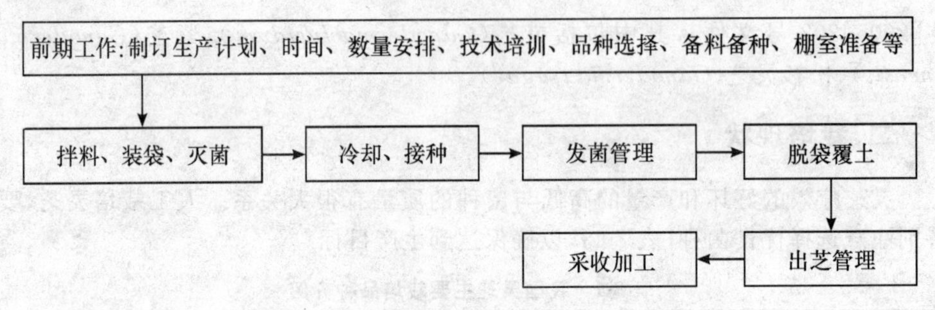

图 8-2 灵芝代用料覆土栽培工艺流程图

二、生产计划

实训生产项目:1万袋灵芝代用料覆土栽培,8月初第1潮灵芝采收实训生产

1. 时间数量

灵芝最佳栽培时间是根据出芝时所需的最适温度和营养生长阶段所需要的时间而定(表 8-3)。

表 8-3 灵芝栽培时间

项目	装袋播种	脱袋覆土	采收期
时间	4月10日	5月下旬	8月初
数量	1.0万袋		1 000.00 kg

2. 确定配方

灵芝属于木腐性真菌。代用料栽培灵芝,菌丝体生长阶段适宜的C/N为20∶1,子实体发育阶段C/N以(30~40)∶1为好。可以根据当地的资源优势,因地制宜选用合适的配方(表 8-4)。

表 8-4 灵芝栽培料配方 %

配方	木屑	玉米芯	棉子壳	麸皮	玉米粉	蔗糖	石膏	过磷酸钙
一	75			24			1	
二	50	30		19			1	
三		79		20				1
四	42		42	15			1	
五	74				24	1		1
六	78			20		1	1	

注:上述配方中料∶水=(1∶1.4)~(1∶1.3),pH值自然。

3.实训生产物料预算

1.0万袋灵芝栽培袋的成本约1万元，产出1 000 kg干品，按照销售单价40.00元/kg计算，毛利润4万元，纯利润约3万元。详细的物料预算略。

三、栽培技术

(一)准备工作

1.芝棚准备

要选择在地势稍高、排水方便、土地肥沃、远离畜圈和垃圾堆的地方，建造塑料大棚、草棚、遮阳网菇房或者日光温室等，也可利用闲置的蔬菜大棚或旧菇房。用于栽培灵芝的棚室，要求保温、保湿、通风和光照调节较好。在菇室内可搭建床架进行立体栽培，也可以进行畦床栽培。

2.原料准备

根据选定的配方，准备好原材料，各种原材料都要干燥、新鲜、无霉变，木屑要过筛，玉米芯粉碎成颗粒状，稻草、秸秆料要粉碎，使用前最好暴晒1～2 d。

3.菌种准备

根据本地区的气候条件、原料来源、栽培条件，按照产品用途要求，选择适应性好、抗逆性强、商品性好、质量优的品种，采用常规制种方法，按照生产计划制作好菌种。灵芝菌丝在PDA综合培养基上15～20 d可满管，在木屑培养基上25～30 d满瓶，培养料中30～40 d，菌丝可长满袋。

(二)培养料制作

1.拌料

拌料要做到“三均匀”，即原料与辅料混合均匀、干湿搅拌均匀、酸碱度均匀。木屑主料应先过筛，以除去木块等杂物，玉米芯等秸秆类原料应提前一天用水预湿。拌料时先将主料和不溶于水的辅料混合均匀，再加入溶有糖等辅料的水搅拌均匀，不能有干的料粒。含水量调至60%～65%，简单测定方法是，用手握一把湿料，手指缝间可见水痕而不滴下即可。

2.装袋

拌好的料应及时装袋，装袋可用手工装袋和机械装袋，机械装袋一般比较均匀，而且装后袋中央直接打出接种孔；手工装袋时，应该边装边用手压紧，做到松紧适度，可以用手指捏料袋外壁测松紧度，以有弹性感，硬而不软，可见有指坑而不深为宜。装后用手将料面压平，中间用圆木棒在培养料中心打孔，直径约2 cm，深度约为料深的3/4。袋口可用套环加棉塞、海绵套环或直接插入专用木棒、塑料棒封口。

3. 灭菌

装好的料袋，要及时进行灭菌处理。采用常压灭菌，温度达到 100 ℃时，维持 12 h，再闷 3～4 h；高压灭菌，压力 0.147 MPa，维持 1.5～2 h。灭菌完毕后，取出料袋，冷却备用。

(三)冷却接种

待料温降至 30 ℃以下，可以进行接种。接种可在经过消毒灭菌的接种室内进行。接种量以填满接种孔为宜，接种量越大越有利于加快菌丝生长，减少杂菌污染。接种时可以 3 人 1 组流水作业，1 人打开袋口，1 人接种，1 人封袋口。注意整个操作过程都应在无菌条件下进行，接种用具和操作人员的手都必须按照要求消毒灭菌。

(四)发菌管理

将接过种的菌袋叠放于培养室，叠放层数依据室温而定，外界气温高时，菌袋摆放不要超过 3 层，外界气温低时，可摆放 4～6 层，排与排之间留出空隙，以利于通气散热。发菌过程中，培养室的温度、湿度、光照、空气等环境条件都要符合菌丝的生长要求。

1. 温度

培养室的温度初期要控制在 25～28 ℃，不要超过 30 ℃，超过 30 ℃时要及时开窗通风散热，降低温度，否则容易烧菌。温度低于 15 ℃时，应采取措施进行升温。菌丝长满料面后，因为大量生长的菌丝体呼吸所释放的热量会导致料温升高，所以，此时室温应控制在 22～25 ℃。每隔 3～5 d(温度高时)或 7 d(温度低时)进行倒堆，防止料温过高，造成烧菌。

2. 湿度

菌丝生长期要求空气相对湿度为 60%～70%，宜低不宜高，早、晚各通风 1 次，每次 30 min 左右，随着菌丝生长，逐渐加大通风量来控制湿度，以免湿度过大，造成菌丝生长不良，而且容易滋生杂菌。

3. 空气

灵芝是好气性真菌，菌丝体生长阶段，要保持发菌室内有充足的氧气。一般来说，接种的十几天内，菌袋内菌丝量少，袋内氧气足够维持灵芝菌丝生长。但随着菌丝量增加，氧气消耗量逐渐增大时，则应通过加大发菌室内空气流通量来保持空气新鲜，促进菌丝生长。

4. 光照

光照对菌丝生长起抑制作用，因此，保持培养室处于黑暗条件下，菌丝才能够生长旺盛。

另外，在培养发菌期间，要认真检查菌种生长情况，及时搬出感染杂菌的菌种，以保持菌种的纯度。培养 30～40 d，菌丝就可长满袋。

（五）脱袋覆土

挖土做畦，畦宽 120 cm，深 20～30 cm，长不限，畦与畦之间要留 50～60 cm 的过道。畦床做好后，先在畦底及畦床四周撒一薄层石灰粉消毒杀菌。

覆土材料要求土质疏松，腐殖质含量丰富，沙壤质，含水量适中，即手握成团，触之即散的程度，土粒直径 0.5～2 cm 为宜，覆土材料加入生石灰调 pH 值至 8 左右。

将长满菌丝的菌袋脱去塑料薄膜，摆放入畦床内，菌棒之间距离 7～8 cm，中间填满准备好的沙壤土，顶部再撒上 2 cm 厚的土，覆土后随即浇足水分。栽培期间喷水可视具体情况而定，土干时每天可喷数次，达到土粒用手能捏扁，不粘手为止。一般覆土 15 d 左右菌丝可扭结形成原基。

（六）出芝管理

原基出现后，要做好疏蕾和温度、湿度、光照、通风等环境因素的调节，以创造一个适宜灵芝子实体生长发育的良好环境。

1. 疏蕾

每个菌棒料面出现多个芝蕾时，用消毒剪刀剪去一些，只保留 1～2 个，便于集中养分，长出盖大朵厚的子实体，同时也防止彼此之间粘连，长出畸形芝。

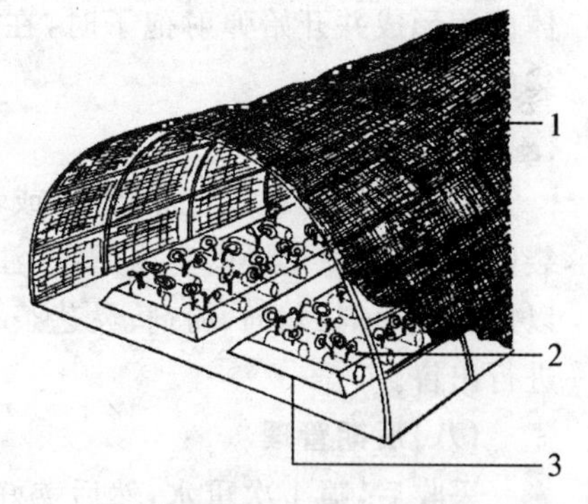

1. 遮阳网　2. 拱架　3. 畦床

图 8-3　室外荫棚出芝（仿黄毅）

2. 温度

子实体分化最适温度为 25～28 ℃。温度长时间低于 20 ℃，芝蕾会变黄，僵化，子实体难以生长，温度超过 32 ℃时，菌丝生长快，但稀疏、生命力弱，子实体早熟，个小，散孢量少。适温范围内，温度偏低，芝体生长稍慢，但质地较好，盖厚，皮壳色泽深，光泽好；反之，虽然生长快些，但质量稍差。

3. 湿度

子实体分化生长期间，要求空气相对湿度保持在 85%～90%。湿度的控制主要靠喷雾状水和通风来调节。当子实体大量散发孢子时，应通过向地面和空间喷水来调节湿度，不要向子实体直接喷水，以使孢子能积留在菌盖上。

4. 光照

要得到生长迅速、形态正常的子实体，必须使出芝室有足够的光照，并且光照

要均匀，以避免子实体因向光性而扭转。

5. 空气

通风是菌盖展开的关键，所以出芝环境要加强通风换气，降低环境中 CO_2 浓度，以保证灵芝能够正常生长发育。

(七)采收加工

1. 子实体采收

灵芝子实体边缘白色生长圈消失，转变为褐色并且色泽一致时，表明已经成熟。成熟后应停止喷水，减少通风，增加 CO_2 浓度，使菌盖增厚，维持 7～10 d，子实体开始散发孢子，当灵芝菌盖表面孢子粉色泽一致，形成一层褐色粉末时，即可采收。采收时，手捏菌柄，不要碰到菌盖，以保持灵芝的自然状态，用利刀齐土表割下子实体，留下菌柄以利于再生。

有研究表明，当子实体不再弹射孢子粉、灵芝子实体停止生长时采收子实体为宜，这时的灵芝多糖含量最高、质量最好，而且能够提高孢子粉的产量。

2. 孢子粉收集

灵芝的孢子粉具有很高的药用价值，所以一定也要采收。采集方法是，在子实体菌盖形成并开始弹射孢子时，在菌盖上面罩一个纸袋，让弹射出的孢子落在纸袋内。

3. 干燥加工

灵芝子实体可以自然晒干，或者在烘房内烘干，干燥的灵芝，分级密封在塑料袋内，放在阴凉干燥的室内贮藏，注意防止受潮生霉和出现虫蛀。此外，灵芝还可以加工成片剂、丸剂、粉剂、灵芝茶、灵芝酒、灵芝饮料等种类繁多的保健品或药品进行出售。

(八)后期管理

采收后，喷 1 次重水，然后盖好塑料薄膜保温保湿，当下一潮灵芝子实体长出后，再进行通风换气，喷水保湿管理。一般只出 2 潮灵芝，产量集中在第 1 潮，第 2 潮子实体小、产量低。

第三节　灵芝产品开发

灵芝的子实体、菌丝体及孢子均可制成制剂供药用。目前，市场上销售的灵芝多是加工成的灵芝保健品和药品，包括灵芝片、灵芝粉、灵芝超微粉、灵芝孢子粉、灵芝破壁孢子粉、灵芝丸、灵芝冲剂、灵芝酒、灵芝胶囊、灵芝多糖、灵芝糖丸、灵芝糖浆、灵芝饮料等。

一、保健食品和保健药品开发

(一)灵芝切片

选择干燥、无霉变的灵芝,采用机械切片的方法,制作成灵芝切片。可以直接作为保健品使用,也可以作为进一步加工的原材料。见图 8-7 灵芝保健食品与保健药品组图中 1 灵芝切片。

(二)灵芝孢子粉

目前对灵芝孢子粉的采集一般采取风力吸取的方式,孢子粉洁净度和纯度都比较高。市售的孢子粉有各种包装处理和规格。除了常规使用外,也有对孢子粉采取超声波破壁处理和酶解处理的,制作成破壁孢子粉或酶解孢子粉上市,销售价格较未处理的孢子粉高。但实际上灵芝的孢子壁有多个孔洞,在食用孢子粉的时候只要处理得当,是不会影响药效的。见图 8-7 灵芝保健食品与保健药品组图(2 段木破壁灵芝孢子粉,3 富硒灵芝破壁孢子粉,4 灵芝孢子粉胶囊,5 小包装灵芝孢子粉,6 灵芝孢子粉礼盒包装)。

(三)灵芝精粉

一般是将灵芝子实体或子实体使用后的下脚料通过机械设备加工成不同颗粒度的粉末。

(四)灵芝多糖

采用生物提取的方法提取灵芝多糖,直接作为保健食品或保健药品使用。见图 8-7 灵芝保健食品与保健药品组图中 7 灵芝多糖。

(五)灵芝孢子油

灵芝的孢子中含有 2～3 滴孢子油,通过生物提取的方法将其提取出来,制作成软胶囊,直接作为保健品或药品使用。见图 8-7 灵芝保健食品与保健药品组图中 8 灵芝孢子油。

(六)干灵芝浸提勾兑酒

1. 工艺流程

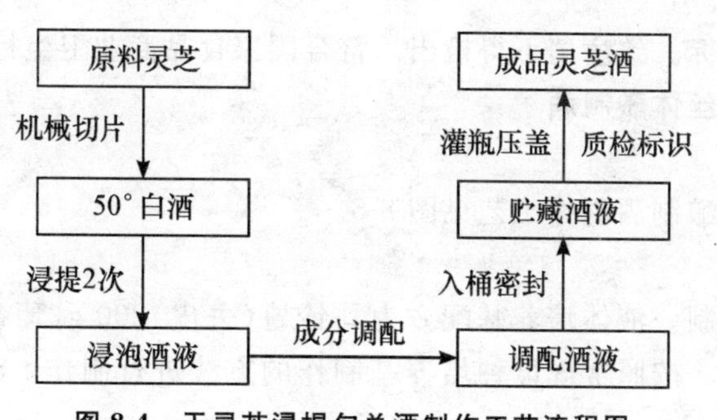

图 8-4 干灵芝浸提勾兑酒制作工艺流程图

2. 操作环节

①原料处理。选择无虫蛀、无病斑的干灵芝，畸形灵芝也可以使用。剪去柄基部带培养基的根蒂，用清水洗刷附着物及泥沙，晾晒后用药材切片机切片。

②浸泡取汁。称取灵芝片，置于专用浸泡容器中，加入50°的白酒或食用酒精，灵芝与酒的比例为1∶10。如果用食用酒精，必须先用活性炭进行脱臭（活性炭用量为食用酒精的0.02%～0.04%）。浸泡时要加盖密封，并经常搅动浸泡液，以加速浸提过程。浸泡25～30 d，灵芝中的大部分有效成分被浸出，可以打开容器下部的阀门，经筛网放出浸泡液，渣仍留于容器中，再加等量的白酒或食用酒精。20 d后，放出浸泡液，并压榨渣取得压榨汁，合并两次浸泡液和压榨汁。

③成分调配。按照酒精度30°、糖度6%、总酸0.3%～0.4%的标准，进行调配新酒。调配前，应对不同批次的同种酒基成分进行测定，同时测定新酒的酒精度。用热水熔化蔗糖，配成浓度为60%～70%的糖浆，煮沸保持3～5 min，趁热过滤去杂。按照比例先将糖浆加入新酒中，搅拌均匀，然后用白酒或脱臭酒精调整新酒精酒度，最后添加柠檬酸，调整酸度。

④过滤贮藏。新调制成的灵芝酒风味不够协调，并有酒精的刺激味，应进行短期贮存。即将新调制的灵芝酒经滤布过滤，放入桶中密封贮存2～3个月。

⑤灌瓶密封。用虹吸法吸取桶中的上清液，灌入事先经清洗消毒过的酒瓶中，加盖密封。

⑥质检装箱。质检合格，贴好商标，装箱密封箱口，即为成品。

3. 质量标准

①感官指标。酒液澄清透明，色泽棕红，风味柔和，无刺激性气味，具有灵芝保健酒特有的风味，无异味，无沉淀，无漂浮物。

②理化指标。酒度38°，糖分含量6%，总酸0.3%～0.4%。含有灵芝具备的大部分营养成分。

③微生物指标。致病菌不得检出。符合国家食品商业卫生标准。

（七）灵芝菌丝体酿制酒

1. 工艺流程

灵芝菌丝体酿制酒制作工艺见图8-5。

2. 操作环节

①培养基配制。液体培养基配方为马铃薯（去皮）200 g，葡萄糖20 g，蛋白胨1 g，水1 000 mL。按照常规母种培养基制作的方法进行制作。500 mL三角瓶装营养液200 mL。

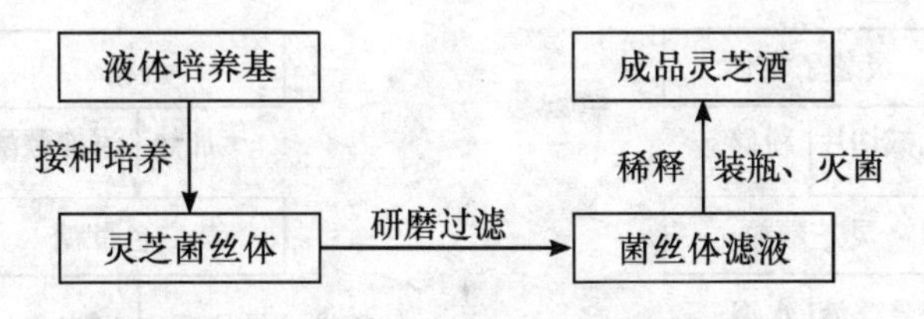

图 8-5 灵芝菌丝体酿制酒制作工艺流程图

②接种培养。按照无菌操作要求进行接种，置恒温培养箱中，于 27 ℃下静置培养 3 d，再移至震荡培养机上，于 25 ℃、200 r/min 震荡培养 12～14 d。

③研磨过滤。将上述震荡培养物，通过 0.2 μm 胶体磨研磨，加入 10%蔗糖，搅拌溶化后，过滤，取滤液。

④加酒药酿制。无菌操作，剪开市售的甜酒药，按照 0.2%的比例，将甜酒药投入滤液中，稍加摇匀，置恒温培养箱里于 27 ℃下静置培养 3 d。

⑤装瓶灭菌。用蒸馏水以 2∶1 的比例稀释培养液，即可装瓶进行巴氏灭菌。

⑥质检装箱。检验合格，方可贴标签，装箱密封箱口即为成品。

3. 质量标准

本品澄清透明，淡蜂蜜样色泽，口味纯正，有淡淡的蜂蜜香和微醇香，无异味。贮藏 5 个月，不沉淀，未出现任何异常现象，稳定性能良好，无溶剂残留。致病菌不得检出。符合国家食品商业卫生标准。

(八)灵芝速溶茶

1. 工艺流程

灵芝速溶茶制作工艺见图 8-6。

2. 操作环节

①制备灵芝提取物。将灵芝子实体洗净，晒干，切成薄片。然后粉碎成0.16～0.3 cm 颗粒备用。按 1 L 水加 80 g 糊精的比例缓缓加入糊精。不断搅拌使其成悬浮液。在 70～80 ℃下加热至糊精完全溶解。待温度降至 35～40 ℃时，按 1 L 糊精液中加 65 g 的比例加入灵芝颗粒，在 35～40 ℃水浴上保持 6～12 h，提取灵芝有效成分。然后用板框压滤，除去残渣、滤液在 50～60 ℃下喷雾干燥，过 80 目筛备用。

②制备粉状焦糖。将 950 g 蔗糖加热至 160～200 ℃，不断搅动，使其呈现黄白色。冷却至 120 ℃，添加碳酸铵 0.5 g，至出现大量泡沫。泡沫消失后，添加 50 g 蔗糖和适量柠檬酸继续搅拌，混合物起泡，将混合物拌匀。在半真空器皿内于 120 ℃加热 10 min 后，加 200 g 灵芝提取物，继续加热 10 min，冷却后，即成含灵芝提取物的粉状焦糖。

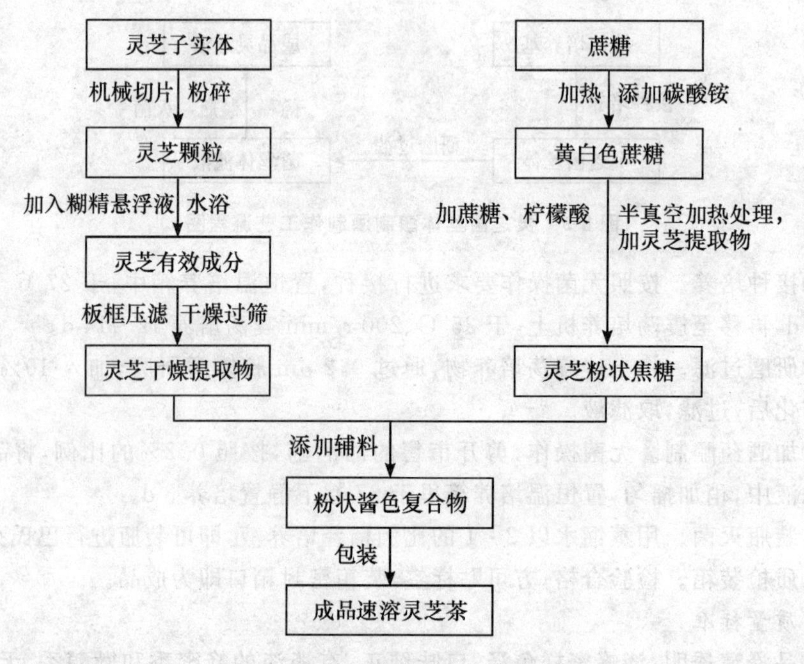

图 8-6 灵芝速溶茶制作工艺流程图

③配制速溶茶。取含灵芝提取物的粉状焦糖 30 g、速溶糖 70 g、阿拉伯树胶 0.1 g、桂皮油 0.001 mL、柠檬油 0.1 mL，充分混合后成粉状酱色复合物，用防潮纸或塑料袋真空包装即为成品。

二、灵芝工艺品开发

灵芝自古即是富贵祥瑞之物，象征着吉祥如意，祥瑞长寿，也体现人们追求吉祥富贵，平安幸福的美好愿望。见图 8-8 大型灵芝组合盆景组图。

灵芝生长期间采用嫁接技术或将采收后的子实体进行进一步的加工，制作成的灵芝盆景古朴清新、景象美观、形神兼备、姿态万千。灵芝盆景以其独特经典的艺术造型和深邃的艺术内涵，已经成为装点高档居室、办公室、宾馆、酒店的首选，也是馈赠、收藏的时尚佳品。

盆景制作主体材料要求正常和畸形的灵芝大小搭配，便于设计与创作。陶瓷和南泥的古塔、茅屋、小桥、山石、动物、人物都是很好的辅助素材。造型组合时山石、树根等辅件组合要立体、灵动，不能呆板。主体材料进行必要的处理，再拼接、固定在构架上。树木、青苔等的搭配能够增添作品鲜活的生命力。见图 8-9 灵芝盆景造型图例。

超　级　链　接

灵芝保健食品与保健药品组图

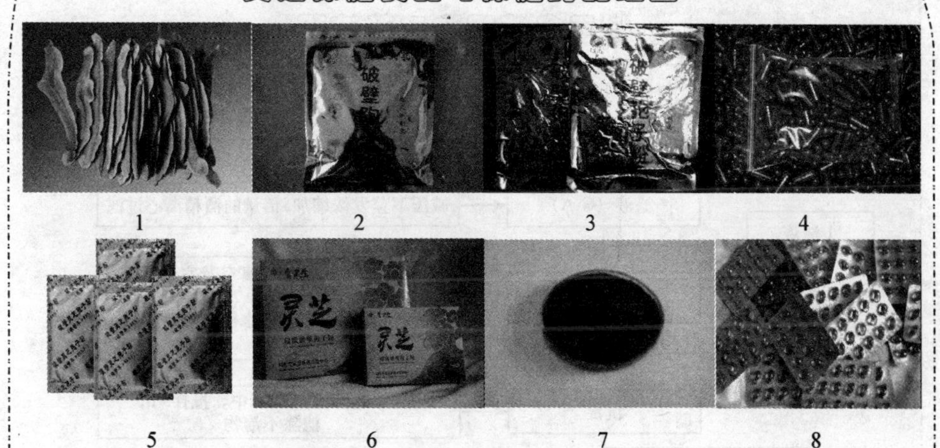

1.灵芝切片　2.段木破壁灵芝孢子粉　3.富硒灵芝破壁孢子粉　4.灵芝孢子粉胶囊
5.小包装灵芝孢子粉　6.灵芝孢子粉礼盒包装　7.灵芝多糖　8.灵芝孢子油

图 8-7　灵芝保健食品与保健药品组图

灵芝工艺品组图

1.瑞雪丰年　2.和谐盛世　3.古树仙翁　4.茶圣闲情

图 8-8　大型灵芝组合盆景组图

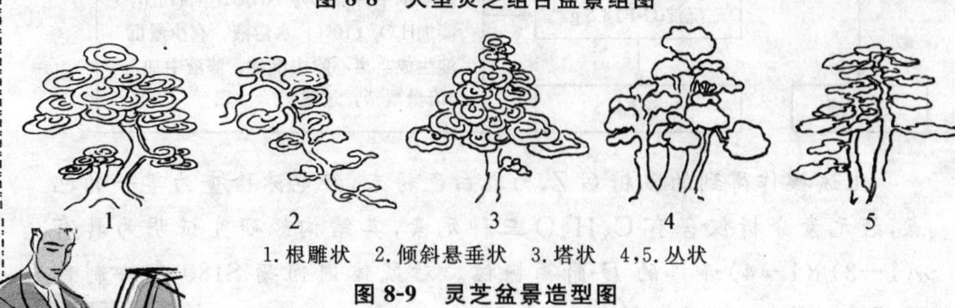

1.根雕状　2.倾斜悬垂状　3.塔状　4,5.丛状

图 8-9　灵芝盆景造型图

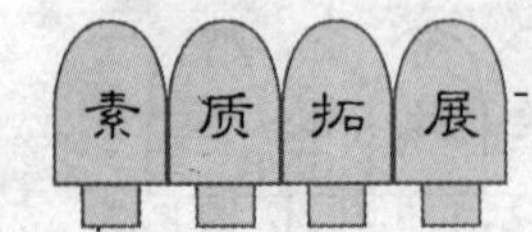

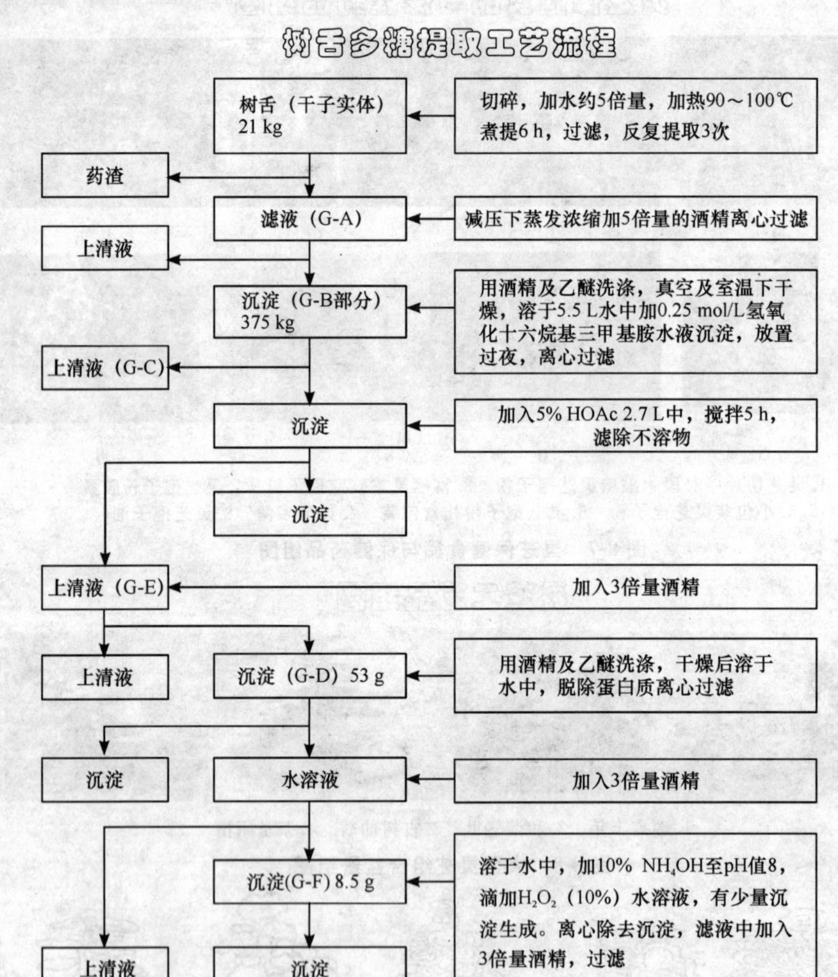

上述操作得到的多糖G-Z，为乳白色粉末，经电泳检查为单一的色点，经元素分析仅含有C、H、O三种元素，其结构经研究证明为具有α(1－3)β(1－4)连接的*D*-葡萄糖核。对鼠体内肉瘤S180有抑制作用，50 mg/kg×10 d抑制率为54.7%。

第九章　蛹虫草生产技术

知识目标

- 了解蛹虫草的药用价值和栽培现状等。
- 熟悉蛹虫草栽培的工艺流程和产品开发技术。
- 掌握蛹虫草实训生产计划的设计思路和制订方法。

能力目标

- 能应用所学知识进行蛹虫草实训生产计划的制订。
- 能完成蛹虫草液体摇瓶菌种制作和大米培养基栽培的全部生产操作。
- 能处理蛹虫草生产管理中出现的技术问题。
- 能全程进行蛹虫草生产管理并填写生产管理日志。

学习　目标

第一节　概　述

蛹虫草[*Cordyceps militaris*(L.:Fr.)Link]是虫草属的药用真菌,又叫北冬虫夏草,简称北虫草。在虫草属中,人们广泛研究其药用价值和栽培技术的有2种:一种是冬虫夏草,另一种就是蛹虫草。冬虫夏草自然分布在高海拔地区,寄生在蝙蝠蛾(*Hepialus armoricanus*)的幼虫体上,为名贵中药,人工栽培很难;蛹虫草野生菌株寄主范围十分广泛,广泛分布于低海拔地区,亦为名贵药材,已经实现了规模化人工栽培。

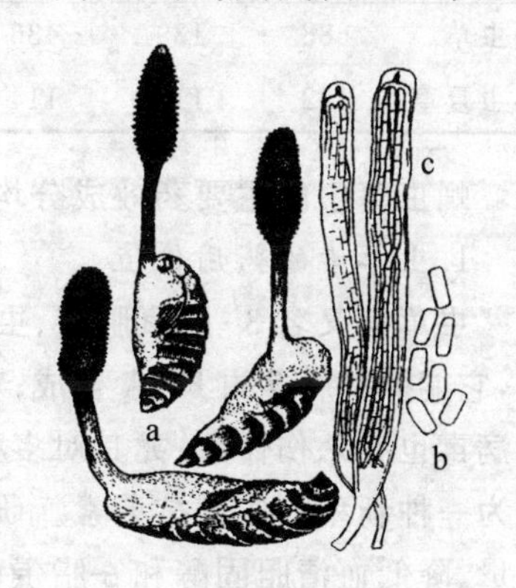

a.子座　b.子囊孢子　c.子囊

图9-1　野生蛹虫草形态(仿卯晓岚)

一、药用价值

蛹虫草菌丝体发酵液中含有甘露醇,产生

蛹虫草菌素 3′-腺嘌呤苷和 5′-三磷酸盐虫草菌素。可药用治疗结核、体虚、贫血等多种疾病，另有可以抗癌的报道。研究表明，蛹虫草的药用价值和保健功能与冬虫夏草基本相似，甚至高于冬虫夏草。以下对两种虫草进行了矿质元素、维生素、化学成分以及人体必需的 8 种氨基酸含量进行了比较(表 9-1 至表 9-4)

表 9-1　蛹虫草和冬虫夏草主要矿质元素含量比较　mg/g

项别	Na	K	Ca	Mg	P	Fe	Zn	Cu	Mn
蛹虫草	776	666	318	945	4 092	71	83.21	16.75	2.24
冬虫夏草	987	547	565	1 083	3 574	63	14.58	3.13	3.83

表 9-2　蛹虫草和冬虫夏草主要维生素含量比较　mg/g

项别	维生素 A	维生素 B_1	维生素 B_2	维生素 B_6	维生素 B_{12}	维生素 C	维生素 D_3	维生素 E
蛹虫草	0.385	0.748	0.176	2.282	0.668	0.249	0.148	3.693
冬虫夏草	0.067	痕量	0.014	痕量	0.023	0.017	痕量	0.037

表 9-3　蛹虫草和冬虫夏草特殊化学成分含量比较　mg/g

项别	虫草菌素	虫草酸	虫草多糖	SOD(μg/mg. pro.)
蛹虫草	2	8	13	584
冬虫夏草	0.48	6.8	12	183

表 9-4　蛹虫草和冬虫夏草 8 种人体必需氨基酸含量比较　mg/100 g

项别	赖氨酸	色氨酸	苯丙氨酸	蛋氨酸	苏氨酸	亮氨酸	异亮氨酸	缬氨酸	总计
蛹虫草	688	139	436	70	879	717	487	876	3 283
冬虫夏草	132	112	114	52	142	146	93	163	852

蛹虫草中的主要药效成分均具有独特的药效功能。

1. 虫草素的药用价值

虫草素又名 3′-脱氧腺苷、虫草菌素、蛹虫草菌素。虫草素有抗病毒、抗肿瘤作用，它能抑制病毒的 RNA 合成；对枯草杆菌和鸟结核杆菌均有抑制作用；对 HIV-I 型病毒也有杀伤作用；尤其对多种实体恶性肿瘤有很强的抑制作用，因此虫草素被视为一种新型的广谱抗菌素。研究表明虫草素还具有抗缺氧、增加心肌营养和血液量、降低血清胆固醇和 β-脂蛋白的作用等等。此外，临床研究也证实了虫草素具有补精髓、止血化痰、强壮、收敛、镇静等作用。虫草素对高血压、血胆脂醇过多、甲状腺机能减退及传染性肝炎的预防和缓解都有显著的疗效。

目前,虫草素主要是化学合成和从蛹虫草中提取纯化。虫草素在野生冬虫夏草中的含量极微,从表 9-3 中可以看出人工培养培养的蛹虫草中虫草素含量明显高于冬虫夏草。

2. 虫草酸的药用价值

虫草酸又名甘露醇。虫草酸能抑制各种病菌的成长,可预防与治疗脑血栓、脑出血、心肌梗塞、长期衰竭;同时虫草酸是止咳平喘的药效成分之一。虫草酸含量的高低是衡量虫草质量的主要标准之一,一般认为虫草酸含量高的虫草的药用价值高。

3. 虫草多糖的药用价值

虫草多糖是由甘露糖、虫草素、腺苷、半乳糖、阿拉伯糖、木糖精、葡萄糖、岩藻糖组成的多聚糖,无异味,易溶于水。虫草多糖的化学定性试验呈阳性反应,多糖与蒽酮试剂反应为蓝绿色,与苯酚-硫酸试剂反应为橘红色,与 α-萘酚试剂反应为紫红色。但虫草多糖不溶于高浓度乙醇与有机溶剂。虫草多糖是虫草体内含量最丰富、最重要的生物活性物质之一。大量医学实验证实,虫草多糖可活化巨噬细胞刺激抗体产生,提高人体免疫能力,改善呼吸系统,可使肾上腺重量、血浆皮质醇、醛固酮及肾上腺内胆固醇含量增加,有促进肾上腺功能的作用,可抑制肿瘤生长,并具有抗肿瘤、抗辐射、降血糖和脂蛋白、止咳、化痰、润肺和延缓衰老等药理作用。此外,虫草多糖还能抗心律失常、抗心肌缺血、扩张外周血管、降压、降血脂、抑制血小板聚集。从表 9-3 中可以看出两者含量差别不大。

4. SOD 的药用价值

SOD 又称过氧化物歧化酶。它是催化超氧自由基(O_2)歧化反应的酶类。吞噬细胞在吞噬外源性异物时,NADPH 氧化酶活化,产生大量 O_2,使细胞膜中不饱和脂肪酸过氧化。SOD 能专一性清除 O_2。随着年龄增长,人体 SOD 活度逐渐下降,这是造成衰老的重要原因。SOD 酶可抗类风湿、红斑狼疮、皮肌炎,抗癌,防辐射,并具有抗衰老和美容的作用。从表 9-3 中可以看出蛹虫草中的 SOD 酶活远高于冬虫夏草。

蛹虫草的药用价值可以归纳为:调节免疫系统功能;直接抗肿瘤作用;提高细胞能量、抗疲劳;调节心脏功能;调节肝脏功能;调节呼吸系统功能;调节肾脏功能;调节造血功能;调节血脂以及具有直接抗病毒、调节中枢神经系统功能、调节性功能等作用。

二、栽培现状

随着人们对蛹虫草的药用价值和保健功能认识的不断加深,以蛹虫草为原料的医药保健品在不断开发，野生蛹虫草的数量已经远远不能满足国内外市场的需求。自20世纪50年代以来，国内众多科研机构、开发部门投入了大量的人力、物力，对蛹虫草的人工培养技术进行了研究，到80年代中期就成功实现了蛹虫草的人工栽培，从而使我国成为世界上首次利用虫蛹等为原料，批量培养蛹虫草子实体的国家。90年代以大米、小麦等原料作为培养基代替虫蛹培养基培育蛹虫草技术获得了成功，使蛹虫草栽培可以实现规模化生产。

在菌种的选择方面，蛹虫草菌种的选择更要慎重。因为与其他栽培品种比较，蛹虫草菌种退化很快，栽培上常常出现不稳定性，因此生产上使用的母种一般都是向权威的研究机构购买，不可随意通过子实体组织分离等方法获得菌种后盲目扩繁进行生产，这样往往给生产带来巨大的风险，甚至是不可挽回的损失。蛹虫草常用菌种的种性特点介绍见表9-5。

表9-5 常见蛹虫草栽培菌株

项别	种性特点
Cm-23B	2005年驯化的品种；草体黄红色，丛生性好；出草温度在15～22 ℃
Cm-28A	野生驯化品种；草体红黄色，色泽鲜艳；草体粗壮，直立生长，组织致密，出草整齐集中，产量高；出草温度在16～23 ℃
农大Cm-001	野生驯化种；草体金黄色；产量高
农大Cm-029B	野生驯化种；金黄色；草密集、丛生性强；产量高

蛹虫草栽培技术目前已经在全国许多地区得到普及。我国北方主要采取日光温室层架式栽培，南方不少地区主要采取室内工厂化生产，管理上采用人工智能化模式。本章主要介绍以大米和小麦为原料的蛹虫草瓶栽技术。

表9-6 我国北方地区蛹虫草栽培季节安排

项别	栽培时间	出草时间
春季栽培	3～4月份	4～5月份
秋季栽培	8～9月份	9～10月份

第二节 栽培技术

一、工艺流程

蛹虫草瓶栽工艺见图9-2。

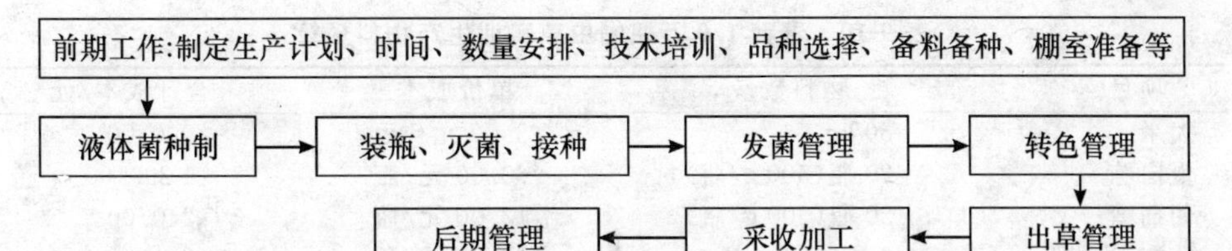

图 9-2　蛹虫草瓶栽工艺流程图

二、生产计划

实训生产项目:2.0 万瓶蛹虫草实训生产项目,其中春茬 1 万瓶,秋茬 1 万瓶

1. 时间、数量(表 9-7)

表 9-7　蛹虫草栽培时间和数量

项目	栽培始期		出草始期	
	春茬	秋茬	春茬	秋茬
时间	3 月 1 日	9 月 1 日	4 月 20 日	10 月 10 日
数量	1 万瓶	1 万瓶	30 kg(干品)	30 kg(干品)

2. 确定配方(表 9-8,表 9-9)

表 9-8　蛹虫草栽培 1 000 mL 营养液配方　g

配方	蛋白胨	酵母膏	蚕蛹粉	鸡蛋清	葡萄糖	磷酸二氢钾	硫酸镁
一			20		20	1	0.5
二		10		50	20		
三	10	5			5	1.5	0.75
四		5			10		
五	5				5	1	0.5

注:蛹虫草栽培 1 000 mL 营养液配方为将上述配方中加入 1 000 mL 营养液所得;上述配方加入维生素 B_1 和维生素 B_6 各 20 mg。

表 9-9　蛹虫草栽培每瓶装瓶量

项别	小麦主料		大米主料	
	小麦/g	营养液/mL	大米/g	营养液/mL
750 mL 罐头瓶	30	50	30	40
500 mL 罐头瓶	25	40	25	35

3. 实训生产物料预算(表 9-10)

营养液配方选用表 9-8 中配方五。

表 9-10　春茬 1.0 万瓶蛹虫草实训生产物料预算

项目	物料数量	单价成本	合计成本/元
大米	30 kg	3.00 元/kg	900.00
蛋白胨	20 瓶(500 g/瓶)	60.00 元/瓶	1 200.00
葡萄糖	20 瓶(500 g/瓶)	12.00 元/瓶	240.00
磷酸二氢钾	2 瓶(500 g/瓶)	12.00 元/瓶	24.00
硫酸镁	1 瓶(500 g/瓶)	12.00 元/瓶	12.00
维生素 B_1	8 瓶(100 片/瓶)	3.00 元/瓶	24.00
维生素 B_6	8 瓶(100 片/瓶)	3.00 元/瓶	24.00
750 mL 罐头瓶	10 500 个	0.20 元/个	2 100.00
封口膜	10 500 个	12.00 元/600 个	210.00
液体菌种	200 瓶(200 mL/瓶)	1.00 元/瓶	200.00
95%酒精	10 瓶(500 mL/瓶)	5.00 元/瓶	50.00
气雾消毒剂	5 盒(50 g/盒)	3.00 元/盒	15.00
脱脂棉	1 包(500 g)	15.00 元/包	15.00
记号笔	2 支	2.00 元/支	4.00
燃料	1 t	700.00 元/t	700.00
其他			1 000.00
成本合计			6 718.00
产量	30 kg		
毛利润		1 000.00 元/kg	30 000.00
纯利润			约 23 000.00

注:上表中的数据仅供实训教学参考;秋茬实训生产物料预算可以参照春茬;维生素 B_1、维生素 B_6 的规格为 10 mg/片。

三、栽培技术

1. 准备工作

蛹虫草栽培可以在日光温室中进行,也可以利用闲置的空房。栽培生产前清理环境卫生、修缮栽培棚室、制作培养架、安好照明灯等,最后将培养室进行熏蒸消毒备用。罐头瓶要彻底洗刷干净,倒置待用。蛹虫草生产中的灭菌和接种设备基本同其他食用菌,除了做好常规的物质准备之外,还要准备液体菌种的接种设备,如接种枪或连续式注射器等。小麦和大米要选择优质无霉变的,其他辅料、劳动工具等相关物品也要提前准备好。

为了充分利用有限的空间,在棚、室内要搭设层架,以摆放更多的栽培瓶或栽培袋。层架材料选用木材、塑料及角铁均可,层架的间距和层距要科学合理。层架的间距一般是 70～80 cm,作为人行过道,宽窄以有效利用空间,又方便管理为原则;每个层架的宽度为 30 cm,能卧式摆放 2 个大罐头瓶;层距 50 cm 左右,如果太大,栽培瓶放置不够稳固。每个层架最高不要超过 5 层,层架要坚固耐用。

2.液体摇瓶菌种制作

蛹虫草生产中,大多使用液体摇瓶菌种。摇瓶菌种营养液可以选用如下配方:磷酸二氢钾 2 g,硫酸镁 2 g,蛋白胨 5 g,葡萄糖 20 g,可溶性淀粉 30 g,维生素 B_1 10 mg,水 1 000 mL,pH 值调至 6.0。具体的制作方法是:取 1 000 mL 水,煮沸后分别加入可溶性药物,然后将调成糊状的可溶性淀粉徐徐加入,避免结块,最后用 5%的盐酸或 5%的氢氧化钠溶液调 pH 值至 6,以 500 mL 罐头瓶为容器,每瓶加入营养液 100 mL,摇瓶培养用的玻璃珠 10 个左右,于 123 ℃下灭菌 20~25 min 即可。

摇瓶菌种的接种与培养:营养液冷却后,挑选优质蛹虫草试管母种于接种箱内按无菌操作规程接种。一般每管母种可接种 10 瓶液体菌种;接种后于 20~22 ℃环境中避光静置培养 1~2 d,再移至摇床上震荡培养,旋转式摇床一般将转速调至 130~140 r;7 d 左右可以看到直径约 2 mm 的菌丝球均匀地布满透明的橙黄色营养液。由于液体菌种不能放置时间太长,因此,长好的菌种 7~10 d 内使用是最佳时间,生产中一定要按生产日期分期、分批合理安排。

3.栽培瓶制作

装瓶量详见表 9-9。

培养基装瓶之后,一般采用 0.04~0.05 mm 厚的聚丙烯塑料薄膜封口,一层即可,外套橡皮圈或用细绳扎紧。

注意:料水比例要合适,水分太多,会造成通气不好;太少满足不了菌丝生长的需求,并且卧式摆放时,培养料会倾向一侧,导致出草不齐。

封瓶、灭菌方法等操作与罐头瓶栽培种制作相同。灭菌时要将稀释液体菌种用的水同时灭菌,即用无菌水进行稀释。一般每瓶 100 mL 液体菌种要稀释成 500 mL使用,即每瓶加入 400 mL 无菌水。故在栽培瓶灭菌时按照需要每个罐头瓶装 400 mL 水同时装锅进行灭菌。

灭菌后的大米饭培养基应松软而不烂,即疏松透气又不太干。如果培养基水分太大,米饭太烂,菌丝难以吃透,仅在表面生长,发菌后期容易造成酵母菌或细菌污染。如果太干,菌丝生长缓慢,瓶内小气候干燥,菌丝纤细无力,难以转色出草。

接种前在无菌操作条件下将液体摇瓶菌种按要求稀释,备用。接种工具选用长柄匙,将匙柄弯折成与匙身成 90°,每次取 10 mL 液体菌种,掀开封口薄膜洒在大米饭培养基表面,或者使用无菌注射器刺破封口薄膜直接注射接种,但注射部位的封口薄膜要用酒精棉球擦拭消毒。其他无菌操作的基本要求与栽培种接种基本相同。大批量生产中可以采用专用接种枪。

4.发菌管理

接种后栽培瓶直立放置培养 1~2 d,控制温度在 20~22 ℃,使菌丝萌发,定植后再上架培养。否则，菌液或营养液及培养基会倒向一侧，导致出草不齐。

当菌丝萌发后便可摆上架进入发菌期管理。由于蛹虫草具有一定的趋光性，因此，在摆放时要将瓶口朝向光线进入的一面，目前生产中菌瓶以口朝外侧卧式摆放为多，每层架上摆放 5 层菌瓶为宜，层架之间设置日光灯补充光照。

菌丝体培养阶段，以 18～24 ℃为宜；环境湿度在 65%～70%为宜；通风量可根据培养室内所放的菌瓶数确定，以保证培养室内空气清新为度；蛹虫草的菌丝生长不需要光线，当菌丝完全吃透培养料以后，光照刺激使菌丝进入生殖生长阶段，否则过早见光会影响产草量。

5.转色管理

经 10～15 d，料面白色菌丝浓密，菌丝穿透并长满培养基，气生菌丝表面出现一些小隆起，此时表明需要增加光照，促进转色。由于培养室搭设层架摆放栽培瓶，因此有条件的可完全用日光灯照射采光，便于控制好光照度，促进均匀并较快地转色；转色温度在 21～23 ℃为宜；相对湿度 75%左右；保持良好的通气条件。为了促进转色，封口膜上一般用大头针刺 10 个左右小孔增加瓶内菌丝的氧气供给量，5 d 左右即可出现米粒状原基并转成橘黄色。

6.出草管理

温度控制在 18～22 ℃，超过 28 ℃一般不能形成子座；保持空气清新，室内要求每天通风 1 次，前期每次 30～60 min，后期出草量大，呼吸增强，通风时间可适当延长；空气相对湿度 80%～90%；光照强度 200～500 lx，用日光灯补光既可，后期随着子实体分化和生长，加大通风换气时间，空气湿度增至 95%。

7.采收加工

通常按照上述管理条件，经过 15 d 左右，子实体高度可达 7 cm 以上，当子座上部出现橘红色小点时进入采收阶段。当子座高达 8 cm 左右，上部有黄色突起物出现以及顶端长出许多小刺，整个子座呈橘红色或橘黄色并且不再生长时，表明已经成熟，这时就可以采收了，蛹虫草一般只采收 1 茬。草体采收后，除鲜销外，一般都烘干后进行包装。

8.干品等级标准(表 9-11)

表 9-11　蛹虫草干品等级标准　　%

项别	一等	二等	三等	等外
长 6 cm 以上	80	65	50	
长不足 6 cm	18	31	44	90
破碎率	<2	<4	<6	<10
形态	单根、略直、摆放整齐		零散不齐	零散不齐

续表 9-11

项别	一等	二等	三等	等外
色泽	橘红色或橘黄色			颜色较浅
品质要求	无根基、无杂质、无烤焦、无霉变、无虫蛀、无异味			品质稍差
含水量	含水量12～13(干而不易破碎)			

第三节　产品开发

随着国民经济的发展，人民生活水平不断提高，现在人们越来越重视提高自身的身体素质。由于蛹虫草已经实现了规模化生产，且因蛹虫草具有提高免疫力、抗癌等多种功效，由蛹虫草开发的各种保健品越来越受到人们的欢迎。目前已经开发的蛹虫草系列产品主要有：蛹虫草胶囊(蛹虫草粉胶囊)、冬虫夏草口服液、蛹虫草滋补酒等。

一、蛹虫草胶囊、冬虫草口服液

目前我国有多家企业可以生产该产品，如安徽巢湖中晨生物科技有限公司生产的“天地源”蛹虫草胶囊、无锡山野菌物有限公司生产的“五材宝”牌蛹虫草胶囊、吉林首席药业有限责任公司生产的蛹虫草粉胶囊、云南省蒙自县“绿延牌”蛹虫草系列品、上海市农业科学院食用菌研究所(上海百信食药用菌科贸有限公司)生产的蛹虫草子实体粉、成都市草仙生物工程园(公司)生产的草仙蛹虫草纯粉胶囊、广州权威保健品有限公司半生缘冬虫草口服液等。这些产品有的是用蛹虫草菌丝发酵的产物进行加工，有的是用蛹虫草子实体经加工制成。

由于该类产品是由蛹虫草的菌丝或子实体直接加工而成，其主要药效相似，一是具有补肺益肾，止咳化痰的功能，用于慢性支气管炎症属肺肾气虚、肾阳不足者；二是对高血压、高胆固醇、糖尿病及综合症、心脑血管供血不足、头晕头痛、胸闷等有一定疗效；三是可用于肿瘤癌症的初期及中晚期的辅助治疗，放化疗的康复治疗(防脱发)；四是抗衰老、治疗神经衰弱、防皱。

二、虫草保健饮料

近年市场已开发有多种以蛹虫草为原料的保健饮料，如蛹虫草酸奶、北冬虫夏草保健茶饮料、保健型虫草蜜汁饮料等。这些保健饮料都是以蛹虫草或其菌丝体为主要原料，配以适量的其他中草药，研制出的具有较好功能的复合饮料。该类饮料一般色泽美观，口感宜人，且均具有提高机体免疫力、抗疲劳的作用。下面以保健型虫草蜜汁饮料的生产为例，介绍保健型蛹虫草饮料的制作工艺。

(一)工艺流程

虫草蜜汁饮料制作工艺见图 9-3。

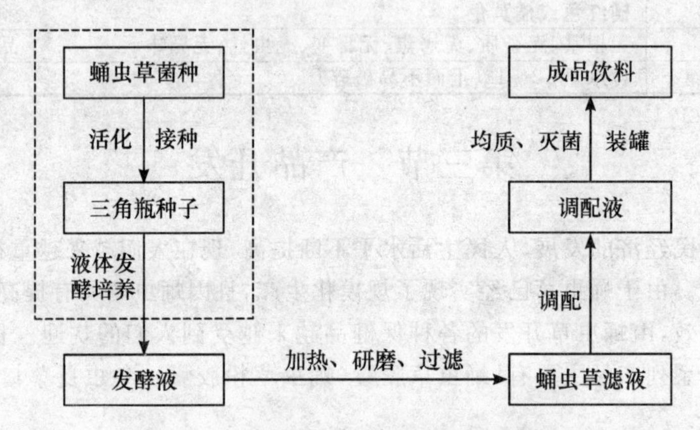

图 9-3 虫草蜜汁饮料制作工艺流程图

(二)操作环节

1. 蛹虫草液体发酵

菌种经活化处理后，于三角瓶内进行液体菌种扩繁，最后进行液体发酵培养。

2. 饮料制作

①发酵液加热处理。把发酵液加热到 65～70 ℃维持 30 min，促使菌丝体自溶，让较多的营养物质溶解于发酵液中。

②研磨。热处理后的菌丝体发酵液趁热进入胶体磨，反复研磨 20 min，然后下胶体磨进行过滤，得滤液。滤渣可重复研磨一次。

③调配。经过试验确定虫草蜜汁饮料的最佳组合为虫草发酵研磨滤液 50%，白砂糖 9%，蜂蜜 5%，柠檬酸 0.3%，稳定剂(CMC-Na 和海藻酸钠按 1∶1 混合)0.2%。

④均质。上述溶液混合均匀后进行过滤，再均质可以增强饮料的稳定性，并使饮料体态滑润。

⑤灭菌及真空灌装。采用高温瞬时灭菌，灭菌条件为 115 ℃下持续 5 s。灭菌后进行真空灌装，并密封即得成品虫草蜜汁饮料。

虫草蜜汁饮料呈淡黄色或金黄色，无沉淀，有特殊的虫草香气味，酸甜适口，体态滑润。

三、蛹虫草滋补酒

国内现有多家企业在开发“虫草酒”，如四川成都草仙生物工程公司、四川仙潭酒厂、北京京都北草生物技术有限责任公司等。以鲜蛹虫草全草入酒，或再配以

人参、鹿茸、枸杞、杜仲等中草药，所生产的酒可以滋补强身、提高机体免疫力，降血脂、抑制肿瘤，强心、健脾、保肝、补肺益肾，止咳化痰，对腰膝酸痛、肾功能衰竭有明显作用。虫草枸杞葡萄酒则是高级保健葡萄酒，这类酒是由蛹虫草菌丝发酵而成，有润肺益肝、明目、止咳化痰，调节肌体免疫力，制肿瘤、抗癌，延缓衰老等功效。

由蛹虫草还开发出了几十道名菜，如蛹虫草炖猪（牛、羊）肉，可治贫血，壮阳；蛹虫草炖鸡，蛹虫草炖乌鸡（甲鱼、乳鸽等），清蒸蛹虫草素鸡等，皆有滋补功效。另外还已经开发出了虫草糕点、虫草调味品等其他产品。

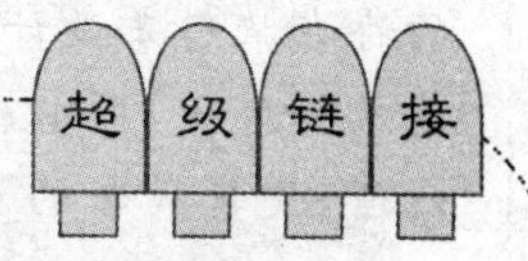

我国北方蛹虫草日光温室栽培组图

1，2. 床架、采光、栽培瓶摆放　3. 刺孔增氧出草　4. 采收的新鲜草体（邹兵提供）

我国南方蛹虫草室内工厂化栽培组图

（熊伟提供）

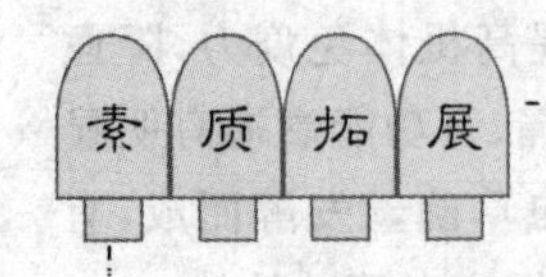

生物碱的提取方法

药用真菌中的生物碱化合物的提取方法与从高等植物中提制生物碱的方法大体相同，主要是根据生物碱的一般性质及其在真菌中的存在状态来设计其生物碱的提取方法，通常是先将需要提取的真菌原料磨碎，用水、酒精或稀酸来提取，或者是将磨碎的原料，先以碱处理，使其所含的生物碱先全部转为游离状态，然后再用有机溶剂提取。

无论用什么方法提出的生物碱制品，都要求进一步精制。在这些提取的生物碱的粗制品中除含有全部的生物碱外，尚含有很多杂质，可能包括脂肪油、树脂、色素、糖等其他成分。精制时就是利用多数游离生物碱不溶或难溶于水，可溶于与水不混溶的有机溶剂中，而它的矿酸盐则不溶或难溶于有机溶剂，可溶于水中的性质，用与水不混溶的有机溶剂，自碱性水溶液中提取游离的生物碱，再从有机溶剂的溶液中，以稀酸振摇萃取，使生物碱又转为盐而溶于水中，如此反复操作（也就是常说的酸碱倒），既能达到精制的目的。用离子交换树脂，也能使生物碱与非离子化的杂质分开，从而达到精制的目的。

经过上述提取和精致的方法得到的生物碱往往是多种结构上相似的生物碱单体混合物，若想将这些混合的生物碱分离成为单体生物碱还要求进一步分离。常用的方法是分段结晶的方法，或利用生物碱的碱性强弱的差别，分段萃取或分段沉淀的方法，而现代多采取的分离方法是层析法，包括吸附层析法、分配层析法、纸层析法、薄层层析法、离子交换层析法、凝胶层析法、高效液相层析法等。

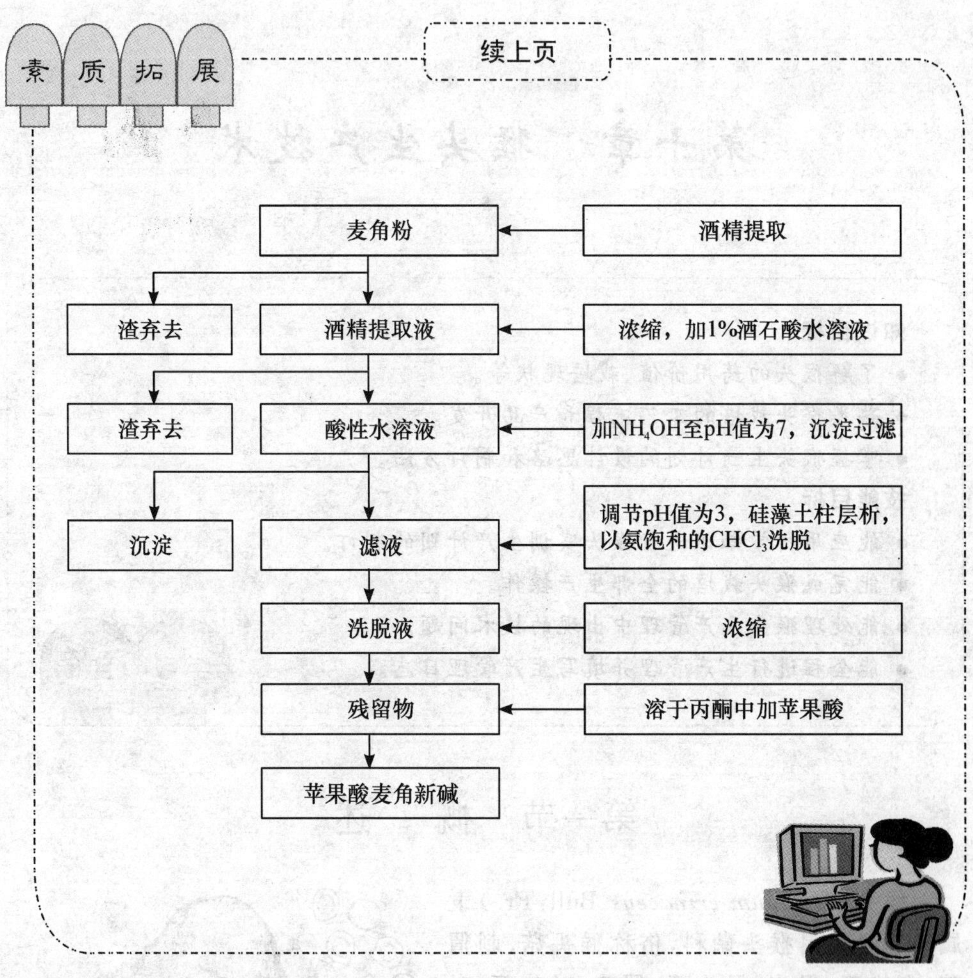
素质拓展
续上页
麦角粉
酒精提取
渣弃去
酒精提取液
浓缩，加1%酒石酸水溶液
渣弃去
酸性水溶液
加NH_4OH至pH值为7，沉淀过滤
沉淀
滤液
调节pH值为3，硅藻土柱层析，以氨饱和的$CHCl_3$洗脱
洗脱液
浓缩
残留物
溶于丙酮中加苹果酸
苹果酸麦角新碱

第十章 猴头生产技术

知识目标

- 了解猴头的药用价值、栽培现状等。
- 熟悉猴头栽培的工艺流程和产品开发。
- 掌握猴头生产计划的设计思路和制订方法。

技能目标

- 能应用所学知识进行猴头实训生产计划的制订。
- 能完成猴头栽培的全部生产操作。
- 能处理猴头生产管理中出现的技术问题。
- 能全程进行生产管理并填写生产管理日志。

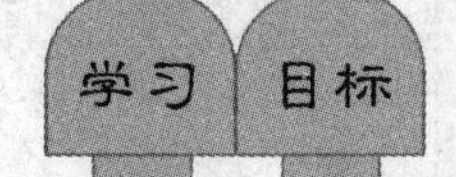

第一节 概述

猴头(*Hydnum erinaceus* Bull:Fr.)隶属于非褶菌目猴头菌科,俗称猴头菇、刺猬菌、山伏菌、猴头、猴头蘑、猬菌、对口蘑、对脸蘑、花菜菌等。菌丝细胞壁薄,具横隔,有锁状联合。在斜面PDA培养基上,菌丝呈绒毛状由接种点向四周放射状扩散,菌丝前期生长缓慢,后期基内菌丝多,有不发达的气生菌丝,并能产生可溶性色素,使培养基变为棕褐色。子实体肉质、块状、头状,似猴子的头而得名,一般直径为5～20 cm,新鲜时白色,肉质松软细嫩。干燥时淡黄色至黄褐色,无柄,基部狭窄,除基部外,均密布菌

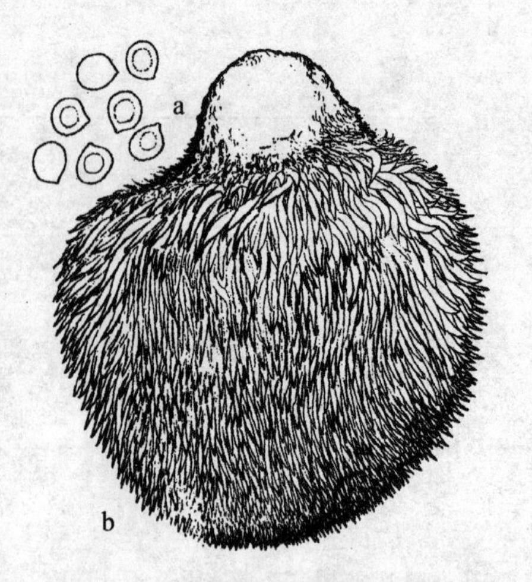

a. 担孢子 b. 子实体

图10-1 猴头形态(仿卯晓岚)

刺覆盖整个子实体。菌刺的长短和生长条件有密切关系，菌刺下垂生长，呈圆锥形，刺长1～5 cm，端尖锐或略带变曲，菌刺粗 1～2 mm。猴头的子实层着生于菌刺表面，孢子印白色。担孢子透明无色，球形或近球形，直径(5.5～7.5) μm ×(5～6) μm，表面平滑。

一、药用价值

猴头是我国著名的食用兼药用菌。鲜嫩的猴头经特殊烹调，色鲜味美，为一种名贵菜肴，与熊掌、燕窝、鱼翅列为中国四大名菜，素有“山珍猴头，海味燕窝”之称。猴头有较高的营养价值，每 100 g 干品中含蛋白质 26.3 g，脂肪 4.2 g，碳水化合物 44.9 g，粗纤维 6.4 g，磷 856 mg，铁 18 mg，钙 2 mg，还有维生素、胡萝卜素等。猴头还具有较高的药用价值，其性平、味甘，有利五脏、助消化的功能。现代研究分析表明，猴头含有多糖类、多肽类物质，可增强胃黏膜屏障机能，从而促进溃疡愈合、炎症消退，还具有较高抗癌活性和增强人体免疫功能的疗效作用。近年来已广泛用于临床的猴菇消炎片等药物，对胃溃疡、十二指肠溃疡、慢性胃炎等病症疗效显著，对消化道肿瘤也有一定疗效作用。利用猴头制成的各种口服液等保健食品，如猴头饮料、猴头夹心饼干、猴头软糖、猴头蜜饯、猴头菇口服液、猴菇菌片、胃友、胃乐宁、三九胃泰以及猴头冲剂等，广受消费者的欢迎。

谢斐君等(1982)曾对猴头培养物进行了部分的化学分析工作，分离了 2 类化合物：一类为 4-氯-3，5-二甲氧基苯甲酸及其酯类；另一类为齐墩果酸甙类。钱伏刚等(1987)对猴头菌丝体培养物，用正丁醇萃取，丙酮沉降，氧化镁脱色后得到总皂甙，收得率为 0.01%。经硅胶层析、正丁醇、乙酸乙酯、水混合溶剂展开，得到 5 个单体，命名为 S_1-S_5。经薄层层析，S_1-S_5 均为以齐墩果酸为甙元的皂甙。水解后的糖部分经 TLC 鉴定为葡萄糖、阿拉伯糖、葡萄糖醛酸和木糖。通常认为齐墩果酸皂甙可能是猴头用于治疗消化道疾病的有效成分之一。

以猴头子实体和菌丝体提取液为试验材料，以小鼠为动物试材，口腔和腹腔注射 2 种方式给药(给药量以相当于原药量计算)。试验结果表明：猴头子实体和菌丝体完全没有毒性，是一种服用安全可靠的菇类和菌丝体。

研究结果表明猴头具有提高机体免疫功能，修复胃黏膜、肠溃疡，提高动物耐缺氧能力，抗疲劳、抗氧化、抗突变、降血脂、降血凝、加速血液循环、抗衰老、抑制肿瘤细胞生长等作用。

猴头的临床应用主要体现在以下 3 个方面：

1.猴头对胃肠溃疡及胃炎的疗效

猴头能治疗各种胃溃疡、肠溃疡、慢性胃炎、慢性萎缩性胃炎、胃窦炎等多种消化道病症：临床验证227例，病史均在2年以上，总有效率在85.2%～92.5%。

2.猴头对肿瘤的疗效

猴头具有抑制肿瘤细胞生长，提高免疫功能，消除化学药物和放射性射线对机体损害的作用，对治疗肿瘤有较好的效果；在住院病人中选取中、晚期的消化道肿瘤病人，同时亦选取少数其他肿瘤病人进行试验治疗，这些病人大部分曾用其他各种肿瘤药物治疗，但均无效而改用猴头片治疗。

3.猴头对冠心病的疗效

猴头对治疗冠心病也有良好效果，可使心电图、症状改善，心绞痛减轻。临床验证58人，年龄45～70岁，男女比例6∶4，随机分成2组，试验组服猴头片，对照组服潘生丁。双盲法试验，两组药片外形做成一样，试验组药片编号7562-30，对照组为7562-3，每日服3次，每次服3片，连服3个月，结果表现出良好效果。

二、栽培现状

栽培猴头的品种很多，但在生产上通常选择菌丝洁白、粗壮、子实体出菇早、球心大、组织紧密、颜色洁白的品种。目前我国常见的猴头栽培品种有常山99号、猴头11号、猴头88号、高猴1号、猴头农大2号、猴杰1号、猴杰2号、猴头8905、夏头1号等。其中高猴1号是广东太阳神集团生产用种，也是高温型品种，猴杰2号适合在松木屑培养料上出菇，猴头农大2号和猴头96是山西农大食用菌中心培育的优良品种，曾产出4.1 kg的巨型猴头。

猴头属中偏低温型菌类，子实体最适宜生长温度为15～18 ℃，栽培季节一般在春、秋两季。我国南北气温差异较大，南方气温适宜猴头发育的季节大致为春分至小满(3月下旬至5月下旬)、寒露至小雪(10月上旬至11月下旬)2个时段内，北方则为立夏至芒种(5月上旬至6月上旬)、白露至寒露(9月上旬至10月上旬)。各地的小气候不同，还应根据本地的气象资料综合分析、判断。由于猴头丝要经过25～30 d才能由营养生长转入生殖生长，因此确定猴头发育后期，再向前推25～30 d作为播种期。

猴头子实体的栽培有段木栽培和代料栽培2种方法。段木栽培现仅为少数研究单位试验用和极少数山区栽培，代料栽培主要采用瓶栽法和袋栽法。

猴头菌丝体生产采用深层发酵法生产技术，既可进行固体培养，也可在液体培养基中进行通气搅拌培养(又叫液体发酵培养)。

第二节　猴头栽培技术

一、工艺流程

猴头袋栽工艺流程见图10-2。

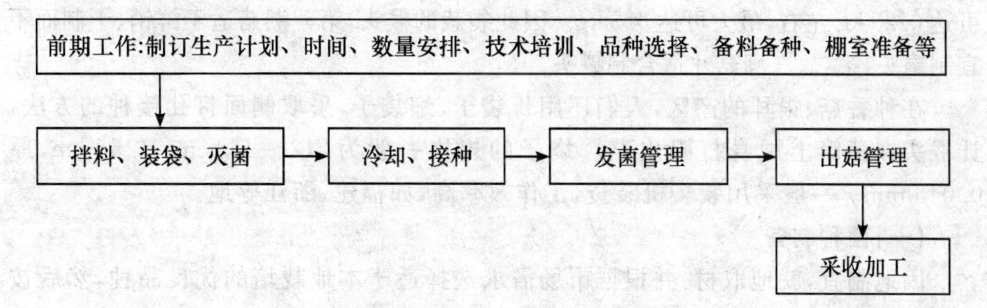

图10-2　猴头袋栽工艺流程图

二、实训生产

实训生产项目:100延长米(跨度8 m)日光温室,9月下旬鲜菇上市

1. 时间、数量

猴头栽培时间、数量见表10-1。

表10-1　猴头生产时间、数量

项目	装袋播种	出菇始期
时间	8月25～30日	9月25～30日
数量	2万袋	6 000.00 kg

2. 确定配方

猴头丝体阶段C/N为25∶1,子实体生长阶段C/N为(35∶1)～(45∶1)。可以根据当地的资源优势,因地制宜选用合适的配方。

3. 实训生产物料预算

每个栽培袋的成本为1.5元左右,生产成本约3.0万元。按照10元/kg计算,每亩的毛利润是6万元,纯利润在3万元左右。详细的物料预算略。

三、栽培技术

目前猴头栽培选择袋栽的方法。小袋两头出菇袋栽法就是采用(15～18) cm ×(33～38) cm、厚0.02～0.03 mm的塑料袋筒,每袋能装0.35～0.4 kg干料,经拌料、装袋、灭菌后,采用两头接种的方法。发菌和出菇采用堆叠菌墙的方法,其他管理与瓶栽相同。袋栽一般不需要去除多余的菇蕾,这样产生的子实体个体较大,大的一个可达0.25 kg左右,最大可达0.5 kg。因此袋栽的猴头,第一潮菇适于鲜销、干制而不宜制罐头,第二、三潮菇才适合制罐头。

在种香菇、银耳的产区,人们还用长袋子、细袋子,采取侧面打孔接种的方法,让猴头在菌筒上周身打眼出菇。袋子的规格一般为(12～15)cm × 55 cm,厚0.045 mm。一般采用装袋机装袋,工作效率高,如福建、浙江等地。

(一)菌种制备

因地制宜,就地取材,并根据市场需求选择适于本地栽培的优良品种,然后按常规的制种方法制备原种和栽培种,制种时要注意调pH值为酸性。

(二)栽培季节的确定

猴头属中偏低温型菌类,子实体最适宜生长温度为15～18 ℃,栽培季节一般在春、秋两季。由于猴头菌丝要经过25～30 d才能由营养生长转入生殖生长,因此确定猴头发育后期,再向前推25～30 d作为播种期。

(三)场地选择

猴头的代料栽培场地一般分室内层架床栽和室内培菌野外荫棚畦床栽培2种,包括发菌室、出菇房和人工荫棚3个场所。

1.发菌室

菌丝培育的场所要求清洁、干燥、无杂菌。选择适合的房间,提前做好消毒灭菌工作。

2.出菇房

猴头子实体发育的场所,为了提高空间的利用率,在出菇房内设置床架,每个床架6～7层,高2.8 m,宽90～130 cm,层间距30 cm。

3.人工荫棚

猴头室外栽培出菇的场所,一般选择冬闲田或林地。要求在水源方便、利于排水的地方搭建荫棚,光照以“七分阴、三分阳”为宜。荫棚周围的环境应喷敌敌畏等杀虫剂或石灰粉,以防害虫的入侵,林地荫棚还应撒呋喃丹等药物,预防白蚁。

(四)培养料的选择

根据当地原料来源就地取材,选择合适的培养料配方。常见的配方如下:

①棉子壳86%、米糠5%、麸皮5%、过磷酸钙2%、石膏粉1%、蔗糖1%。

②棉子壳55%、米糠10%、麸皮10%、棉子饼6%、玉米粉5%、木屑12%、过磷酸钙1%、石膏粉1%。

③甘蔗渣78%、米糠10%、麸皮10%、蔗糖1%、石膏粉1%。

④玉米芯50%、木屑15%、米糠10%、麸皮10%、棉子饼8%、玉米粉5%、蔗糖1%、石膏粉1%。

⑤玉米芯76%、麸皮12%、米糠10%、蔗糖1%、石膏粉1%。

⑥木屑78%、米糠10%、麸皮10%、蔗糖1%、石膏粉1%。

⑦酒糟80%、豆饼8%、麸皮10%、蔗糖1%、石膏粉1%。

⑧稻草或麦秆60%、木屑16%、米糠10%、麸皮10%、蔗糖1%、石膏粉1.5%、尿素0.5%。

⑨芦苇等野草50%、花生壳或葵花子壳28%、米糠10%、麸皮10%、蔗糖1%、石膏粉1%。

⑩豆腐渣或甘薯粉25%、棉子壳40%、豆秆20%、米糠或麸皮13%、蔗糖1%、石膏粉1%。

以上原料除木屑以外，要求新鲜、无霉变，经粉碎成木屑状，酒糟、豆腐渣、甘薯粉则应晒干备用，稻草、麦秆切成3 cm左右的小段，并浸泡于水中8 h以上，沥水备用。

（五）拌料

在配制培养料时，要求主料和辅料混合干拌，将蔗糖、过磷酸钙、尿素等先溶于水，再倒入干料中反复拌匀。培养料的含水量应根据料的不同，严格掌握在55%～65%，水宁少勿多。料中的水分大小还与扎瓶口的材料有关，如用牛皮纸或双层报纸封口，则拌料时水分应稍增加，而用塑料薄膜封口，则水分不宜过多。调pH值为5.4～5.8，常采用0.2%的柠檬酸调酸，切忌在配料中加入石灰，不能使培养料偏碱，否则不利于猴头的生长，也不能加多菌灵、克霉灵等消毒剂，因其会抑制猴头菌丝生长。

（六）装袋、灭菌、接种

参照“香菇生产技术”。

（七）发菌

接种后将料袋移入发菌室，避光黑暗培养。室内温度掌握在20～25 ℃范围内，空气相对湿度60%～65%为宜。早春气温低，应注意室内升温，秋季则要降温防止“烧菌”。在发菌期间要经常进行翻堆、检杂、通风换气。一般经25～30 d，菌丝长满菌瓶，即可进行催蕾出菇。

（八）催蕾

此阶段是猴头由营养生长转向生殖生长的关键时期，所以要人为创造良好的温、光、气、湿等条件，满足猴头子实体发育的需要，尽可能使菌袋或菌瓶现蕾整齐一致。将长满菌丝的菌瓶转到菇房或室外荫棚，从菌瓶的瓶口处松开薄膜，进行催蕾出菇。此时温度应降至 15～18 ℃，通过空间喷雾、地面洒水及空中挂湿草帘等方法加大湿度，加强通风，并增加散射光照，2 d 后又遮阳。这样人为造成温、光、气、湿等条件的改变，促使菌丝转向生殖生长，几天后从瓶口处出现白色突起物的菌蕾。

（九）出菇

现蕾后要及时将薄膜揭去，采用层架立式出菇或卧式堆叠墙式出菇，瓶栽则将上下两层的菌瓶瓶口交叉放置，有利于扩大子实体生长空间，防止子实体互相粘连。出菇房的适宜温度应在 15～20 ℃，空气相对湿度保持在 85%～90%，不能直接对子实体喷水，以防伤水、烂菇。室内或菇棚要求空气新鲜，但不能有强风，否则子实体表面会出现干燥现象。通风不良或湿度过大，易形成畸形子实体。随着子实体从小长大，光照强度可控制在 200～500 lx，这样子实体生长健壮，圆整，色泽洁白，商品价值提高。光照过强，子实体色泽微黄至黄褐，从而品质下降。

（十）采收

当猴头子实体七八分成熟，球块已基本长大，菌刺长到 0.5～1 cm，尚未大量释放孢子时，即为采收最佳期。此时子实体洁白，味清香、纯正，品质好，产量高。采收时用小刀齐瓶口或袋口切下，或用手轻轻旋下，并避免碰伤菌刺。若当子实体的菌刺长到 1 cm 以上时采收，则味苦，风味差，往往是子实体过熟的标志。

猴头的苦味来自孢子和菇脚，采收后的子实体应及时切去有苦味的菇脚，浸泡于 20%的盐水中，鲜食、制罐、晒干或烘干。

采收后，应立即对料面进行清理和搔菌，即用小刀或小耙子清除料表面残余的子实体基部、老化的菌丝、出过的废料、有虫卵的部分，并防止病虫害的发生。覆盖瓶口，停止喷水 1～2 d，加强通风换气，然后再喷水保湿，使空气相对湿度保持在 70%左右，在出菇房或菇棚进行“养菌”。约 1 周后，可再次催蕾，进入下一潮菇的管理。瓶栽一般可以收 2 潮菇，袋栽一般可出 3～4 潮菇，后 2 潮若用覆土处理，可提高产量。

此外，猴头栽培还可采用常明昌（1996）抹泥墙的方法，即把发好菌的小袋脱袋，用稀泥将小菌筒砌出菌墙的方法出菇。该方法栽培猴头能充分利用土壤中的矿质营养元素和有益微生物，并能保持培养料中的水分不易蒸发，从而促进了子实体的生长发育，培养出适于干制和鲜销的巨型猴头(0.5～4.1 kg)。1996 年用此法培养出世界最大的巨型猴头，体长 46 cm，重达 4.1 kg。该方法还适用于小袋两头出菇法第 1 潮菇采收后的第 2、3 潮菇的后期管理，能大大提高后期产量。

四、深层发酵法生产技术

猴头菌丝体可进行固体培养，也可在液体培养基中进行液体发酵培养。液体发酵培养菌丝体生长速度较快，可得到除去培养基后的纯净菌丝。发酵培养要在发酵罐中进行，所得菌丝和培养基主要作药品和饮料用。

(一)工艺流程

液体发酵法生产猴头工艺见图 10-3。

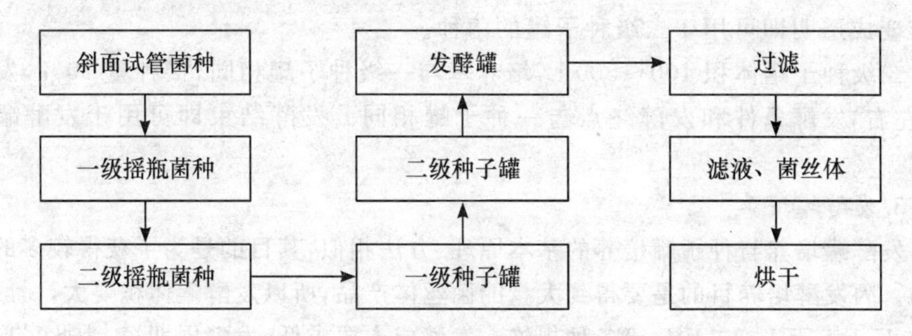

图 10-3　液体发酵法生产工艺流程图

(二)培养过程

1. 摇瓶培养

①一级摇瓶培养基。麸皮 5 g，葡萄糖 2 g，蛋白胨 0.2 g，磷酸二氢钾 0.1 g，硫酸镁 0.05 g，pH 值自然；马铃薯 20 g，葡萄糖 2 g，磷酸二氢钾 0.1 g，硫酸镁 0.05 g。两种培养基任选一种，装入 500 mL 三角瓶中，装量 100～120 mL，瓶口用两层纱布包扎，0.1 MPa 灭菌 45 min，冷却后接种。

②接种培养。在接种箱或接种室中以无菌操作法接种；方法是用接种刀将斜面菌种割成小块，每块为 1 粒稻谷样大小，然后接入三角瓶液体培养基中，再放于摇床上振荡培养。摇动瓶子的目的是使培养基中能不断补充空气以利于菌丝生长。摇床有往复式和旋转式等数种。温度 24～26 ℃，5～7 d 后培养液中充满浅白色菌球，发酵液在短时放置后呈透明状，培养基 pH 值为 4.5，这表明菌种已长好，可作为二级摇瓶培养种子用。

二级摇瓶培养方法和一级摇瓶培养方法相同。但瓶子较大，2 500～5 000 mL，用一级摇瓶培养所得菌种接种于二级摇瓶培养基内，接种量 10%，发酵条件与一级摇瓶培养相同。

2. 种子罐培养

种子罐培养分一级种子罐和二级种子罐2个过程。二级种子罐培养方法和一级种子罐完全相同。进行二级种子罐培养的目的是为了扩大菌种数量。

①培养基。葡萄糖2%,淀粉1%,豆饼粉1%(颗粒大小不超过20目),酵母膏0.1%,磷酸二氢钾0.1%,硫酸镁0.05%。种子罐培养液装量70%,蒸汽压力0.12 MPa,45 min灭菌,培养液的温度降至25 ℃左右时接种。

②发酵培养。一级种子罐大小60～100 L,灭菌后按无菌操作方法接入二级摇瓶菌种,接种量3%～5%,然后24～26 ℃,通气搅拌培养。通气量(1∶1) V/V·min,罐压 0.5×10^5 Pa,培养7 d左右。当培养液(发酵液)中充满菌球,培养液变成透明即可用于二级种子罐的菌种。

二级种子罐体积400～500 L,培养基与一级种子罐相同,接种量10%,发酵5 d左右,发酵条件和发酵终点与一种子罐相同。发酵结束即可用于发酵罐接种用。

3. 发酵罐培养

发酵罐培养与种子罐培养的基本原理、方法相似,其目的是为了获得较多的发酵物。因发酵培养目的是要得到大量的菌丝体产品,所以发酵罐体积要大,一般有5 000 L、1.5万L、30万L等各种规格。发酵成本要求低,发酵周期短,为此采取相应的设备和措施。

①培养基。蔗糖3%,黄豆粉或黄豆饼粉1.5%,玉米粉1.5%,蛋白胨0.1%,磷酸二氢钾0.1%,硫酸镁0.05%,pH值5.0～6.5,蒸汽0.12 MPa,灭菌1.5 h。

②发酵。条件与种子罐培养相同,接种量10%,发酵周期5 d左右,至发酵液呈黄棕色,充满菌球,菌球干重达1%～1.2%,静止后发酵液透明,显微镜下观察菌球开始自溶,pH值4.5以下,残糖量大约为0.2%时即可终止发酵。

(三)发酵物处理

终止发酵后放出发酵液,过滤,然后分别将滤液和菌丝体烘干、备用。

固体发酵的菌丝制药时,菌丝体无法从培养基中分离出来。所以,菌丝体是和培养基一起投入锅中煎煮的。因此,固体发酵菌丝体所用的培养基必须对人体无毒、副反应。上海中药三厂生产猴头菇菌片所用的培养基是甘蔗渣加麸皮;老山药厂生产猴头菇菌片采用培养基原料是红薯提取淀粉后的残渣加麸皮。这两种原料都是可以食用、无毒的。

第三节　产品开发

一、猴头制剂

1.提取

猴头子实体粉碎成花生仁大小，称重量后置于锅中，加10～12倍子实体重量的水，煮沸1.5 h左右，过滤取汁。重复上述操作，两次滤液合并。冷却后沉淀取上清液，上清液减压浓缩(60 ℃左右)，浓缩至比重1∶1.35左右，得到猴头流浸膏。以流浸膏为原料，再进一步加工成猴头片或猴头胶囊。

2.压片

取一定量1∶1.35比重的猴头流浸膏加4～5倍量重的淀粉，拌和后压片、包糖衣即成。

3.猴头胶囊

取一定量的1∶1.35比重的猴头流浸膏，加2倍重量的淀粉，60 ℃减压烘干，磨粉(过80目筛孔)，制粒装胶囊后装瓶密封保存。

二、猴头罐头

猴头罐头加工分选料、漂洗、煮熟、配汤汁、装罐、杀菌、培养检验几道工序。

1.选料

选子实体色白，菌刺短(长度0.5 cm左右)，孢子未大量散落，形态圆整，无病虫害，含水量85%左右的猴头。

2.漂洗

将选好的猴头子实体放于0.02%质量浓度的焦亚硫酸钠中漂白，时间3～5 min；捞出，稍沥出水分再放入0.05%的焦亚硫酸钠液中，时间3～5 min；最后捞出放在流动的清水中迅速冲洗。

3.煮熟

上述漂白的猴头立即倒入0.5%的柠檬酸水中煮沸8 min左右，到中心熟透，无白色为止，后迅速放入清水中冷却、冷透，捞出沥干。

4.配汤汁

取清水加2.5%质量的精制盐煮沸，加0.05%质量的柠檬酸，使酸度符合pH值要求，取滤液备用。

5.装罐

将煮熟冷却的猴头，按规定量称好，装入瓶中，向瓶内灌入上述滤液，滤液距瓶口 1 cm 左右，加盖抽真空后灭菌。

6. 培养检验

上述灭菌过的猴头罐头放倒到 33 ℃、80％空气湿度的培养室中，培养 1 周后取出，逐瓶检查，凡瓶盖隆起，用棒捶之有混浊声音，或瓶内有气泡，或有杂菌出现，即表示有杂菌感染，应弃去不用。其余好的罐头即可入库或出售。

三、猴头发酵酒的生产

猴头发酵酒可单独用猴头制作，也可添加其他成分，如黄芪、当归、红枣、枸杞等和酒配制而成。方法是：用糯米煮成糯米饭，按传统方法酿成甜酒，到酒精度达 4°，糖度 15 度左右时，取出，放于白布袋中压滤，得到甜酒汁。黄芪、当归、枸杞、红枣、猴头等洗净，红枣去核、切碎，称量后加入到 50°～55°白酒中浸泡，容器密封 30 d后开启，用棉白布过滤，得浸出液。调配时取出一定量的猴头和药材酒浸滤液，混合均匀，如口味不好可加蜂蜜等物调整，密封保存 3～4 个月，然后用白棉布过滤，得透明的猴头等酒浸液，装入瓶中，即可销售或食用。

四、猴头露

猴头加水（干猴头加 12 倍水，鲜猴头加 8 倍水），煮沸 2 h，过滤取第 1 次汁液，再加 10 倍水，煮沸 2 h，过滤取第 2 次汁液，2 次汁液合并，沉淀 8 h 以上，取上清液，然后加提取液 9.5％重量的白砂糖（蔗糖）和 0.5％的柠檬酸，充分搅拌至全部溶解，即成猴头露。

猴头露制成后应立即装于玻璃瓶或软包装塑料袋，每瓶或每袋的容积为 200 mL。灭菌 0.5 h，软包装也可用紫外线灭菌。

五、猴头袋泡茶

1. 原料

猴头 3 kg，绿茶叶末 1 kg。

2. 制法

按猴头露生产方法煮取 2 次汁液，再加热蒸发浓缩至比重 1∶1.25 左右，然后取其一半浓缩液和 1 kg 茶叶末拌匀，60 ℃温度烘至半干程度，再将余下的一半浓缩液拌入半干状态的茶叶中，继续在 60 ℃下烘干。然后用粉碎机粉碎，经茶叶包装机包装成袋泡茶，每袋质量 2 g。日服 1～2 包，用热水冲泡，至茶水色泽成白色时弃去，连服 2～3 个月。治疗消化道溃疡、各种胃炎、食欲不振、冠心病、频繁性感冒等症，本茶还可预防肿瘤。

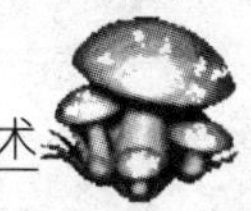

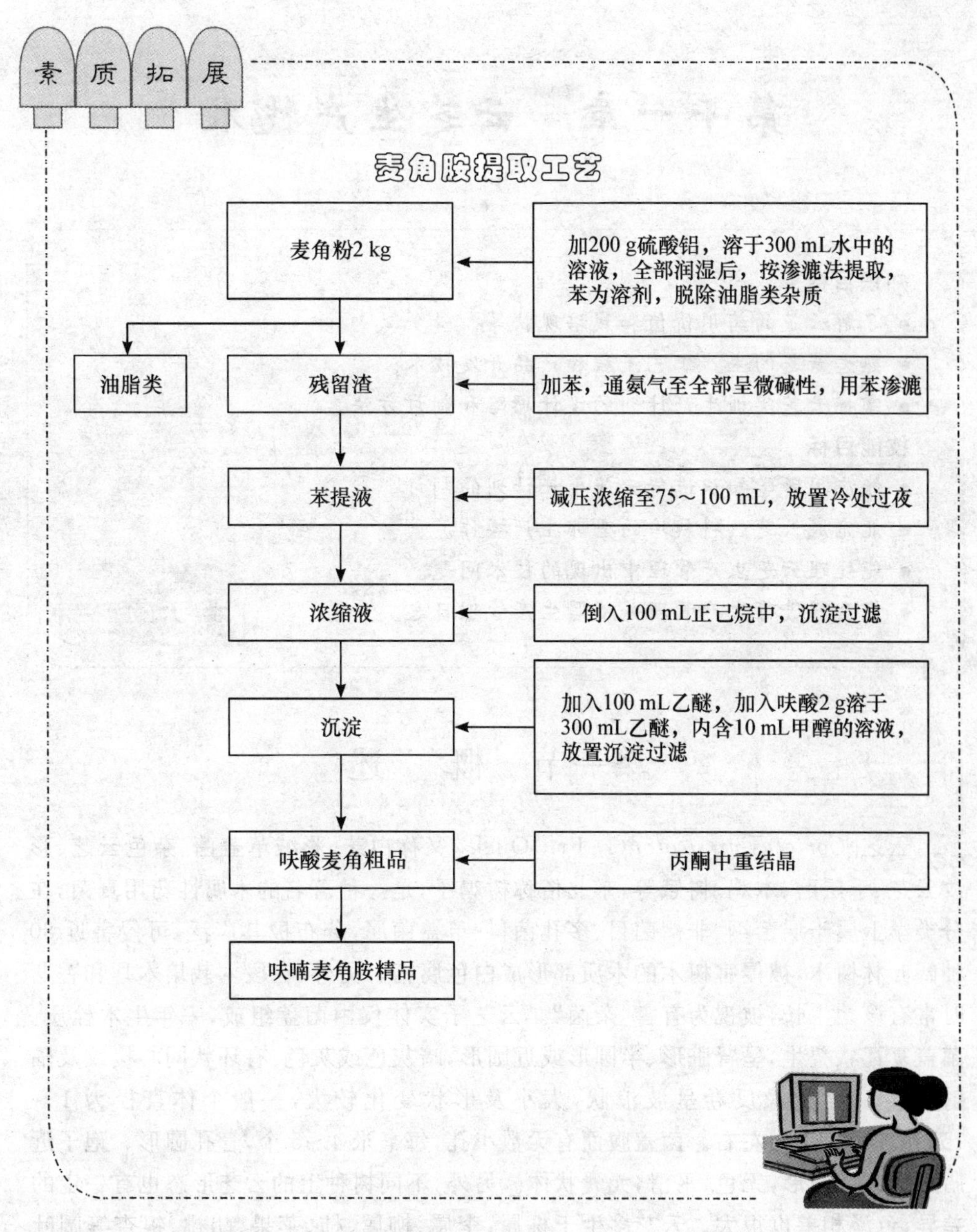
素质拓展
麦角胺提取工艺
麦角粉2 kg
加200 g硫酸铝，溶于300 mL水中的溶液，全部润湿后，按渗漉法提取，苯为溶剂，脱除油脂类杂质
油脂类
残留渣
加苯，通氨气至全部呈微碱性，用苯渗漉
苯提液
减压浓缩至75～100 mL，放置冷处过夜
浓缩液
倒入100 mL正己烷中，沉淀过滤
沉淀
加入100 mL乙醚，加入呋酸2 g溶于300 mL乙醚，内含10 mL甲醇的溶液，放置沉淀过滤
呋酸麦角粗品
丙酮中重结晶
呋喃麦角胺精品

第十一章　云芝生产技术

知识目标

- 了解云芝的药用价值和栽培现状等。
- 熟悉云芝的生产工艺流程和产品开发技术。
- 掌握云芝实训生产计划的设计思路和制订方法。

技能目标

- 能应用所学知识进行云芝生产计划的制订。
- 能完成云芝熟料栽培的全部生产操作。
- 能处理云芝生产管理中出现的技术问题。
- 能全程进行生产管理并填写生产管理日志。

第一节　概　述

云芝[*Coriolus versicolor*(L. Fr.)Quel.]又称白芝、彩绒革盖菌、杂色云芝、彩纹云芝、千层蘑、木鸡、树娥等，东北俗称树鸡子，是一种著名的木腐性药用真菌，在分类学上属于层菌纲、非褶菌目、多孔菌科、革盖菌属，分布极其广泛，可侵害近80种阔叶林树木，被侵害树木的木质部形成白色腐朽。另外，在段木栽培木耳和香菇时常有该菌生长，被视为有害“杂菌”。云芝子实体仅由菌盖组成，一年生木栓质。菌盖复瓦状叠生，呈肾脏形、半圆形或近圆形，暗灰色或灰色，有环状同心棱纹及辐射皱纹，菌盖边缘反卷呈波浪状，大小及形状变化较大，一般个体直径为1～15 cm，厚0.1 cm左右。菌盖腹面有无数小孔，每毫米4～5个，管孔圆形。孢子近腊肠形或圆筒形，无色、平滑，无囊状体。另外，不同树种上的云芝形态也有一定的差异，色泽相差也很大。云芝多生于栎属、李属、柳属、柿、苹果、胡桃、银杏等阔叶树的腐木上，偶尔也生于松、杉的腐木上，丛生。云芝在我国的云南、四川、贵州、西藏、青海、甘肃、陕西、山西、河南、河北、内蒙古、辽宁、吉林、黑龙江、山东、江苏、安徽、浙江、江西、福建、台湾、广西、广东、香港、海南分布广泛。

由于生长的环境不同，云芝菌盖表面的颜色变化也很大，目前大致可以分为14种类型。

①白边型。菌盖表面的环带呈黑褐色及灰黄色，盖缘呈白色至灰白色。常见于光线较强的林缘、林间空地等，是分布较广的一个类型，常被人们称为白边黑云芝。

②蓝灰色型。盖面上的环带呈蓝黑色、灰色、灰黄色。生在蓝黑色环带上的绒毛较短，且易脱落至光滑。其常见于林下，分布亦较广。

③蓝灰色细纹型。盖面淡灰色，间有蓝黑色或蓝灰色的细环纹。这种类型的云芝常混生于蓝灰色型的个体之间，比较少见。环带上的绒毛较长，且不容易脱落。

④蓝灰色环带型。盖面上的环带呈蓝灰色、灰褐色、淡黄褐色或蓝黑色，具有绢丝状光泽；盖缘呈灰色至灰黄色。较少见。

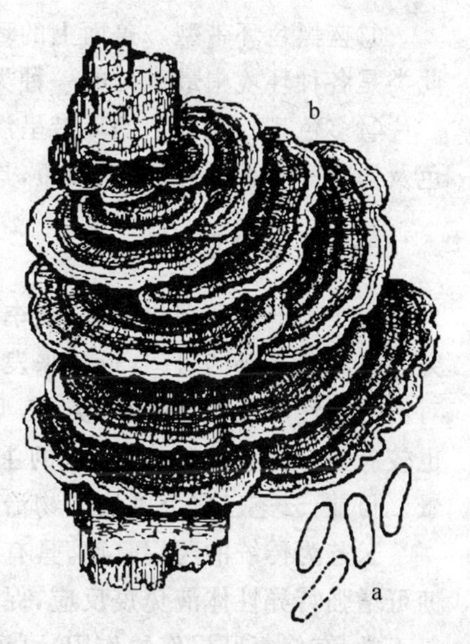

a. 担孢子　b. 子实体

图 11-1　云芝形态(仿卯晓岚)

⑤灰黄色边缘型。盖面上的环带呈灰色及灰黄色，在边缘处较宽的灰黄色环带中有一条红褐色、具金属光泽的环纹。

⑥灰黄色环带型。这种云芝的个体较小，薄；盖面上的环带呈蓝灰色、蓝黑色至黑色，边缘有一条淡黄色至淡黄褐色、具有金属光泽的环纹。此类常见于柞、桦及段树等阔叶树的枯枝、细树干上。

⑦紫铜色环带型。盖面上的环带呈灰色、灰蓝色及淡灰蓝色；盖缘处有1～2条紫铜色，具金属光泽的环带。其个体较小，生于营养条件不良、较干燥的环境中。

⑧棕色环带型。子实体较薄、盖面上的环带呈现蓝色、蓝黑色及棕色，边缘为浅棕色至棕灰色。其生于干燥的环境中。

⑨灰白色边缘型。盖面上的环带为蓝色、蓝黑色或蓝灰色；边缘处呈灰白色。此类是各产地比较常见的类型。

⑩粗毛束型。盖面上的环带呈灰色、灰黄色至浅蓝色；生于灰色环带上的绒毛较粗、较长，并密集成束。此种类型的云芝在前苏联境内较为常见。

⑪蓝黑色型。盖面上的环带呈深蓝色、蓝黑色和灰褐色，生于灰褐色环带处的绒毛较短，且易脱落；边缘有一条红褐色，具金属光泽的环带。此类型不多见。

⑫蓝黑色细纹型。盖面上的环带呈蓝色至蓝灰色，其间杂有蓝黑色的细环纹。此类不多见。

⑬蓝黑色环带型。盖面上的环带呈蓝黑色及灰褐色；边缘呈灰白色至灰黄色。此类是各种环境中最常见的一种类型。

⑭多色型。盖面上的环带呈淡黄色、淡蓝灰色、蓝灰色、黑褐色、蓝黑色、紫褐色及褐色等多种色彩；绒毛较短，具有绢丝状光泽。较少见。

一、药用价值

云芝原产于我国，早在明朝李时珍的《本草纲目》中就有记载，人们对云芝的研究已经有几十年的时间，近年来发现其有效成分云芝多糖对疾病具有治疗的作用，对治疗慢性肝炎、迁移性肝炎、乙型肝炎有显著疗效，对提高人体免疫力，抗癌治癌也较有效，是生产"云芝肝泰"的主要原料，具有较高的经济价值和较好的开发前景。目前，云芝已成为肿瘤生物治疗的一个极有开发前景的崭新领域。

云芝为传统的药用真菌，具有特殊药理功能。现代科学研究证实，云芝胞内多糖可增强特异性体液免疫反应，促进抗体形成。能使被抑制的免疫功能改善或恢复正常，有修复肝损伤的作用，可诱生血清干扰素，增加小鼠血清中溶菌酶含量和脾指数，亦有一定的免疫激活作用。我国 20 世纪 70 年代后期就开始研究，80 年代初期日本将云芝开发成抗癌新药 Krestin(PSK)，轰动了肿瘤药界。近年，我国利用云芝的深层发酵、培养、提取云芝糖肽(PSP)，制成了云芝胶囊、云芝肝泰冲剂、云芝口服液等。临床表明，可治疗慢性乙型肝炎、原发性肝癌及免疫功能低下的老年病。与抗癌药合用，可减少抗癌药物的副作用，在癌症治疗中有其特殊作用。因此，云芝已成为扶正祛邪的东方医药之宝。

关于云芝的药理作用，最早在 1968—1969 年千原吴郎等人的研究就表明，云芝多糖对动物移植性肿瘤的生长具有明显的抑制作用。随后利用云芝菌丝体培养方法获得的菌丝体提取云芝蛋白多糖、利用云芝菌丝体发酵液提取的胞外多糖等，经动物实验表明，这些提取物对小白鼠肉瘤 S-180 均具有较高的抑制率。

云芝多糖类抑肿瘤作用的机制可以概括为：一是可以提高机体的免疫功能；二是云芝糖肽对艾氏腹水癌细胞内核酸的合成有明显的抑制作用。

云芝多糖对慢性肝炎的治疗，主要也是通过提高机体自身的免疫力得以实现的。云芝多糖可以促使受损的肝细胞得到修复；可以提高免疫系统的功能；活化腹膜渗出巨噬细胞的吞噬活性；减轻乙型肝炎病毒的破坏作用；还可以通过活化 B 细胞，提高机体免疫功能，清除病毒对肝细胞的持续侵染，从而起到保肝的作用。

二、栽培现状

我国现已发现的云芝菌种较为少见，其中以上海农业科学研究院保藏菌种及中国农科院微生物研究所保藏菌种为主要推广品种，生产中往往根据实际需求选择适宜品种，如表11-1所示。

表11-1　我国云芝主要栽培品种介绍

品种名称	品种特点
50435	国内种，引自吉林，抗逆性强，菌盖大而厚、菌柄较长、商品性好，产量高，出口品种
香港50705	引进种，发菌快、出芝早、盖大而厚、柄短、抗杂力强、产量高、出口品种
杂色云芝(上海)	国内种，生长迅速，适合代用料栽培，但产量稍低，产木质纤维素酶、漆酶较多
杂色云芝(协和)	国内种，芝盖圆整、朵大盖厚、产量高

云芝属于中高温型真菌，自然条件下，云芝的出芝季节在5～10月份，因此，人工栽培时，如果栽培场所有温、湿度控制设备，则可以一年四季出芝，否则应根据其生长发育的特点，选择适宜季节进行栽培，如表11-2所示。

表11-2　自然气候条件下云芝栽培季节安排

区域	栽培季节
华南地区	2月上、中旬制种，3月下旬至4月上旬栽培，6月上中旬出芝
长江流域	4月上、中旬制种，5月上、中旬栽培，7月中旬出芝
黄河以北	4月下旬制种，5月下旬栽培，7月下旬出芝

云芝栽培可采用段木栽培，也可以采用代料栽培，如木屑塑料袋栽培，近年多采用袋栽、室内瓶袋层架栽培或野外畦床覆土栽培，本章主要介绍代用料室外袋栽覆土出芝技术。

第二节　栽培技术

一、工艺流程

云芝室外袋栽覆土出芝工艺见图11-2。

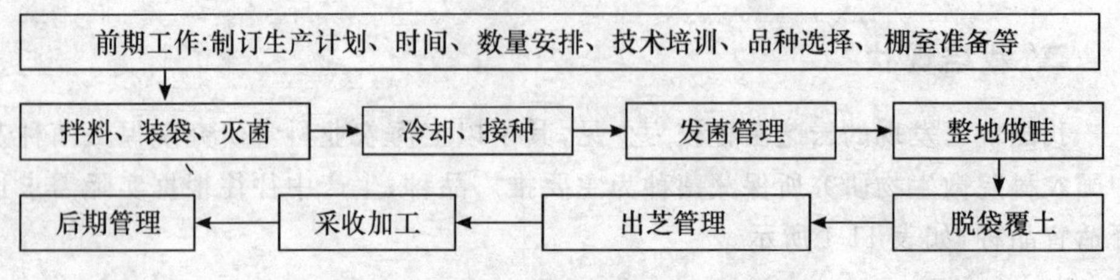

图 11-2　室外袋栽覆土出芝工艺流程图

二、生产计划

实训生产项目:1 万袋代用料袋式畦床栽培,6 月中旬云芝采收

1. 时间、数量

云芝最佳栽培时间应根据出芝时所需的最适条件来确定。

表 11-3　云芝栽培时间

项目	装袋播种	出芝管理	采收期
时间	4 月末	6 月上旬	6 月中旬
数量	1.0 万袋		2 000.00 kg

2. 确定配方

云芝属于木腐性真菌。代用料栽培云芝,菌丝体生长阶段适宜的 C/N 为 20∶1,子实体发育阶段 C/N 以(30～40)∶1 为好。可以根据当地的资源优势,因地制宜选用合适的配方,如表 11-4 所示。

表 11-4　云芝栽培料配方　%

配方	木屑	棉子壳	麸皮	玉米芯	石膏
一	75		24		1
二		99			1
三	40	40	19		1
四	60		19	20	1

注:上述配方中料水比例均为(1∶1.4)～(1∶1.3),pH 值自然。

3. 物料预算

1.0 万袋云芝栽培袋的成本约 1.5 万元,产出 2 000 kg 干品,按照销售单价 20.00 元/kg 计算,毛收入 4.0 万元,纯利润约 2.5 万元。详细的物料预算略。

三、栽培技术

(一)准备工作

云芝代料袋栽的准备工作包括搭建荫棚、备种、备料(主料、辅料)以及用品、用具等需要提前进行的准备工作。

栽培袋选用折径 17 cm×33 m×0.05 mm 或折径 20 cm×38 cm×0.05 mm 的低压聚乙烯折角袋。培养料应新鲜、无霉变、无病虫害,不含对人体有害的农药残毒及重金属等。锯木屑以材料坚实的壳斗科、桦木科和金缕梅科的阔叶树较为理想,而含有松油、醇、醚等抑制菌丝生长的松、柏、杉等针叶树和含有芳香性杀菌物质的安息香科和樟科常绿树种则不适宜。颗粒状的粗木屑优于细木屑,硬杂木屑优于软杂木屑,针叶树旧木屑优于新木屑。菌种要选择适宜的品种,并根据母种、原种和栽培种的生长时间来合理规划制种时间,需提前 80～90 d 进行原种和栽培种培育,以保证栽培时使用优质的适龄菌种,通常将出菇期向前推算 40 d 左右为适宜的栽培袋接种期。

(二)培养基配制

1.配方

云芝为木质腐生菌,营腐生生活,以碳源、氮源、无机盐类为营养基础,也需要极少量的维生素。能直接利用的碳源可以是简单的有机碳,如单糖和双糖;能直接利用的氮源是氨基酸;无机盐类包括钾、钠、钙、镁、磷、锌、钼等。人工栽培时,可利用木屑、棉子壳、麦麸、糖等配成培养料。应根据当地的原料来选择配方配制,配方中的麸皮可用米糠和玉米粉代替。使用玉米粉时,用量要适当减少,以 10%～15%为宜。可以根据当地的资源优势,因地制宜选用合适的配方。常用配方见表 11-4。

2.拌料

栽培料是云芝生长发育的物质基础,所以,栽培料的好坏直接影响到云芝生产的成败以及产量和品质。拌料前先将拌料场地打扫干净,最好在水泥地面拌料。木屑主料应先过筛 1 次,以除去木刺等杂物。拌料时按配方比例,先将主料摊铺在场地上,而后将辅料如麸皮、玉米粉、石膏等先按配方比例混合均匀,再加入溶有磷酸二氢钾等辅料的水充分搅拌均匀,不能有干的料粒。云芝喜欢在偏酸性的培养料上生长,适宜的 pH 值为 5.0～6.0,pH 值低于 4.0 时菌丝生长细弱,不易形成原基;pH 值高于 8.0 时菌丝易老化,甚至枯死。取广谱试纸一小段插入料中反应,1 min 后抽出对照,调节 pH 值为 7.0～8.0。若偏酸,加入适量石灰,若偏碱,加入适量石膏粉。含水量要调至 65%左右,一般手握培养料,手指间有水迹但不

下滴，松开手指，料结成团有裂纹即可。有条件的可以使用搅拌机拌料，先把各种干料装入搅拌机中，开机搅拌 5 min，然后打开供水开关，边供水边搅拌，将各种辅料加入料斗，搅拌均匀，调节好含水量和 pH 值。

(三)装袋灭菌

1. 装袋

拌好的培养料经堆闷 1～2 h，待料吸足水分后及时装袋，可以手工装袋也可以使用装袋机装袋。

手工装袋的方法是，取栽培袋，先用线绳把一头扎好，接着用手将培养料装入筒袋内，边装边轻轻压实，用力要均匀，层层压实，松紧适度，培养料不能有明显空隙或局部向外突出现象，手触料袋有弹性，装料于袋口仅余 7 cm 左右时扎好，一般每袋装干料 300～350 g。

装袋机装袋，需购置专用装袋机，用装袋机装袋最好 6 人一组，1 人往料斗里加料，1 人装袋，1 人递袋，另外 3 个人整理料袋并扎口。装袋时注意将塑料袋套在出料筒上，一手轻轻握住袋口，一手用力顶住袋底部，并轻轻揉袋，让料自然、均匀、稍紧实地进入袋内。扎口时将料袋用绳扎两圈后回折袋口再用绳扎紧，随后套好外袋扎活结。装袋机装料比较紧实均匀，效率较高，4～6 人配合，1 h 可装 500 袋，较人工装袋效率提高几倍。

装袋过程要求轻拿轻放，切勿刺破菌袋造成杂菌污染。装袋要集中人力快装，一般要求从开始装袋到装锅灭菌的时间不能超过 6 h，否则料会变酸变臭。若有条件，最好有周转筐，装好一袋放入筐内一袋(注意从四周向中间装)。料袋放入筐中灭菌，既避免了料袋间积压变形，又利于灭菌彻底。

2. 灭菌

料袋装好后立即进行灭菌，灭菌可用常压蒸汽灭菌和高压蒸汽灭菌 2 种方式。常压蒸汽灭菌可以使用常压灭菌灶，高压蒸汽灭菌使用卧式高压蒸汽灭菌锅。当前生产中常用“常压蒸汽包”来灭菌，既灵活方便又降低了生产成本。具体方法是：在平地安放木排，下面插入蒸汽管道，在木排上铺垫透气材料，上面码放需要灭菌的料袋，并用保温被盖严，四周与地面压牢、压严，从外形上看好像蒙古包，也称太空包。开始灭菌时，先留出离蒸汽管最远的一个角不压，用砖头或木棒撑起来，以便排除冷气，待排出的蒸汽到 90 ℃时，再过 10 min，撤去支撑的砖头或木棒，并将此角压严。继续供汽，直到太空包鼓起来，待料袋中心温度升至 100 ℃开始计时，需要灭菌 16～20 h，也要遵循“攻头、促尾、保中间”的原则。太空包灭菌最适合在大棚内就地灭菌，就地接种，减少了搬运过程，在节省劳力的同时，也降低了料袋的破损率，提高了成功率。

(四)冷却接种

料袋灭菌后，移入无菌室或无菌箱内，冷却 24～48 h 后，待料温降到 28 ℃以下时，用手摸无热感时即可接种，菌种应选用生活力旺盛、健壮、无杂菌污染的适龄菌种。在整个接种过程都必须严格按照无菌操作规程进行，做到严和快，以减少杂菌污染。接种一般在接种箱、接种室或接种帐中完成，但无论在何种场所接种，接种空间一定是经过严格的消毒处理。目前，由于接种帐成本低、效果好、操作空间宽敞，也可随时移到合适的地方(如培养室、大棚内)进行接种，在生产中已广泛应用。生产中一般在接种的前一天晚上对接种帐进行熏蒸消毒，第二天早晨开始接种，消毒方法按常规操作。采用两头接种，接种量以 15%～20%为宜，接种量一般每袋菌种(17 cm×33 cm)接种 20～25 袋。接种后将袋口套上颈圈，并用棉花塞口，然后移入培养室进行发菌培养。

(五)发菌管理

培养场所应事先打扫干净并消毒，用硫磺粉、敌百虫掺豆秸、刨花等易燃物燃烧熏蒸消毒，密闭 24 h，创造适宜发菌的环境条件，就可将菌袋搬入培养室内进行发菌管理，一般 25～30 d 菌丝长满袋。

1. 温度管理

云芝属于高温型菌类，菌丝在 4～35 ℃范围内都能生长，最适生长温度为25～30 ℃，在 22 ℃以下生长缓慢，35 ℃以上生长停止。在菌丝封满料面之前，培养室温度以 21～25 ℃为佳，以防高温下杂菌发生。菌丝封料后温度控制在 22～25 ℃(室温)，不能超过 28 ℃。这段时间应注意除杂，一旦发现杂菌应及时取出，挖除杂菌重新灭菌。随着菌丝生长，呼吸量增加，料温升高，应适当降低室温，使料温不超过 28 ℃为好。料袋码放的层数应视环境温度而具体掌握。气温在 10 ℃以下时，可堆积 4～5 层；气温在 10～20 ℃时，以堆 3～4 层为宜；气温在 20 ℃以上时，菌袋宜单层排放，不宜上堆。但管理的关键是料袋内插温度计，以不超过 28 ℃为宜。堆垛发菌后，要定期检查料袋中温度计的显示，注意堆温变化。

2. 湿度管理

日光温室内空气相对湿度以 60%～70%为宜，既要防止湿度过大造成杂菌污染又要避免环境过干而造成栽培袋失水。若雨水过多，在培养场地撒些石灰，以降低空气相对湿度。

3. 光照管理

云芝菌丝生长不需光照，在黑暗环境中生长良好，强光照射会降低菌丝生长速度，使子实体提早形成。因此，在日光温室内发菌应覆盖草帘遮光。在菌丝体生长阶段暗光培养，菌丝发满袋后增加光照 3～5 d 刺激原基形成。

4.通气管理

一般菇棚每天至少通风 0.5 h,保持发菌环境空气清新,每隔 3～4 d 菌袋上下调动一次,将下层料袋往上垛,上层料袋往下垛,里面的往外垛,外面的往里垛,以保持每袋的料温平衡,检查并防治杂菌污染。发现有杂菌污染的料袋,采取销毁或单独培养的措施,若发现有菌丝不吃料的,必须查明原因及时采取措施,以保证菌袋的质量。当菌丝发满 1/4 时,就应增加袋内外空气交换,促进菌丝生长。具体措施有两种:一是在菌丝生长前缘用消毒细针轻扎 7～8 个孔;二是将袋口自然松开。

在上述条件下,云芝一般经过 30～35 d,菌丝便可满袋进入出芝管理。

(六)搭建荫棚

由于栽培期安排在夏季,因此出菇的环境可以在室外选择地势平坦、不低洼的地块搭建荫棚,创造出芝的适宜条件。

(七)整地做畦

日光温室内做畦,畦床南北走向,芝畦不宜过宽,以 80 cm 为宜,深 20～25 cm。跨度 8 m 的日光温室一般去除底角和纵向过道,可以利用的长度为 7 m 左右,因此畦长依棚的跨度酌情确定。畦与畦之间要留 40 cm 的过道。畦床做好后,先在畦底及畦床四周撒一薄层石灰粉进行消毒、驱虫。畦底及四周拍实,用 1%～2%石灰水消毒预湿畦床。覆土材料要求土质疏松,腐殖质含量丰富,沙壤质,含水量适中,即手握成团,触之即散的程度,土粒直径 0.5～2 cm 为宜。覆土材料加入 2%的生石灰调 pH 值至 8 左右,再加入 0.1%多菌灵,经堆闷消毒、杀虫后使用。处理好的覆土材料应及时使用,不宜长时间存放。若一时用不完,应放在消过毒的房间内,存放时间不超过 5 d。

(八)脱袋覆土

将长满菌丝的菌袋脱去塑料薄膜,由于云芝柄短,甚至无柄,所以,覆土时不能全脱袋,应在一头留有 2～3 cm 的菌袋,其余部分全脱,竖直放入畦床内,然后覆土,土应覆至袋口 0.5 cm 以下,以防芝片黏土,影响质量。每平方米 50 袋左右,袋与袋之间留 1～2 cm 空隙,中间用覆土填满,当所有菌袋排放完后,上面覆土 2～3 cm,土层上面再撒 1 层大粒沙子或小石子,然后用喷壶洒水,冲掉袋头的余土,2 d 后剪掉袋口,并喷 1 次重水,每次喷水每平方米范围不超过 1 L。水渗透后,将菌床表面缝隙或露菌料处再用土覆盖好。2～3 d 后待覆土中的水分稍蒸发,土壤比较透气时,盖上黑色塑料薄膜保温保湿,促使菌棒内的菌丝快速向覆土层中生长。土干时每天可喷数次,达到土粒用手能捏扁,不粘手为止。一般覆土 15～20 d 菌丝可扭结形成原基。

(九)出芝管理

通常在4月下旬至10月中旬均可安排出芝，在芝芽出现后要注意做好疏蕾和温度、湿度、光照、通风等环境条件的调节控制，以创造一个适宜云芝子实体生长发育的良好环境，促使菌蕾早形成、加快分化。

1.疏蕾管理

芝袋料面有多个芝蕾出现时，用消毒剪刀剪去一些，每袋只保留2～3个芝蕾，便于集中养分，长出盖大朵厚的子实体，同时也防止彼此之间粘连，长出畸形芝。

2.温度管理

子实体生长发育的最适温度为24～28℃，低于22℃生长停止，高于33℃则易死亡；在出芝的适宜温度范围内，温度适当低一些(25～26℃)，芝体生长稍慢，但质地紧密，芝盖发育良好，色泽光亮，盖厚，芝的商品质量好；反之，虽然生长快些，但质量稍差。盛夏高温季节，温度过高时，可在棚外覆盖物上喷洒井水以降低棚内温度。在生长发育期间，不需要温差，温差过大易长成畸形菇。

3.湿度管理

子实体分化生长期间，要求较高的空气湿度，应每天定时向棚内喷雾状水，使棚内相对湿度保持在85%～95%，不能低于70%，如果室内相对湿度低于60%，子实体停止生长，甚至死亡，即使再将其移至90%湿度条件下，也很难恢复生长。当相对湿度高于95%时，由于空气中氧气的含量降低，呼吸作用受阻，导致菌丝及子实体的窒息，引起菌丝自溶和子实体的腐烂、死亡。湿度的控制主要靠喷雾状水和通风来调节。喷水时注意不让泥土溅在芝盖上，以保持芝盖洁净。当子实体大量散发孢子时，不应再向子实体直接喷水，以使孢子能积留在菌盖上。

4.光照管理

要得到生长迅速、形态正常的子实体，必须使出芝环境有足够的光照，一般要求具有3 000 lx以上的光照强度，并且光照要均匀，以避免子实体因向光性而扭转。光照增强，芝盖形成快，芝柄短，芝盖细胞壁沉积的色素增多，芝盖色泽深而有光泽。云芝具有向光生长的特性，出芝期间不要随便移动芝袋的位置和改变光源，否则会影响正常生长发育。

5.通风管理

云芝发育需要充足的氧气，对CO_2很敏感，出芝期间应适时对芝棚进行通风换气，降低环境中CO_2浓度，保持空气新鲜，以防止畸形芝发生。当CO_2浓度超过0.1%时，会生成大量的分枝，长成“鹿角状”的畸形云芝。在生产分枝多的观赏云芝时，可通过调节CO_2浓度来实现。

(十)采收加工

云芝从接种至采收,在适宜条件下一般为 40 d,成熟的标志是菌盖由薄变厚,菌盖菌管内散发出少量孢子粉。成熟的云芝已停止生长,抗逆性、抗杂菌能力减弱,加之芝棚的温、湿度较高,易感染杂菌,因此,应及时采收。采收前 5 d 停止喷水,以便芝盖吸附更多孢子和减少芝体含水量。采收时可用利刀从芝柄基部割下,或用手直接拧断芝柄,然后除去杂物。采下的云芝应及时放在干净的水泥场上自然晾晒,严防杂物黏附,也可置于 40～60 ℃的烘箱内烘干,使含水量控制在10%～12%,装袋置于干燥的室内保存或出售。

采芝后,去除料袋口部老化的菌皮,停止喷水 2～3 d 后,降低湿度,以促进菌丝体恢复生长。温度保持 25～28 ℃,保持新鲜空气,进入第 2 潮发菌管理。此外,还应注意做好补水工作,一般喷一次重水,然后盖好塑料薄膜保温保湿,7～10 d 后可长出第 2 潮芝,再进行通风换气,喷水保湿管理。约 25 d 可采收第 2 茬云芝,一般只出 2 潮质量较好的子实体,产量集中在第 1 潮,第 2 潮子实体小、产量低。

第三节　云芝液体培养技术

一、云芝液体培养的工艺流程

斜面菌种(原种)→摇瓶菌种→一级种子罐菌种(种子)→二级种子罐菌种→发酵罐培养。

二、云芝液体培养工艺

1. 原种培养

利用经过复栽确证的云芝母种转管后制成原种,在 22～26 ℃的环境条件下培养。

2. 摇瓶菌种培养

①培养基配方。冷榨豆饼粉 1%,蛋白胨 0.2%,葡萄糖 2%,硫酸镁 0.05%,磷酸二氢钾 0.1%,维生素 B_1 0.001%,pH 值 6(灭菌前)。

②培养方法。在每只 750 mL 的锥形瓶中,装入 100 mL 培养基,经高压灭菌后,冷却至 30 ℃,接入 1/4～1/3 斜面的原种,放在摇床上振荡培养。

③培养条件。旋转摇床转速为 180～200 r/min(或用往复式摇床,100～150 r/min,冲程为 10 cm);培养温度 26～28 ℃,培养时间为 4 d。

④终止摇床培养的标准。培养液由浑浊变为透明,由黄褐色变为浅黄色,有黏稠变为稀释;菌球体积占培养液的 50%以上,有水果香味溢出,镜检无杂菌。

3. 一级种子培养罐

①培养液配方。热榨豆饼粉 1%，葡萄糖 3%，工业用酵母粉 0.2%，硫酸铵 0.25%，磷酸二氢钾 0.1%，硫酸镁 0.05%，豆油(或消泡剂)0.2%，pH 值自然。

②培养方法。将培养液注入种子罐后，进行蒸气高压灭菌，冷却至 30 ℃时，接入摇瓶种子进行培养。

③培养条件。接种量 0.5%，罐压 0.5 kg/cm^2，罐温 26～28 ℃，通气量为(1∶0.5)～(1∶0.3)(V/V)，搅拌速度 180 r/min，培养时间为 60～72 h。

④终止培养标准。培养液由稠变稀、由浑浊变透明、由黄褐色变为淡黄色；菌球体积增加(用量筒接取培养液或称发酵液，100～200 mL)，静止 15～20 min，菌球总体积占 75%以上；有较浓郁的水果香味溢出；镜检菌球中菌丝着色均匀，粗细相同，多分枝，锁状联合明显，无杂菌污染。

4. 二级种子罐培养

①培养液配方。与一级种子罐培养液相同，其中的化学药品皆可改为工业用品。

②培养条件。接种量增加到 10%～15%，其余条件与一级种子罐培养条件相同；培养时间缩短到 48～50 h。

③终止培养标准。与一级种子罐培养终止的时间标准相同。菌球体积的测定应改为菌球湿重要达到培养液重量的 20%以上(测定方法为接取发酵液，用 3 000 r/min 离心机分离 15 min，称量沉淀的菌球重量)。

5. 发酵罐培养

①培养液配方。热榨豆饼粉 1%，工业用葡萄糖 3%，工业用酵母粉 0.2%，工业用硫酸铵 0.2%，工业用硫酸镁 0.05%，工业用磷酸二氢钾 0.1%，豆油(或消泡剂)0.2%，pH 值自然。

②培养方法与条件。与二级种子罐培养要求相同。培养时间缩短为 24 h。

③终止培养标准。发酵液由稠变稀，由浑浊变透明，由黄褐色变为淡黄色，水果香味更浓。镜检标准与二级种子罐培养终止时间相同。

第四节　产品开发

利用云芝生产的药物有 2 种，一种是从云芝子实体中提取，如云芝肝泰；另一种是用云芝的菌丝体为原料制取的，如云星胶囊和云芝糖肽。

云芝肝泰为长白云芝多糖，是由东北师范大学生物系研制，于 1979 年通过鉴定后，由长春制药厂生产的。该药是云芝子实体的热水提取物经醇析后得到的一种粗提物，在临床上主要用于治疗慢性乙型肝炎。经组分分析该粗提物中含有生物碱、蛋白质、氨基酸、有机酸、酚类、内酯类和大量的多糖类等 8 种成分。

云芝糖肽是上海师范大学生物系利用液体培养技术，以云芝菌丝体提取物为原料研制而成的，又称 PSP。是一种有抗癌作用的免疫功能调节剂。经分析，云芝糖肽是一种含有多肽的真菌多糖。

云星胶囊是重庆制药五厂生产的，也是采用液体深层发酵培养的方法，用云芝菌丝体的发酵产物制成的。其主要成分为云芝的胞内多糖和胞外多糖。

南京老山制药厂生产的云芝多糖胶囊，则是利用云芝菌丝体固体培养方法生产的菌质为原料制成的。其化学成分与云芝糖肽相同。在临床应用上用于治疗慢性乙型肝炎和作为治疗癌症的辅助药物。

云芝肝泰胶囊是《国家中成药汇编》中所列药物品种。该药具有增强免疫力、抗病毒及保肝等作用。由于云芝提取物中含有大量的多糖类物质，极易吸湿，制成胶囊或颗粒剂不易保证药物的稳定性，而将其制成软胶囊后可将云芝提取物密封在软胶囊囊壳内，从而避免药物吸湿，提高制剂的稳定性。为了达到同样的疗效，云芝肝泰软胶囊应与云芝肝泰胶囊规格一致（每粒含活性成分云芝多糖 8 313 mg）。下面以云芝肝泰软胶囊制作为例，介绍云芝药物制剂的制作工艺。

一、工艺流程

云芝肝泰软胶囊制作工艺见图 11-3。

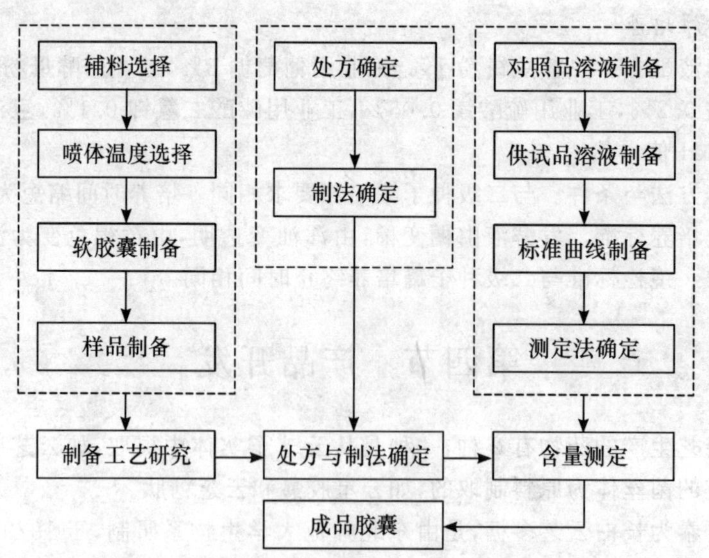

图 11-3　云芝肝泰软胶囊制作工艺流程图

二、操作环节

(一)制备工艺研究

1.辅料选择

①溶解性试验。大豆油为常用的软胶囊用辅料,具有黏度小性质稳定的特点,与云芝提取物按2.5∶1混合后流动性较好,故选用大豆油。

②基质吸附率测定。基质吸附率即将1 g固体药物制成填充软胶囊的混悬液时所需液体基质的质量。实验测得云芝提取物对大豆油的基质吸附率为2.5 g。

③药物混悬液的沉降。云芝肝泰软胶囊内容物是一种混悬液,其配制过程是将云芝提取物与大豆油用胶体磨制成均匀混悬液。由于微粒的物理性质不稳定性,药物随时间的延长可能会下沉。通过使用容积测定法测定混悬液的物理稳定性良好,能够满足生产的需要。

④混悬液流动性。用于包制软胶囊的药液除具有良好的稳定性外,还必须具备在一定时间内和规定的环境温、湿度条件下(23±2 ℃、相对湿度50%)有适宜流动性,才能保证压丸顺利进行。在生产过程中,云芝提取物与大豆油混悬后未发生影响其流动性的物理性变化。

2.喷体温度对压丸的影响

喷体温度对压丸影响较大,温度过低则胶皮接缝不严而导致破丸,温度过高则胶丸粘连。喷体温度在40～42 ℃范围内较适宜,不会出现合缝不严而破丸或者囊体不规整且胶丸粘连的情况。

3.软胶囊制备

取制备好的药物混悬液置压丸机料斗中,调节胶皮厚度和内容物装量,将压制好的软胶囊进行冷风定型、干燥即得。

4.样品制备

抽检3批样品,3批样品质量稳定,该制备工艺可行。

(二)处方与制法确定

1.处方

云芝提取物(以云芝多糖计)83.3 g,大豆油适量,制成1 000粒。

2.制法

取云芝提取物,加大豆油混匀,经胶体磨制成均匀混悬液,压丸,每粒装0.55 g即得。

菌类园艺工国家职业标准

3.2 中级

职业功能	工作内容	技能要求	相关知识
一、食、药用菌菌种制作	(一)试管母种制作	1.能够选择培养基配方 2.能够进行试管母种制作与培养 3.能够识别侵染母种的常见病害特征 4.能够识别三种食、药用菌正常试管母种	1.培养基配制原则 2.制作试管母种的程序和技术要求 3.母种的培养要求 4.常见母种病害的侵染特征 5.食、药用菌母种的质量标准
	(二)原种、栽培种制作与培养	1.能够选择原种、栽培种培养料配方 2.能够选择消毒、灭菌方法 3.能够进行谷粒菌种制作与培养 4.能够识别三种食、药用菌的正常原种、栽培种	1.制种原料处理的作用、要求 2.制作谷粒菌种的程序与技术要求
二、食、药用菌栽培	(一)栽培食、药用菌培养料的配制	1.能够比较选择栽培原料 2.能够合理配制培养料	培养料配制原则
	(二)栽培场所病虫害防治	1.能够进行食、药用菌常见病害防治 2.能够进行食、药用菌常见虫害防治	1.常见食、药用菌病害的种类、发生期与防治措施 2.常见食、药用菌虫害的种类、发生期与防治措施

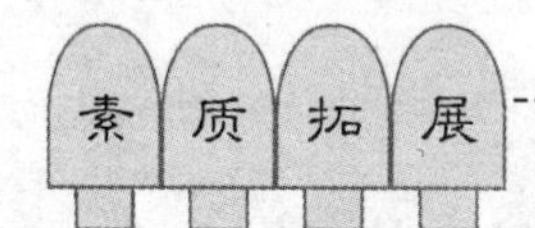

续上页

续表

职业功能	工作内容	技能要求	相关知识
二、食、药用菌栽培	(三)食、药用菌的栽培管理	1.能够指出三种食、药用菌发菌期所需的温度、光照、水分、空气等环境条件 2.能够进行三种食、药用菌发菌期的常规栽培管理 3.能够指出三种食、药用菌出菇期所需的温度、光照、水分、空气等环境条件 4.能够进行三种食、药用菌出菇期的常规栽培管理	1.猴头、灵芝、双孢菇、金针菇、银耳、滑子菇、草菇、鸡腿菇生长发育的环境条件要求 2.猴头、灵芝、双孢菇、金针菇、银耳、滑子菇、草菇、鸡腿菇的栽培管理知识
三、食、药用菌产品加工	食、药用菌商品菇盐渍加工	能够进行一种食、药用菌商品菇的盐渍加工	食、药用菌盐渍加工的技术要求

第十二章　灰树花生产技术

知识目标

- 了解灰树花的药用价值和栽培现状。
- 熟悉灰树花生产的工艺流程和开发技术。
- 掌握灰树花实训生产计划的设计思路和制定方法。

能力目标

- 能应用所学知识进行生产计划的制定。
- 能完成灰树花栽培的全部生产操作。
- 能处理灰树花培养管理中出现的技术问题。
- 能全程进行生产管理并填写生产管理日志。

素质目标

- 能够将菌类园艺工国家职业标准与学习、实践相融合。

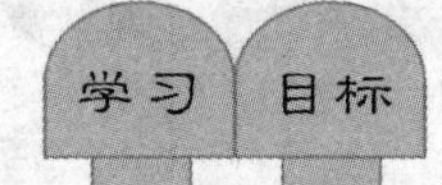

第一节　概　述

灰树花[*Grifola frondosa*(Dicks. Fr.) S. F. Gray],属担子菌亚门层菌纲非褶菌目多孔菌科灰树花属。有些著作称灰树花为贝叶多孔菌、栗子蘑、栗蘑、千佛菌、莲花菇、甜瓜板、奇果菌或叶奇果菌等。菌丝体洁白、绒毛状、浓密、粗壮、爬壁力强,是多细胞分枝,有横隔,无锁状联合。灰树花的菌丝在越冬或不良条件下可形成菌核。菌核直径5～15 cm,呈黑褐色。它既是越冬的休眠体,又是营养贮藏器官。野生灰树花的世代就是由菌核延续的,因此野生灰树花在同一个地点能连年生长。灰树花子实体肉质、短柄,呈珊瑚状分枝,末端生扇形至匙形菌盖,重叠成丛,大的丛宽40～60 cm,重3～4 kg;菌盖直径2～7 cm,灰色至浅褐色。表面有细毛,老后光滑,有反射性条纹,边缘薄,内卷。菌肉白,厚2～7 mm。菌管长1～4 mm,管孔延生,孔面白色至淡黄色,管口多角形,平均每毫米1～3个。孢子无

色，光滑，卵圆形至椭圆形。灰树花具有松蕈样芳香，肉质柔嫩，味如鸡丝，脆似玉兰。据农业部质量检测中心分析，河北省迁西人工栽培的灰树花，其营养和口味都胜过号称菇中之王的香菇(表12-1)。

表12-1　灰树花等食用菌的营养成分(干重)　　　%

菇菌种类	产地	蛋白质	脂肪	碳水化合物	粗纤维	灰分
灰树花	河北省迁西县	31.5	1.7	49.69	10.7	6.4
香菇	河北省平泉县	22.8	1.4	34.3	36.0	5.5
银耳	古田县	11.7	1.6	43.2	35.6	7.8
松蘑	承德	24.2	3.8	0.5	57.0	14.5
口蘑	张家口	39.3	1.8	17.7	36.6	14.6
金针菇	河北省唐县	24.5	4.1	33.7	27.6	4.2
黑木耳	东北	18.3	2.4	41.5	31.7	6.0

一、药用价值

灰树花还含有丰富的维生素(表12-2)，具有极高的医疗保健功能，是食、药兼用菌。它兼含钙和维生素D，两者配合，能有效地防治佝偻病；高含量的维生素E和硒配合，使之能抗衰老、增强记忆力和灵敏度。由于富含铁、铜和维生素C，它能预防贫血、坏血病、白癜风，防止动脉硬化和脑血栓的发生；它的硒和铬含量较高，有保护肝脏、胰脏，预防肝硬化和糖尿病的作用；硒含量高使其还具有防治克山病、大骨节病和某些心脏病的功能；较高的锌含量有利于大脑发育、保持视觉敏锐，促进伤口愈合；尤其是所含灰树花多糖，以β-葡聚糖为主，其中抗癌活性最强，带6条支链的β-(1,3)-葡聚糖占相当大的比重，它又是极好的免疫调节剂。作为中药，灰树花可治小便不利、水肿、脚气、肝硬化腹水及糖尿病等，是非常宝贵的药用真菌。

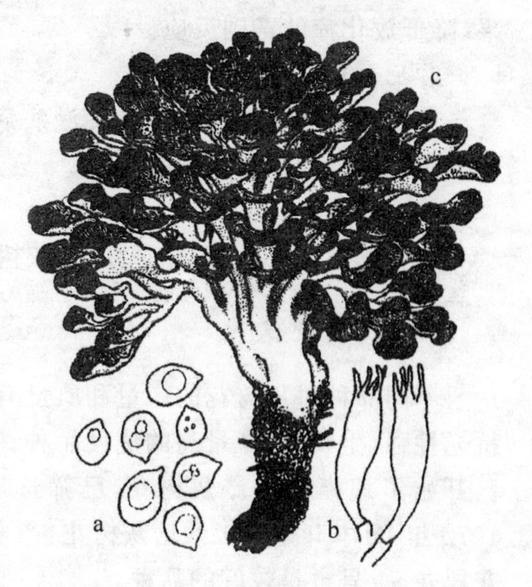

a. 担孢子　b. 担子　c. 子实体

图12-1　灰树花形态(仿卯晓岚)

表 12-2 每 100 g 鲜灰树花干品等食用菌的维生素含量 mg

种类	维生素 B_1	维生素 B_2	维生素 C	维生素 V	胡萝卜素
灰树花菌丝体	0.63	0.6	13.6	0.41	3.45
灰树花子实体	1.47	0.72	17.0	109.7	4.50
香　菇	0.19	1.26	5.0	0.66	20.00
金针菇	6.10	5.2	46.3	—	—
白木耳	0.05	0.25	—	1.26	50.00

注：灰树花数据由农业部质检中心测定；其他菌类数据引自《食物成分表》。

研究表明，灰树花中含有多种活性物质，灰树花多糖是其中最主要的一类活性成分，其中包括 D-组分、MD-组分、grifolan、X-组分、MT-2 和 LELFD 等具有显著生理活性的组分。药理研究表明，灰树花多糖具有下列药理作用：

1. 免疫调节作用

灰树花多糖是一种有效的生物免疫调节剂，其不同组分均含有葡聚糖的结构，能极大地激活细胞免疫功能，从而提高机体免疫力。

2. 抗肿瘤作用

灰树花多糖的抗肿瘤抑制与其他真菌多糖相似，即通过激活机体免疫系统来防止正常细胞癌变，抑制肿瘤生长和转移；通过与放化疗的协同作用，提高治疗效果，降低放化疗的毒副反应。

3. 抗 HIV 作用

灰树花多糖具有直接抑制艾滋病病毒（HIV）、刺激机体免疫系统抵抗 HIV、并增强机体抵御继发疾病的能力。

4. 治疗肝炎作用

研究发现，无论口服还是注射，灰树花均具显著的肝炎治疗作用。

二、栽培现状

不同品种对灰树花的产量和质量有决定性的作用。一定要选用经生产验证，抗逆性强，生长快，产量高的优良品种。浙江庆元、河北省迁西县、福建、上海等地已开始了规模化生产灰树花，已筛选出迁西 1 号、迁西 2 号等优良品种。早在 1970 年，日本开始人工栽培灰树花，产量逐年提高，最近年产已超过万吨。日本的灰树花 51 号也是较好的品种。

灰树花菌丝在 20～30 ℃内均能生长，最适温度是 24～27 ℃。子实体可在 16～24 ℃下发生，最适温度为 18～21 ℃。栽培季节一般安排在春、秋两季为宜。

灰树花的栽培模式主要有袋式和仿野生覆土栽培 2 种，本章主要介绍仿野生覆土栽培技术。

第二节　栽培技术

随着消费市场的发展，野生灰树花已不能满足人们的消费需求，况且野生资源产量急剧下降。因此，近年来灰树花的人工栽培已进入实用性推广阶段，技术已成熟，发展迅速。经研究发现，人工栽培灰树花和野生的比较，其营养成分相差无几(表12-3)，并且人工栽培灰树花还可富集人体必需的微量元素硒(Se)、硼(B)、锗(Ge)等，对人体有更好的保健作用。

表12-3　每100 g野生灰树花与栽培灰树花干品中的矿物质含量　mg

来源	矿物质含量									
	钾(K)	磷(P)	硫(S)	镁(Mg)	钙(Ca)	铁(Fe)	钠(Na)	锌(Zn)	铜(Cu)	锰(Mn)
栽培	1 638	528	254	128.7	80.0	75.1	28.3	8.14	2.61	2.15
野生	1 803	486	209	106.3	17.7	80.0	26.2	8.62	2.69	3.11
来源	矿物质含量									
	硼(B)	铬(Cr)	钡(Ba)	镍(Ni)	钼(Mo)	镉(Cd)	钴(Co)	硒(Se)	铅(Pb)	合计
栽培	1.43	1.16	0.47	0.21	0.06	0.01	0.01	0.01	0.00	2 748
野生	0.89	1.18	0.66	0.23	0.09	0.04	0.03	—	0.33	2 746

一、菌种生产技术

不同菌种和菌种质量对灰树花的产量和质量有决定性的作用。有的菌种质量低劣，甚至干脆就不出子实体。因此一定要选用经生产验证，抗逆性强，生长快，产量高的优良菌种。无论是引进的或自己分离的菌种，在大规模扩接前都应进行出菇试验。

(一)灰树花母种制作

灰树花母种适宜的培养基为PDA综合培养基和麸皮培养基，也可用谷粒培养基。

1. PDA综合培养基

①去皮马铃薯100 g，麸皮30 g，葡萄糖20 g，琼脂20 g，磷酸二氢钾0.5 g，磷酸氢二钾0.1 g，硫酸镁0.5 g，蛋白胨2 g，水1 000 mL，pH值自然。

②去皮马铃薯100 g，玉米粉30 g，葡萄糖20 g，琼脂20 g，磷酸二氢钾0.5 g，磷酸氢二钾0.1 g，硫酸镁0.5 g，蛋白胨2 g，水1 000 mL，pH值自然。

2. 木屑培养基

木屑75%，麸皮20%，玉米粉3%，糖1%，石膏粉1%。

3. 谷粒培养基

谷粒(小麦、大麦、高粱、玉米、稻谷等)98%,石膏 1%,糖 1%,水适量。

按常规方法制作。这三种培养基可用于灰树花母种的分离和扩繁,分离部位以灰树花菌盖与菌柄连接处的内部菌肉为佳。选择待分离株应是品系中分化好的健壮株,分离和扩繁均在无菌操作下进行。

(二)原种制作

制作灰树花原种的常用培养基配方有:

①栗木屑 80%,麦麸皮 8%,石膏和糖各 1%,沙壤土或壤土 10%。

②棉子皮 80%,麸皮 8%,石膏和糖各 1%,沙壤土或壤土 10%。

培养基配水拌匀,含水量 60%,拌好后装瓶、灭菌、接种,在 25~26 ℃培养,30 h 左右即可满瓶。经质量检查,菌丝粗壮,无杂菌污染方可使用。

(三)栽培种制作

制作灰树花栽培种的常用培养基配方如下:

1. 棉子壳综合培养基

棉子壳 49%,木屑 39%,麸皮或米糠 10%,石膏 1%,糖 1%,水适量。

2. 短枝条综合培养基

以长 2~3 cm、直径 1.5~2.5 cm 的短枝条为主料,占总量的 90%,拌入 10% 辅料配制而成。辅料配方以棉子壳 49%,木屑 39%,麸皮或米糠 10%,石膏 1%,糖 1%,含水量为 60%左右为宜;短枝条以阔叶树枝条为宜。

3. 谷粒培养基

谷粒(小麦、大麦、高粱、玉米、稻谷等)98%,石膏 1%,糖 1%,水适量。

具体制作方法略。

二、栽培技术

(一)工艺流程

灰树花室外袋栽覆土出芝工艺见图 12-2。

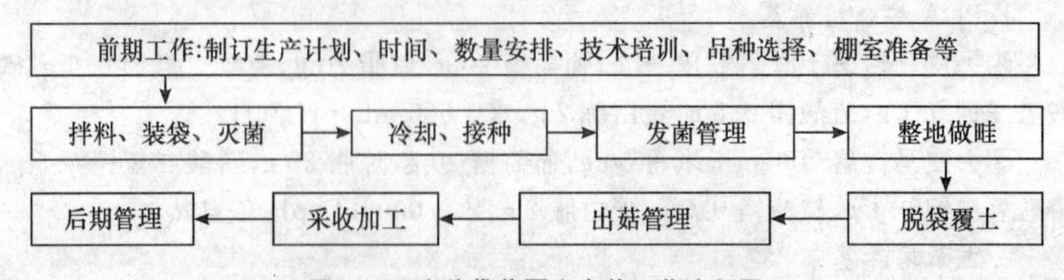

图 12-2　室外袋栽覆土出芝工艺流程图

(二)栽培操作

1.培养料配方

①栗木屑70%、麸皮20%、生土8%、石膏1%、糖1%。

②栗木屑50%、棉子皮40%、生土8%、石膏和糖各1%,加105%~110%水拌料,使含水量达55%~57%。

2.装袋

用长宽17 cm×30 cm,厚度为0.5~0.6 mm的聚丙烯袋或高密度聚乙烯袋,装料15 cm左右,袋口套直径3 cm,高3 cm的套环,加棉塞盖防水纸,用皮筋或小线扎紧,然后灭菌。

3.灭菌

常压灭菌,100℃保持8~9 h,或高压灭菌1.5 h。

4.接种

按前述要求,采用优良品种,无菌操作。

5.发菌

保温25~28℃,室内湿度70%以下,避光培养,日通风1~2次。15 d后加散射光,加强通风,温度22~25℃,30 d后菌丝长满袋底,表面形成菌皮,然后逐渐隆起,逐渐变成灰白色至深灰色,即为原基,可以进入出菇管理。

6.栽培管理

灰树花出菇有袋式和仿野生式出菇两种管理方式。

(1)袋式出菇　将长原基的菌袋移入出菇室,保持温度20~22℃,空气湿度85%~90%,光照200~500 lx,3~5 d后除去环、棉塞,直立床架上,袋口上覆纸,纸上喷水,每天通风2~3次,每次1 h。20~25 d后,菌盖充分展开,菌孔伸长时采摘。采摘时,可用小刀将整丛菇体割下,连采2~3潮,生物效率30%~40%。

(2)仿野生出菇　木屑作培养基的栽培菌袋,菌丝满袋后,脱去塑料袋,将菌棒整齐地排列事先挖好的畦内,菌棒间留适当间隙,在菌棒缝隙及周围填土,表面覆上1~2 cm的土层。这是覆土栽培的一种形式,生物效率可达100%~120%。这种方式远远优于前者(袋式出菇),故在此着重介绍。

①排菌时间。以唐山地区栽培为例,灰树花最佳排菌下地期在11月至次年4月底。因为此时空气和土壤中的杂菌、病虫不活跃,不侵害菌丝,而灰树花菌丝耐低温,菌丝连接紧密,长势健壮,对菌丝吸收营养有利。低温期排菌下地尽管发育期较长,但出菇早、产量高,可在雨季前完成产量的80%,4月底以后栽种的灰树花因为气温高、杂菌活跃,灰树花菌袋易感染,并会出现子实体生长快,单株小,总产

量低，易受高温和暴雨危害。

②排菌预备工作。

a. 场地 选择背风向阳、地势高、干燥、不积水、近水源、排灌方便、远离厕所或畜禽圈的地方。

b. 挖地沟。要求东西走向，挖宽 45～55 cm、长 2.5～3.0 m、深 25 cm 的地畦，地畦之间的距离为 60～80 cm，在其中间修排水沟，以便于行走、管理和排水。地畦挖好后，要先灌一次大水，目的是保墒。水渗干后，在畦底和沟帮撒一层石灰，目的是增加钙质和消毒，再在畦底和畦帮撒一薄层敌百虫粉，最后在沟底铺少量表土。

c. 排放菌棒。将发好菌丝的菌袋全部剥去塑料袋，将菌棒横成排竖成行地排放在沟内，相邻菌棒要挨紧，每 4 个菌棒之间要有一个空隙。同时，要通过扒或垫沟底的回土，使排放在沟内的菌棒上表面齐平。这样在沟内可排放 4～5 行菌棒。

d. 填缝隙及灌水。要求将菌棒与菌棒之间和菌棒与沟帮之间的空隙填上土，至菌棒以上 1 cm。往坑内放水使土落实，有空隙或凹坑用湿润土拢平，保持表层土厚 1～2 cm。包坑沟，用塑料薄膜或尼龙袋将坑四周包严，以防坑边土脱落。2 月份以前排菌下地的还需在畦内铺一层薄膜，在薄膜上覆盖 5～7 cm 土层，到 4 月中旬将畦内薄膜和浮土铲净，准备出菇管理。

e. 搭阴棚。在坑北侧和坑中部立两道横杆，中部横杆距地面 15 cm，北侧横杆距地面 25 cm，在横杆上搭塑料布和草帘，呈南低北高倾斜状。4 月份以前北部塑料布直铺到地面上，并用土压紧，东西两侧留排气孔。

f. 铺砾。冬季下菌时盖浮土和薄膜的要在铲除浮土和薄膜后铺砾。畦内平铺一薄层 1.5～2.5 cm 直径的光滑石砾。

③出菇管理。

a. 水分管理。4 月下旬自然气温达到 15 ℃以上，在畦内灌一次水，水量以没过畦面 2 cm 左右为宜，自动渗下后每天早、中、晚各喷水一次，水量以湿润地面为宜，并尽量往空间喷。根据降雨情况，干旱时每隔 5～7 d 要浇水一次，水能立即渗下为宜，有降雨时少灌。灰树花原基产生后，喷水时应注意远离原基，避免将原基上的黄水珠冲掉。灰树花长大后可以在菇上喷水，促进菇体生长。灰树花采收后 3 d，其根部不要喷水，以利于菌丝复壮，再长下潮菇。高温季节还需要往草帘和坑外空地洒水，降温增湿。低温季节喷水和灌水时最好用日光晒过的温水，以利于保温。雨季降雨充足，可以少喷水或不喷水，干旱燥热需在白天中午增喷一次大水。

b. 温度管理。4 月下旬或 5 月上旬以保温为主，晚上要盖严草帘和塑料布，或

者草帘在下塑料布在上，并在日光充足时适当延长阳光直射畦面的时间。6月下旬至8月高温高热期应以降温为主，可以用喷水降温和增加草帘上的覆盖物增加遮阳程度。晚上揭开塑料布或草帘露天生长，白天气温高时再盖上草帘或塑料布等覆盖物。

c.通气管理。4月中旬以后要将北侧塑料布卷起叠放在草帘上，使北侧长期保持通风，每天早晚要揭开草帘通风1～2 h。注意低温时和大风天气要少通风，高温和阴雨时要多通风，早晚喷大水前后，适当加大通风。通风要和保温、保湿、遮光协调进行，不可不通风，也不可通风过多。菇蕾分化期少通风多保湿，菇蕾生长期多通风促蒸发。

d.光照管理。用支斜架的方法保持灰树花生长的稳定散射光，每天早晚晾晒1～2 h增加弱直射光。生产上不采用过厚的草帘，以保留稀疏的直射光，出菇期避免强直射光，不可为保温和操作方便而撤掉遮阳物，造成强光照菇。

e.光温水气协调管理。光、温、水、气这些因子必须协调执行，在不同的季节、不同的时期和不同的天气情况，以及栽培管理条件，抓主要方面，但不能忽视以致偏离次要方面的极限，还需要通过任何一种因子的概貌措施来创造对其他因子的需求条件。如雨天增加通风达到出菇的湿润条件，干热时通过增加遮阳减少高温伤害；每天早晚揭帘晾晒，可与通风、喷水同时进行，或者在此时采菇。

f.畸形菇预防。灰树花畸形菇多是由于环境不协调造成的，如原基黄化萎干不分化，是由于通风大、湿度小造成；小散菇是由于通风小缺少光照造成；菇盖形如小叶，分化迟缓的鹿角菇和高脚菇是由通风不畅、湿度过大造成的；黄肿菇是由于水汽大、通风弱或高温造成；白化菇多是由于光照弱造成；焦化菇由于光强水分小造成；原基不生长，多是由于覆土厚、浇水过勤、浇冷水造成温度低，生长缓慢所致；薄肉菇是由于高温、高湿、通风不畅，菇体不蒸发而成；培养基塌陷是由于高温、不通风以致菌丝体死亡造成的。

7.病虫害防治

灰树花出菇期较长，特别是贯穿整个高温夏季，时常发生病虫侵害，在坚持以预防为主综合防治的同时，通常还采用如下应急防治措施：

①发现局部杂菌感染时，通常用铁锹将感染部位挖掉，并撒少量石灰水盖面，添湿润新土，拢平畦面，感染部位较多时，可用5%草木灰水浇畦面一次。

②发现虫害，用敌百虫粉撒到畦面无菇处。用低毒高效农药杀虫，尽量避免残毒危害。

③在 7～8 月份高温季节，当畦面有黏液状菌类出现时，用 1%漂白粉液喷床面以抑制杂菌。

8.采收加工和贮运

①灰树花采收的时间。灰树花由现蕾到采收的时间与子实体生长期的温度有关。一般地说，如果温度在 23～28 ℃，由现蕾到采摘需 13～16 h，如果出菇时的温度在 14～22 ℃，由现蕾至采摘要经过 16～15 h。

②灰树花应该采摘时的标志。如果阳光充足，灰树花幼小时颜色深，为灰黑色，长出菌盖以后在菌盖的外沿有一轮白色的小白边，这轮小白边是菌盖的生长点。随着菌盖的长大，菌盖由深灰色变为黄褐色，作为生长点的白边颜色变暗，边缘稍向内卷曲，此时可采摘。如果光照不足，灰树花幼小时，颜色较白，生长点不明显，到菌盖较大时，要看菌盖背面是否出现多孔现象，如果恰好出现菌孔，此时可采摘；如果菌管已经很长，说明灰树花已经老化。老化的灰树花不但质量差，也影响下茬的出菇，所以应及时采收。

③灰树花采收的方法。采收灰树花时，将两手伸平，插入子实体底下，在根的两边稍用力，同时倾向一个方向，菌根即断。注意不要弄伤菌根。有的菌根可以长出几次灰树花。清理碎片及杂草等，过 1～2 h 上一次大水，照常保持出菇条件，过 20～40 h 就可出下潮菇。将采下的灰树花除掉根部的泥土和沙石及子实体上面的杂草等即可鲜售。

第三节　产品开发

一、利用灰树花子实体制作保健饮料

灰树花含有丰富的氨基酸、维生素 E、矿质元素，及具有抗癌、利尿、强身的生理活性物质，可开发研制成灰树花保健饮料，其制作方法可概括为：

1.热浸提

取其八成熟的子实体 1 kg，充分斩碎，加水 10 kg，第一次 80 ℃下充分搅拌热浴浸提 2 h 过滤取滤汁约 9 L。滤渣加水 10 kg，第二次 80 ℃热浴浸提 2 h 过滤取滤汁。合并两次浸提液。

2.浓缩浸出液的制备

减压抽滤浓缩滤液形成固形物，置 4 ℃的冷库里静置 48 h，使果胶质析出，再用离心机分离，得到澄清的浓缩浸出液。

3. 成品调配

常用的风味调料①加甜味剂——蜂蜜、白糖；②加酸味剂——山梨酸、柠檬酸；③其他调味剂——食用香精、薄荷精等，根据不同的消费人群，调配成不同的风味。例如，加入白砂糖或葡萄糖 300 g，柠檬酸或乳酸 10 g，装瓶或软包装，罐装密封后低温灭菌，巴氏消毒 80 ℃热浴 1 h 或紫外线分装管杀菌。

4. 感官检查

饮料呈淡褐色，无沉淀物，无悬浮物；苦中微甜，清香可口；病原菌不得检出。风味独特、口味极佳的灰树花保健饮料。

二、灰树花菌丝体多糖的提取

灰树花多糖具有抑制肿瘤生长，阻止 HIV(艾滋病病毒)对 T 淋巴细胞的破坏，以及降血糖、保肝等作用。从液体发酵培养或固体发酵培养的菌丝体提取多糖，比之用子实体提取多糖，具有生产周期短、原料充足和成本低的优点，是今后提取多糖的主要途径。具有较高的开发价值及良好的应用前景。具体的提取方法是：

1. 发酵培养基

发酵培养基为马铃薯 20%，蔗糖 2%，蛋白胨 0.2%，磷酸二氢钾 0.2%，硫酸镁 0.1%，维生素 B_1 0.002%。500 mL 三角瓶，装液体培养基 100 mL，接种后在 25 ℃下静置 24 h，再在摇床上以 200 r/min 振荡培养 3 d。

2. 多糖的提取工艺流程

菌丝体(液体培养或蔗渣固体培养的菌丝体干品)→加水煮沸浸提→过滤→浓缩→醇沉→分离→真空干燥→称量。

根据研究表明，灰树花菌丝体多糖提取的最佳参数为：加水倍数为 25 倍，醇沉浓度为 80%，浓缩比重为 1.035，浸提时间为 2～4 h，节约能源，缩短工艺周期。

又据浙江工业大学食品工程系(孙培龙等，2001)对深层发酵的菌丝体所含的成分进行分析检测，其结果是：灰树花多糖 7.82%，蛋白质 21.7%，总糖 57.2%，灰分 6.05%。其中菌丝体多糖及总糖含量明显高于子实体的多糖(3.05%)和总糖(49.7%)的含量。这更进一步证明了用菌丝体取代子实体提取灰树花多糖具有重要的实践意义。

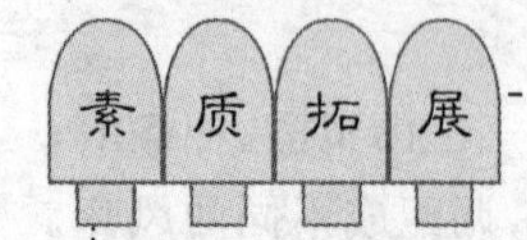

素质拓展

菌类园艺工国家职业标准

3.3 高级

职业功能	工作内容	技能要求	相关知识
一、食、药用菌菌种制作	(一)食、药用菌菌种分离	1.能够选择菌种分离的方法 2.能够进行菌种分离操作	食、药用菌菌种分离方法与技术要求
	(二)食、药用菌菌种保藏	1.能够选择菌种保藏的方法 2.能够实施菌种保藏	食、药用菌菌种保藏原理与方法
二、食、药用菌栽培	(一)栽培场所病虫害防治	1.能够进行食、药用菌病害的综合防治 2.能够进行食、药用菌虫害的综合防治	1.食、药用菌病害的综合防治知识 2.食、药用菌虫害的综合防治知识
	(二)食、药用菌的栽培管理	1.能够指出四种以上食、药用菌发菌期所需的温度、光照、水分、空气等环境条件 2.能够进行四种以上食、药用菌发菌期的常规栽培管理 3.能够指出四种以上食、药用菌出菇期所需的温度、光照、水分、空气等环境条件 4.能够进行四种以上食、药用菌出菇期的常规栽培管理	1.杏鲍菇、白灵菇、茶薪菇、真姬菇、灰树花、大球盖菇、竹荪、姬松茸、阿魏菇生长发育的环境条件要求 2.杏鲍菇、白灵菇、茶薪菇、真姬菇、灰树花、大球盖菇、竹荪、姬松茸、阿魏菇的栽培管理知识

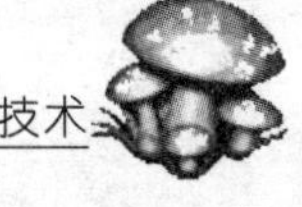

素质拓展

续上页

续表

职业功能	工作内容	技能要求	相关知识
三、食、药用菌产品加工	食、药用菌保鲜技术	1.能够选择食、药用菌的保鲜方法 2.能够实施三种以上食、药用菌的保鲜	食、药用菌商品菇的保鲜方法与技术要求

第十三章　茯苓生产技术

知识目标

- 了解茯苓的药用价值和栽培现状。
- 熟悉茯苓生产的工艺流程和产品开发技术。
- 掌握茯苓实训生产计划的设计思路和制定方法。

能力目标

- 能应用所学知识进行茯苓实训生产计划的制定。
- 能完成茯苓栽培的全部生产操作。
- 能处理茯苓生产管理中出现的技术问题。
- 能全程进行茯苓生产管理并填写生产管理日志。

素质目标

- 能够将菌类园艺工国家职业标准与学习、实践相融合。

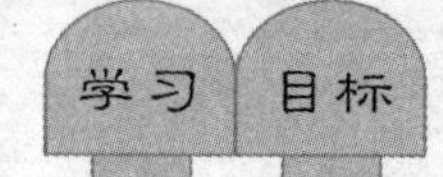

第一节　概　　述

茯苓[*Poria cocos*(Schw.)Wolf.]又称松茯苓、茯灵、野苓、松柏芋等，隶属于担子菌亚门、多孔菌目、多孔菌科、卧孔菌属。自古以来，栽培茯苓大多采用“肉引”法，大规模纯菌种栽培是近30年的事，常用的栽培方法有筒段栽培和树桩栽培。目前大面积栽培茯苓平均每窑产量为2～10 kg。茯苓是传统的出口产品，远销东南亚、印度等国，在国际市场上久负盛誉。茯苓在世界各地及我国分布均较广。在亚洲、美洲、东南亚、澳大利亚、日本等均有分布。我国主产于安徽、湖北、湖南、河南、福建、浙江、江西等省。其中以鄂、豫、皖三省交界的大别山区的茯苓尤为闻名。湖北罗田、英山等县有栽培茯苓的经验，产量占全国的50%以上，大别山区各县及云南省姚安、楚雄等县所产的茯苓质量最好。茯苓是一种名贵的食、药两用真菌。它不仅对多种疾病有治疗功效，而且还有较高的营养价值，常食之有病治病，无病防病，久服能宁心安神，延年益寿。

据医药部门统计，中药处方中有40%的要用到茯苓，历史上的中医经典药方中也多离不开茯苓。茯苓除了药用外，还被调配成多种营养食品，如我国市场上常见的“茯苓糕”、“茯苓饼”、“茯苓酥”、“茯苓茶”、“茯苓包子”、“茯苓粥”等。在日本还把它制成“兵粮丸”，作为海军士兵的营养品。在美国南部地区居住的黑人和美洲的印第安人等把它烧熟后直接食用，所以在那些地方，茯苓又被称为“红人面包”或“印第安人面包”。

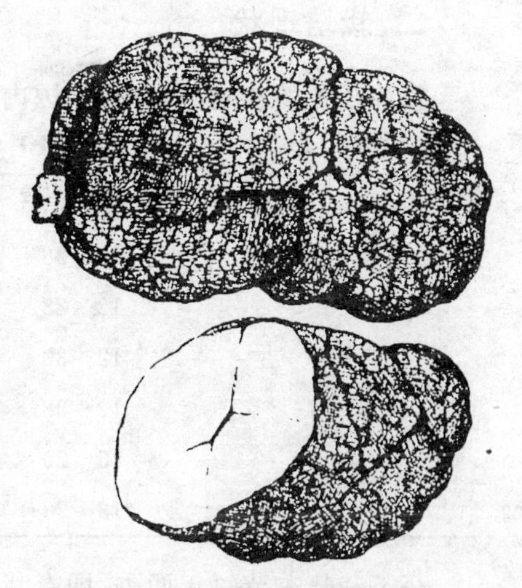

图 13-1　茯苓菌核(仿卯晓岚)

一、药用价值

茯苓既是一种食品，又是一味中药。茯苓性味甘、淡、平，入心、肺、脾、胃、肾经。主要功用为利水渗湿、健脾补中、宁心安神，可以治疗小便不利、水肿胀满；停饮不食、胸闷腹泻；心悸怔忡、失眠多梦等症。我国中药经典配方中的“四君子”、“八珍”、“十全”均有茯苓一味。现代医学认为，人抵抗力的强弱在于免疫功能，而免疫功能降低是机体衰老和体弱多病的原因。茯苓多糖能增强人体的免疫功能，包括细胞免疫和体液免疫。恶性肿瘤是中老年人的常见病、多发病，其发生的原因有内因和外因，内因就是免疫功能的降低。因此，茯苓在肿瘤防治上也能发挥作用。另外，茯苓含的卵磷脂是机体抗老化必不可少的物质，具有延缓机体老化的作用。

1. 利尿作用

茯苓利尿机转不明，而且复方较单味药作用明显。

2. 镇静作用

茯苓煎剂对小鼠腹腔注射，可以抑制自发活动，并能对抗咖啡因所致小鼠兴奋过度，对巴比妥的麻醉有协同作用。

3. 心血管系统

乙醇提取物使心肌收缩力加强，心率增加。

4. 消化系统

茯苓对于四氯化碳所引起的小鼠肝损伤，有明显的保护作用。

5. 抗肿瘤作用

茯苓多糖对小鼠肉瘤有抑制作用，其作用与胸腺有关，可激活局部补体。

二、栽培现状

目前茯苓的栽培品种很多，国内使用较多的品种见表 13-1。

表 13-1　茯苓栽培品种介绍

菌株	出菇温度/℃	种性特点
茯苓 86	12～28	发菌快，吃料强，适合段木生长
茯苓 28	12～28	结苓快，个大，皮薄，肉厚
岳西茯苓	12～30	成熟快，产量高
茯苓 578	12～28	发菌快，产量高
华中茯苓	15～20	苓大产量高，传统良种
Z1 号	12～28	稳产，抗病性强

茯苓栽培季节每年两季，即春栽和秋栽。春栽为 4 月下旬至 5 月中旬接种，当年 10 月下旬至 11 月下旬 12 月初采收，生长期为 6 个月左右；秋栽为 8 月底至 9 月初接种，第二年 4 月底至 5 月下旬采收，因茯苓菌核在冬季处于休眠期，因此生长期仍为 6 个月左右。

茯苓栽培主要有段木栽培、松蔸栽培及配料栽培等。

第二节　栽培技术

一、工艺流程

茯苓栽培工艺见图 13-2。

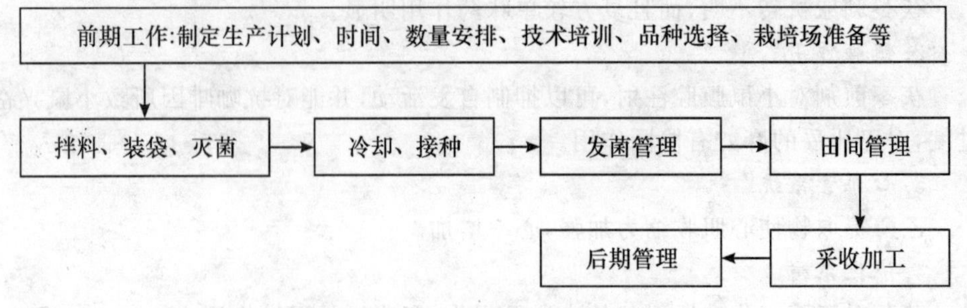

图 13-2　茯苓栽培工艺流程图

二、生产计划

实训生产项目：1亩栽培场，10月下旬菌核采收

1. 时间、数量（表13-2）

表13-2　茯苓栽培时间和数量

项目	栽培始期	产苓始期
时间	4月下旬接种	10月下旬
数量	300～400窖	4 000～8 000 kg

2. 确定配方

不同的地区栽培料的配方有着一定的差别，但基本原料和主要营养成分大体相同，详细配方见表13-3。

表13-3　茯苓栽培料配方　%

项目	配方一	配方二
小松片（1 cm×2 cm×10 cm）	70	
松木屑	15	78
米糠或麦麸	10	20
石膏粉	1.5	1
蔗糖	1.6	1
磷肥	1.5	
尿素	0.4	

3. 实训生产物料预算

一般每亩用菌种400～500袋，用木材4 000～6 000 kg，可收鲜茯苓4 000～8 000 kg，菌种成本1 600～2 000元，鲜茯苓价格1.4～2.0元/kg，亩产值达5 600～16 000元，可获利4 000～12 000元，经济效益十分显著。详细的物料预算略。

三、栽培技术

（一）松材段木栽培

1. 场地准备

苓场选择是否适宜，关系到接种后茯苓菌丝成活率及茯苓质量、产量等，必须做到以下几点：

①选场。茯苓的栽培场应海拔 700～1 000 m 山地为理想场所，选择坐北朝南的向阳坡，这样光照强，温度高，温差大，有利于茯苓菌丝的生长和菌核的形成。坡度应在 15°～30°，坡陡易泄水，不易保湿，地势过平缓则易积水。茯苓的土壤含沙量要求约 70%，pH 值为 4～6 的酸性红沙壤，要求土质贫瘠，松散，未种过庄稼和茯苓的地方作苓场。

②挖场晒场。场地选好后，要在冬季进行翻挖一次，深度为 50 cm 左右。要清除杂草、树根、石块等。让其晒干，减少病虫害。挖后的坡度应尽保持原自然状态。

③挖窖开厢。在下窖接种前 20～30 d，进行开厢挖窖。窖长 80 cm，窖宽 30～40 cm，深 35 cm，窖底的土要翻松，让其暴晒，窖间距离只保留 10～15 cm，同时，场内每间隔一定距离，保留 30～40 cm 的场地，修挖排水沟。

根据栽培场的地势及栽培习惯，在挖窖栽培栽种的同时，在窖间修挖横向或直向的排水沟，将茯苓场分割成数个厢场。一般厢场有 2 种：横厢场，即在场内横向挖窖栽苓，并在直向 2～3 排茯苓窖间排水沟，形成横向厢场；直厢场，即在场内上下直向挖窖栽苓，并在横向每间隔 2～3 窖修挖排水沟，形成直向厢场。

挖厢的目的主要是利于排水防渍，同时也便于管理人员在场内走动，进行观察、管理及采收。

2. 备料

①树种的选择和砍伐。目前用于茯苓栽培的主要为马尾松，其次为黄山松、云南松、赤松、黑松等。松树属于常绿针叶树，休眠期不明显，砍伐应在秋冬进行，因为这时的树营养丰富，汁液处于不流动状态，并且此时树材体内水分少，便于干燥，同时，冬季农活少，有利于劳力的安排。砍伐应选 20 年左右，树径 10～20 cm 的中龄树。

②剔枝留梢。松树砍倒后，剔去大的树枝，留顶部小枝叶，可加快树体内抽水及干燥。

③削皮留筋。剔枝后经几天略微干燥，用斧头纵向从蔸至梢削去宽约 3 cm、深 0.5～0.8 cm 的树皮，以见到木质部（见白）为度，然后每间隔 3 cm 再削去一道树皮，其目的是加快树干内油脂溢出和干燥，以便使接种后菌丝易于成活。

要注意，削皮留筋数不应为 4 条，否则筒木易成方形，入窖后，与底土接触面过大，常使筒木吸水过甚，不利于茯苓菌的传引，又易生板苓，一般以削皮 3、5、7 条为好。

④截断码晒。削皮的松木干至适时（横断面出现裂纹），锯成 60～75 cm 长的木段，称为筒木或料筒。锯断的段木，运至堆码场，可按“井”字形堆码风干。堆码场所要靠近栽培场，应清除杂草，撒施农药（杀虫剂和杀菌剂），消灭白蚁和其他害虫，杜绝污染。垛底要用石块或其他树木垫起，垛顶可用松、杉树枝覆盖，为了保证

段木的新鲜和干燥，避免雨淋，也可用薄膜盖顶，但要注意雨天覆盖，晴天揭开。

3. 下窖接种

茯苓栽培，下窖接种的时间一般在 4 月下旬至 5 月中旬进行，苓农有句谚语："种好茯苓没有巧，抓住两干和一好"，即场干、料干，菌种质量好。

①下窖排筒。选择晴天下窖排筒，排筒时要根据料筒的粗细分别排放，大的每窖可放一根或两根，较小的可放 5～7 根。分别称为独筒窖、双筒窖、多筒窖。料筒在窖内呈顺坡斜卧状，一头高，一头低。

②接种。栽培时应边排筒、边接种、边覆土，使菌种能尽快的成活定植。在茯苓栽培中，有用纯菌种进行栽培的，也有用新鲜茯苓菌核肉作种进行栽培的，常分别称为"菌引"、"木引"和"肉引"。

菌引是采用微生物分离法和培养技术，通过一级种、二级种和三级种制作，培育成纯菌种。它节约种苓，能保持品种的纯度和特性。菌种的扩大繁殖和保存运输方便，适合大面积推广栽培，不足是要一定的设备。

木引是在栽培前的 2 个月，选择完全干燥，直径 4 cm 左右的松技为培养材料，先用"肉引"接种(接种量为松枝重量的 1/15)，埋入窖内，待菌丝蔓延之后取出，即成"木引"菌种。此优点是不要设备投资；不足是易染病，单产低。

肉引是在栽培接种前，选取用新鲜、有浆汁、裂纹深的中苓，掰成块状，直接垫、夹、贴在料筒上。其特点是当年产量有保证，茯苓的形态、气味、色泽良好，但成本高，需大量鲜苓，长期传代易引起品种退化。

根据窖内料筒数量的不同，接种方式也不同，可分别采用"头引"、"侧引"、"枕引"和"扦引"。

头引是在独筒窖或双筒窖内，用茯苓菌核或菌种接种时多采用头引，方法是料筒排好后，如果是塑料袋装的菌种，把袋子划开一条口子，如果是瓶装菌种，把瓶底打掉，将露出菌种的部位紧贴于料筒上断面。如是用菌核接种，将茯苓菌核剖开，皮对外，苓肉紧贴于料筒上断面。

侧引适用于独筒窖或双筒窖，不论是木片种、锯末种或茯苓菌核，都可采取侧引进行接种。其方法是：将菌种袋划破或把瓶底打掉，露出菌种，或将茯苓菌核切开后，将菌种或菌核肉紧贴于料筒上半截的侧面。

枕引适用于独筒窖或双筒窖，方法也是使菌种露出或将茯苓菌核切开后，垫在料筒离上断面 10 cm 左右的底下，坡度较大的苓场多采用此法。

扦引适用于多筒窖，方法是用松木制成一头粗一头细的木扦，粗细以能插进瓶口为宜。下窖时可根据料筒的多少，先铺好底层料筒，然后将木扦细的一头插进菌种瓶或菌种袋内，一般不插到底，只插进 2/3 即可，再将粗的一头放在料筒中间，使瓶口贴近料筒的断面，放好后，在上面再排料筒，将木扦压住。

不论采取哪种方法接种，每窖（20 kg 左右干料）的接种量分别为：菌核 0.2～0.3 kg，菌种 1～2 瓶。

③覆土。覆土的目的是保温、保湿和护苓种。在黑暗、有机械刺激的（覆土）条件下，使"引子"尽快定植、蔓延、结苓。排筒接好种后，可用部分松木片将菌种和料筒之间填实盖紧，立即用沙土进行覆盖，厚度为 7～10 cm，上面要做成龟背形，以利于排水。

4. 栽培管理

①查窖补种。下窖接种后，10～15 d 菌丝可萌发生长，正常情况下，菌丝已进入到料筒上生长，称"上引"，这时可进行检查接种成活情况，必要时要进行补种。方法是将窖的上端挖开，露出料筒，如果发现未发菌或菌种老化变色，可将菌种取出，接生长健壮的菌种或新鲜茯苓菌核。若茯苓窖内湿度过大，可将窖面土壤翻开，晒 1～2 d，待水分减少后，加入干燥沙土，再重新补种。若土壤或段木过于干燥，影响茯苓的正常生长，可适当在窖面上喷洒些水，或翻开窖面用 0.5％的尿素稀释液喷洒在段木上，可促使菌丝健壮生长。20～30 d 时，菌丝可伸长 20～30 cm，70 d 后，栽培场上开始出现龟裂纹，表示窖内菌核已形成，并进行生长，3～4 个月可形成菌核。

②清沟排渍。在下窖后的管理中，还要做好清沟排水工作，防止窖内积水，影响菌丝生长或烂窖。在覆土的同时，可在苓场的上坡和四周挖好排水沟，必要时，在苓场内适当的位置也要挖排水沟。若降雨较多或暴雨时，可在窖的上端的接种处覆盖树皮、塑料薄膜等，防止雨水渗入窖内。

③覆土掩裂。下种后 3 个月左右开始形成菌核，亦称"结苓"。由于菌核形成后不断增大，土壤膨胀，使窖面上形成龟裂纹，窖面上层土壤常发生流失，有时部分段木、甚至菌核暴露出窖土面（俗称"冒风"），要及时用沙土掩盖裂纹，以防菌核露出而产生子实体影响产量。

④围栏护场。茯苓接种初期，若受震动，菌种容易与段木脱离，造成"脱引"，菌核形成后，若菌丝体受震动与菌核脱离，菌核则中断生长，因此，要防止人畜践踏侵害苓场，预防的方法是：在苓场周围用树枝、竹竿等修建围栏，加以保护。

⑤治虫防病。对茯苓生产危害较大的害虫主要是白蚁类，其防治方法是以防为主，防治结合。首先要正确选择栽培场。白蚁多聚生在枯树、烂叶较多，杂草丛生，阴凉潮湿，迎北风的北向、东北或西北向的山冈、山坡等地，选场时要避开这些地方。如果发现蚁穴要彻底挖掘消灭。

（二）松蔸栽培

在茯苓产区还有不少的药农利用松蔸进行栽培。这样能减少对松木材的砍伐

和充分利用松树经济效益，降低生产成本有着积极的意义。利用松根进行栽培，其方法有2种。

1.定蔸栽培

选择适合栽培（选场同前）茯苓的山场，在松木材砍伐后、直径12 cm以上的松蔸可就地栽培，隔年但未腐烂、未生虫的和当年砍伐的松蔸都可利用，其方法为：在栽培接种前两三个月，清除灌木，将松蔸四周2 m以内深翻50 cm，暴晒，并将离蔸1 m以外的主根全部截断，拣净草根及石块，同时将树桩、主根和较粗的侧根进行削皮留筋处理，将所有较细的侧根砍断，任其暴晒，结合翻土，可施药以防白蚂蚁（注意不要使药物接触到树根），20 d后即可进行接种。接种方法有填充法、敷贴法等形式。填充法即将树蔸近地表的根部砍成“人”字形缺口，而后将菌片填入，塞紧培土即可。敷贴法是将留筋处的木质部刮出新口，将木片菌种敷贴上，培土。接种时不要让木片悬空。一般树桩直径在20 cm的用种量10片左右。培土时将挖穴时挖下的根柴全部埋入，但要弃杂质及石头，培土高度要高出菌种位3～6 cm，呈龟背形，穴周围要有环沟。

2.移位栽培

将混交林中和不适合栽培茯苓的地方的松蔸挖起，经过削皮留筋处理，风干后进行选场、挖窖栽培，方法同于段木栽培。

（三）代料栽培

选择适宜的配方，采用规格为17 cm×55 cm的塑料栽培袋。灭菌、冷却、接种后在25～28 ℃的条件下培养，20～25 d菌丝可长满袋。然后同段木栽培一样进行选场、开厢挖窖、排筒栽培。每窖排放6袋，排法为底层3袋，第二层2袋，第三层1袋，下窖时脱袋。栽培袋的生产在4月底至5月初进行，5月底至6月初下窖。

松蔸栽培、代料栽培的管理方法可参照段木栽培。

四、采收

采收亦称起窖。茯苓下窖接种后，一般4个月左右开始结苓，8～10个月可成熟，慢者要12～15个月。茯苓成熟的早迟，一是根据地理环境条件，二是根据料筒的大小和树木的老嫩。具体判断茯苓成熟的标准是：

①茯苓窖顶不再出现新的龟裂纹；

②培养料（段木或松树蔸）营养基本耗尽，颜色由淡黄色变为黄褐色，材质呈腐朽状，用手可捏碎；

③茯苓菌核外皮颜色开始变深，由黄白色或淡黄色变为褐色，不再有白花裂纹，菌核与苓蒂已松脱。

达到了以上三个条件的即标志着茯苓已经成熟，应及时采收。采收茯苓时，应从坡下向上逐厢逐窖的采挖。方法是：首先将窖的表面土挖去，然后小心仔细地挖掘。一要防止将菌核挖破；二要防止漏挖。茯苓菌核有时通过索状苓蒂（菌索），离开料筒较远的地方生长，常称之为“吊苓”，亦称为走边。采挖时要根据窖内菌核生长情况和料筒营养状况进行摘苓。如果窖内菌核成熟一致，料筒的养料已耗尽，开始腐烂，可大小一次性摘下；如果结苓先后不一，成熟不一致，并且料筒为黄色，较硬未腐烂的，可摘大留小，采后将料筒和其上面的小菌核埋好，可继续生长和结苓。一般地说小料筒（多筒窖）基本上可采取一次性采收，大料筒（独筒窖）可采大留小。

五、加工

采挖出的茯苓鲜菌核称为“潮苓”，含有40%～50%的水分，必须去除部分水分，才能进行加工。鲜茯苓菌核去除水分的传统方法，叫做“发汗”。将潮苓放置在较密闭的环境中，使其内部的水分慢慢溢出，而不能直接暴晒或加温干燥。茯苓的加工，按照商品要求，规格较多，加工制作比较复杂，给加工带来许多麻烦，但根据药效价值差别不大，目前大多已简化了加工程序，进行简易加工，其方法为：

1. 潮苓分类

茯苓采收后，除净泥土，将菌核按大小、重量进行分类，存放室内暂存。

2. 发汗

将潮苓按采收时间和个体类别，分别堆码在发汗室的发汗池内，分别进行排放，潮苓周围用干净稻草覆盖严密，让菌核“发汗”慢慢蒸发水分。在“发汗”过程中，每隔2～3 d将菌核翻动一次，每次将菌核转动1/4周，以使整个菌核蒸发失水一致。经过12～15 d后，菌核失水变干，表面起皱，变为暗褐色，“发汗”即可结束。

3. 剥皮切片干燥

“发汗”结束后，将茯苓皮剥去，然后分类用刀进行切片，色白、质量好的可加工成白片或白块。质量略次的粉红色或淡黄色的加工成赤片或赤块。切好后在日光下晒干。剥下的茯苓皮和碎料可分别晒干，即成为茯苓皮和茯苓粉，亦可售之。

在加工过程中应注意，如果发现有小松根穿苓而过的，此即为称之“茯神”的贵重品，是茯苓中的上品，应单独加工保存。切片或切块时，应垂直于松根，使每片或每块都有松根小段。茯苓加工干制后，可立即到药材部门出售，也可进行干燥保存，但要防止受潮霉变。

4. 干燥

潮苓经切制成片、块后，置晒场内暴晒，经4～5 d翻晒后，当制品表面出现微细裂纹时，收回放入暂放室内，因茯苓块制品含水分较多，经4～5 d的翻晒后，还要送入烘房内烘烤，烘房内控温60～65 ℃，烘烤时间8～9 h。

第三节　产品开发

一、茯苓多糖的提取

茯苓多糖有抗肿瘤，提高人体免疫功能等作用，是制作很多药剂的原料。具体的提取方法是：

1. 粗提

将茯苓用粉碎机粉碎至能通过 60 目筛，取茯苓粉末共 15 g，溶于 3 ℃的 0.15 mol/LNaOH溶液 3 000 mL 中，加入四氟乙烯转子在磁力搅拌器中搅拌，至粉末全部溶解，此时溶液呈黏稠状态，置于冰箱中 4 ℃冷藏、过夜，次日抽滤，弃去残渣保留液体，滤液用 10%的醋酸溶液中和，直至用广泛 pH 试纸测其 pH 值为 6～7；再加入等量 95%乙醇，于 3 ℃放置过夜，次日抽滤，获取沉淀，接着用流水透析 2 d 后，依次用 900 mL 蒸馏水洗涤，300 mL 无水乙醇、300 mL 丙酮、200 mL 乙醚洗涤之后，放入干燥器中，减压抽干，置干燥箱中 58 ℃干燥 30 min，即得茯苓多糖粗品，呈淡黄色细颗粒状结晶。

2. 精制

精制称取以上茯苓多糖粗品 5 g，溶于 500 mL 二甲基亚砜(DMSO)中，在室温下用磁力搅拌器搅拌 15 h 后，加入 500 mL 蒸馏水，继续搅拌 20 min 之后，放置 2 h，抽滤，沉淀用无水乙醇、丙酮、乙醚洗涤，置干燥箱中 60 ℃以下，干燥 30 min，即可得茯苓精制品。

3. 注意事项

茯苓多糖有多种提取方法，有以水为溶媒的冷浸、热浸、水煮等方法，还有以碱液为溶媒的浓碱提取法及稀碱提取法，这些方法提取的多糖收率低，并含有水溶性的杂蛋白等物质，用浓碱(2 mol/LNaOH)浸提，虽然收率比水提法高，但因其溶液稠度较大，难以过滤，操作周期较长。DMSO 可使蛋白质裂解为小分子的易溶于水的肽类物质，因此可用它来除去杂蛋白，总之，采用稀碱提取方法，用二甲基亚砜(DMSO)进行精制法较为合理，操作周期短，工艺简单易行。

二、茯苓液体培养法中羧甲基茯苓多糖(CMP)的提取

羧甲基茯苓多糖(CMP)是茯苓的有效成分之一，具有促进细胞分裂，抗肿瘤，提高机体免疫力，抗炎等作用，已逐步被应用于临床，具有较高的开发价值及良好的应用前景。具体的提取方法是：

1.发酵培养基

葡萄糖 40 g,蛋白胨 7.5 g,硝酸钾 7.5 g,硫酸镁 0.5 g,磷酸二氢钾 1 g,水 1 000 mL,pH 值 5.5。

2.多糖的提取(发酵醇沉法)

茯苓菌丝摇瓶培养 7 d 后,分离发酵上清液,加入 3 倍量的 95%乙醇,过夜,过滤得沉淀,沉淀相继用乙醇、丙酮、乙醚洗涤,用 Sevage 法除去沉淀中的蛋白质得到茯苓粗多糖,剧烈搅拌下加入 $NaIO_4$ 进行选择性氧化,调 pH 值 3~4 适度酸解后,过滤,固体物用水洗涤,该固体物为茯苓次多糖,将茯苓次多糖加入到少量 1% NaOH 水溶液中,碱溶后,加入异丙醇,快速搅拌下加入氯乙酸异丙醇溶液,恒温 50 ℃放置,当反应呈糊状时,即可停止,将上层异丙醇倾出,下层加入稀醋酸溶液,剧烈搅拌,加入乙醇过滤,固体物部分溶解于水中,用乙醇沉淀。过滤,干燥,得白色粉末状固体物,即为 CMP 样品。

3.CMP 的纯化

取 CMP 样品溶于蒸馏水中,加入到已预处理过的 DEAE-32 纤维素层析柱中,用 0~4 mol/L 的 NaCl 溶液进行梯度洗脱,流速为 0.5 mL/min,每 10 mL 为一个单位分部收集,采用苯酚-硫酸法在 490 nm 处检测,收集含多糖的各管样品,透析脱盐、冷冻干燥,得到组分 PD。PD 用 SephadesG-200 层析柱进一步纯化,再以 0.1 mol/L 的 NaCl 溶液洗脱,同样用部分收集器收集,检测后分别收集各组分,经透析脱盐后,冷冻干燥,得到 CMP 的精致品 PG。

菌类园艺工国家职业标准

3.4 技师

职业功能	工作内容	技能要求	相关知识
一、食、药用菌菌种制作	食、药用菌菌种提纯复壮	1.能够选择污染试管母种的提纯方法 2.能够选择试管母种复壮的方法 3.能够进行试管母种提纯复壮操作	食、药用菌菌种提纯复壮知识

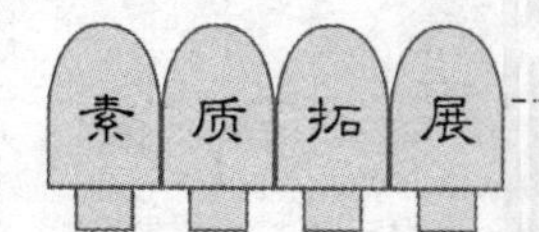

续上页

续表

职业功能	工作内容	技能要求	相关知识
二、食、药用菌菌场组建与管理	(一)食、药用菌菌场建造	1. 能够提供建造食、药用菌菌场(菌种厂、栽培场、产品加工厂)的技术方案 2. 能够购置食、药用菌菌场(菌种厂、栽培场、产品加工厂)的必备设备设施	1. 食、药用菌菌场的建造原则与技术要求 2. 食、药用菌菌场的必备设备设施
	(二)食、药用菌菌场技术管理	1. 能够制定食、药用菌菌种厂的技术规程 2. 能够制定食、药用菌栽培场的技术规程 3. 能够制定食、药用菌产品加工厂的技术规程 4. 能够提供食、药用菌菌场各部门技术人员配置方案	1. 制定食、药用菌菌种厂技术规程的要求 2. 制定食、药用菌栽培场技术规程的要求 3. 制定食、药用菌产品加工厂技术规程的要求
三、食、药用菌栽培	(一)食、药用菌栽培	1. 能够提供食、药用菌栽培品比试验方案 2. 能够提供食、药用菌反季节栽培技术方案 3. 能够提供食、药用菌周年栽培技术方案 4. 能够提供新种类，珍稀食、药用菌种类推广种植技术方案	1. 食、药用菌栽培品比试验的设计要求 2. 食、药用菌反季节栽培设计要求 3. 食、药用菌周年栽培设计要求 4. 新种类，珍稀食、药用菌种类推广种植设计要求
	(二)病虫害防治	1. 能够对食、药用菌发菌期大面积异常现象进行原因分析 2. 能够对食、药用菌出菇期畸形菇发生原因进行分析并尝试救治	食、药用菌病虫害侵染机理与条件

第十四章　蜜环菌生产技术

知识目标

- 了解蜜环菌的药用价值和栽培现状。
- 熟悉蜜环菌生产的工艺流程和产品开发技术。
- 掌握蜜环菌实训生产计划的设计思路和制定方法。

能力目标

- 能应用所学知识进行蜜环菌实训生产计划的制定。
- 能完成蜜环菌栽培的全部生产操作。
- 能处理蜜环菌培养管理中出现的技术问题。
- 能全程进行生产管理并填写生产管理日志。

素质目标

- 能够将菌类园艺工国家职业标准与学习、实践相融合。

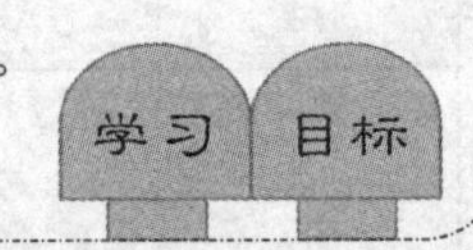

第一节　概　述

蜜环菌(*Armillaria mellea*)别名蜜环蕈、榛蘑、菌索蕈、苞谷蕈、青风蕈。属担子菌亚门、伞菌目、口蘑科、蜜环菌属。

蜜环菌属在世界上至少有17种。据戴芳澜(1962)《中国真菌总汇》一书中记载,我国蜜环菌属有6种。蜜环菌在世界各大洲均有分布。在我国主要分布于黑龙江、吉林、辽宁、河北、河南、山西、山东、甘肃、陕西、青海、四川、安徽、浙江、湖南、湖北、云南、广西、贵州、西藏及台湾等省区。我国很多地区民间早有采集蜜环菌子实体食用并用以治疗疾病的习惯,经常食用可预防视力减退、夜盲症、眼炎、黏膜失去分泌能力及皮肤干燥,并可抵抗某些呼吸道及消化道感染等疾病。鄂西山区称蜜环菌为苞谷蕈,为美味食用菌,蜜环菌的子实体、菌丝、菌索都可入药,所以蜜环菌是一种食药兼用的真菌。而且蜜环菌还是另外的2种名贵中药天麻和猪苓生长

发育中必不可少的“伴侣”。

蜜环菌菌丝在显微镜下观察为无色透明和具有隔膜的丝状体，一般形成粗壮的菌索。子实体夏秋季多丛生于老树桩或死树的基部，也能寄生在活树上，真菌柄基部与根状菌索相连，子实体就产生在根状菌索上。子实体高 5～15 cm。菌盖肉质，扁半球形，逐渐平展，后下凹，直径 7～9 cm，表面蜜黄色与栗褐色，多布以毛状小鳞片，菌肉白色。菌柄细长圆柱形，浅褐色，稍部近白色，直径 0.5～2.2 cm，纤维质松软，后中空，基部常膨大。菌柄上部接近菌褶处有一较厚的菌环，膜质，松软，有时为双环，白色有暗色斑点。由于菌盖表面呈蜜黄色，菌柄上部有环，所以叫“蜜环菌”。菌褶与菌柄相连，呈贴生至延生，由近白色逐渐变为污白褐色，老时有锈色斑。孢子印白色或微具黄色。孢子光滑，椭圆形或近卵圆形。大小为 (7～8.5) μm×(5～5.5) μm。

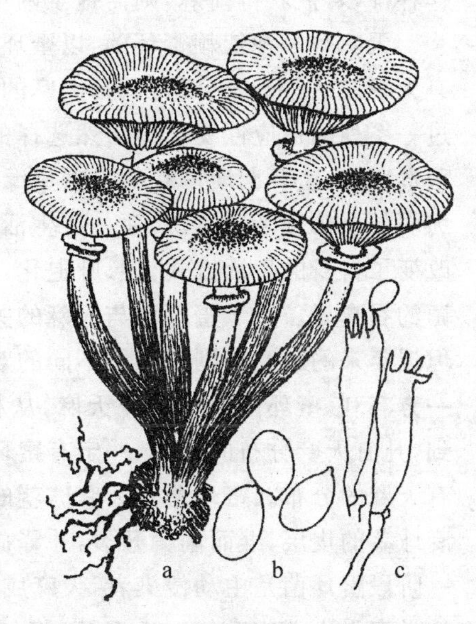

a. 子实体　b. 担孢子　c. 担子

图 14-1　蜜环菌形态(仿卯晓岚)

天麻又名赤箭、定风草、鬼督邮、仙人脚、独摇芝、合离等，是我国的一种传统名贵药材，素有“国宝”之称。我国天麻入药已有 2 000 多年的历史。《神农本草经》中写到天麻有着“杀鬼精物”的功效。蜜环菌与天麻对高血压、椎基底动脉供血不足、美尼尔氏症、植物神经功能紊乱及阴虚阳亢病人引起的眩晕症，疗效可达70%～80%，对手足麻木、关节疼痛、耳鸣、癫痫和中风后遗症也有一定的改善。

我国的天麻人工栽培研究，始于 20 世纪 50 年代中期，最早的天麻栽培是民间的一些药农将采挖到的天麻球茎与长有蜜环菌的树桩、树根一起埋入土中，取得了成功经验，打开了天麻栽培之门。

鲜麻体按发育进度和大小可分为 3 种类型，即箭麻、白麻和米麻。箭麻肥大，顶端有红色芽嘴（花茎芽），休眠期过后，随着气温的回升，能抽薹开花结实（图 9-2）。白麻略显瘦长，顶端发白，有光泽。米麻最小，又称仔麻。箭麻和少数大白麻加工入药，其余白麻和米麻均作种源。用作种源的白麻和米麻，栽后形成箭麻的数量相差悬殊。用白麻栽种，栽后一年便有大量箭麻形成，其鲜重可达总收获量的 70%以上。用白麻栽种的一年采收，以生产箭麻为主，而用米麻栽种的，一年后，用作种源，若欲获得箭麻，则需拖至两年采收。

天麻是一种依赖蜜环菌，以蜜环菌为营养来源的异养型植物，没有蜜环菌就没有天麻。一些专家分析认为，天麻的这种生活特性是天麻在演化的历史长河中，通过一系列的适应性变化而自然选择的结果。追溯天麻的祖先，应是一种饱受蜜环菌危害，为蜜环菌所困扰的自养型绿色植物。在与蜜环菌的生存斗争中，那些生活力弱的个体逐渐被淘汰，而一些生活力强，对蜜环菌的耐性和抗性强的个体，逐渐改变了自身的生活方式，根、叶退化，叶绿素消失，变自养型为异养型，反成为蜜环菌的吞噬者。关于蜜环菌与天麻的关系问题，以往的研究者认为二者是共生关系，但近年来的研究者则提出了不同的观点。天麻与蜜环菌的结合，仅表现在对天麻一方有利，蜜环菌则可离开天麻，从林木中吸收营养而独立生活。在自然界可看到，凡有天麻分布的地方，一定有蜜环菌的存在，而有蜜环菌存在的地方，并不一定有天麻的分布。蜜环菌对天麻球茎的侵染过程，开始是蜜环菌的菌索顶端侵入天麻球茎的皮层，继而菌鞘开裂，并释放出大量菌丝，使被侵染的细胞遭到破坏。这一阶段蜜环菌是主动侵染者，天麻成了寄主。以后天麻球茎反而依靠自身所产生的具有强大消化力的次生溶酶，将侵入的菌丝迅速消化吸收，天麻又成了反寄生者。因此，天麻与蜜环菌的关系，实质上应是寄生与反寄生的关系，即在天麻与蜜环菌的结合过程中，在早期阶段是蜜环菌对天麻的寄生，以后蜜环菌又成了天麻的寄主。根据天麻以蜜环菌为营养源的生活特点，也有人称天麻为"真菌营养性植物"。在蜜环菌对天麻球茎的侵染过程中，蜜环菌还表现出对天麻球茎侵染的区域性，一般当年新生麻体不被侵染，而上年形成的麻体变为整个麻体基部的侵染区，并由此为新生麻体输送异源营养，故对这一部分特称为接菌茎或营养茎或麻母。随着菌丝侵染的深入、扩大，被侵染部分的颜色逐渐变成棕黑色，内含物耗尽，最后便脱落下来。

天麻栽培技术可分为无性繁殖和有性繁殖，两种繁殖方式都需要蜜环菌种。

天麻的有性繁殖就是利用天麻开花结实形成的种子作为种源播种，在与蜜环菌种的"伴生"下，进行天麻栽培。采用这种方法可以大大增加天麻的繁殖系数，也为天麻的杂交育种和种性复壮提供了条件。但是天麻不能自花授粉，需要人工授粉和采种，并且天麻种子非常小，播后出苗率极低、稳产性差，故通常还是以无性繁殖为主。

天麻采收后箭麻和少数大白麻加工干制入药，其余白麻或仔麻作为种源播种栽培的方法称为无性繁殖栽培法。其优点：一是凡天麻种植户采收时均有仔麻，种源稳定；二是利用球茎栽种，生产周期短，见效快。

以仔麻作为种源进行扩大栽种。栽种期可在秋末冬初或翌年春季，最佳栽种期为秋末11月份。仔麻栽种前应培养好蜜环菌的菌材。蜜环菌的接种期又依砍树期而定，一般在秋季林木落叶后砍树、接种、培菌，到翌年春季3月份栽种仔麻，或在春季林木萌动前砍树，到秋末11月份栽种仔麻。从仔麻栽种到箭麻形成采收，完成一个生产周期，一般需要1年的时间，即秋末栽种到翌年秋末采收，早春栽种到翌年早春采收。

蜜环菌是好气性兼性寄生真菌，原为森林病害的病原菌。白色的菌丝侵入树木的木质部，红棕色和黑褐色的菌索附在树木的表皮上，夜间，菌丝和菌索在适宜的温度会发出荧光，但在不良环境条件下，蜜环菌会反过来分解和吸收天麻的养分。因此，掌握它们之间的复杂关系，培养好"菌材"是提高天麻产量的关键。

一、药用价值

蜜环菌是我国一种重要的药食兼用真菌，与天麻具有密切的共生关系。大量的研究实验证明，蜜环菌的菌丝体和发酵液都具有与天麻相似的药理作用和临床疗效。蜜环菌中的主要化学成分包括氨基酸、微量元素、倍半萜类化合物、多糖类化合物、嘌呤类物质等。

蜜环菌干粉或发酵物对中枢兴奋药五烯四氮唑有拮抗作用，能降低尼古丁引起的小鼠死亡率，并能使小鼠自由活动数减少，能增加犬的脑血流量和冠状动脉血流量。

常用于高血压病、脑血栓、脑动脉硬化引起的头晕、头胀、头痛、目眩、肢体麻木以及心脑血管疾病引起的偏瘫等病症。

二、栽培现状

优质蜜环菌在天麻生产和深层发酵培养中，才能获得较好效果。经过长期的人工育种，目前筛选出的京都3号、XB-9、Am11-1、Am23-4及Am71-3等为较优良的菌株。近几年专家从若干蜜环菌品种中筛选出"京都3号"、"XB-9"优良蜜环菌品种，它们与天麻优良品种"TC828号"最相适应，是天麻低海拔高产栽培的伴生菌。Am11-1、Am23-4及Am71-3等品种，在深层发酵培养时，菌丝生长速度快，发酵终止后菌丝得率高，发光度强。无论是伴栽天麻还是发酵培养，都是较好的品种。

蜜环菌是一种中温菌，在6～30 ℃范围内皆能生长，但以25 ℃为最适生长温度，栽培季节一般在春季或秋季为宜。

蜜环菌的栽培模式经过长期的发展,已形成多种,主要有段木栽培、树桩栽培、代料栽培等。

段木栽培是传统的栽培模式,秋季树木落叶后或至第二年发芽之前,砍伐树木,再截成木段,以直径5～10 cm,长度100～120 cm为好;树桩栽培,是一种仿野生式栽培,选择树头直径大的树桩更好;代料栽培是用棉子壳、木屑、作物秸秆等原料代替树木段进行栽培,又可分为袋栽、瓶栽、箱栽或畦床栽培等方式。

第二节 栽培技术

一、工艺流程

蜜环菌段木栽培工艺见图14-2。

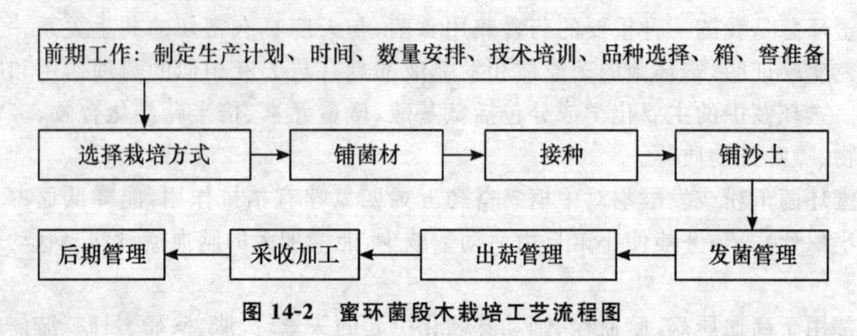

图14-2 蜜环菌段木栽培工艺流程图

二、生产计划

实训生产项目:一亩栽培场,10月下旬的鲜菇采收

1.时间、数量

密环菌生产时间和数量见表14-1。

表14-1 蜜环菌生产时间、数量

项目	栽培始期	鲜菇采收期
时间	8月下旬接种	10月下旬
数量	300～400窖/亩	0.4万～0.5万kg

2. 确定配方

不同的地区栽培料的配方有着一定的差别，但基本原料和主要营养成分大体相同，详细配方见表14-2。

表14-2　蜜环菌栽培料配方

%

项目	配方一	配方二
棉子壳	70	
杂木屑	15	78
米糠或麦麸	10	18
石膏粉	1.5	2
蔗糖	2	1
石灰	1.5	1

3. 实训生产物料预算

一般每亩用菌种400～500袋，按干料1 kg/袋，菌种成本4元/袋，合计1 600～2 000元；培材料成本每亩2万袋×0.6元/袋＝1.2万元（栽培1亩＝667m^2，除开排水沟，实际栽培面积400 m^2，可栽培400窖，每窖1 m^{2}排50袋，总计2万袋）；其他工时费1.2万元；遮阳网、水管、薄膜等费用8 000元；可收鲜蜜环菌0.4万～0.5万kg；鲜蜜环菌价格平均10元/kg，亩产值达4万～5万元；扣除各项总成本3.4万元，可获利6 000～14 000元/亩，经济效益十分显著。详细的物料预算略。

三、栽培技术

（一）菌种制作

母种、原种、栽培种制作的方法按照常规的方法操作。栽培种制作结束以后，还要进行菌枝的制作。具体的制作方法如下：

1. 菌枝选择

菌枝仍以壳斗科的青冈树种及桦科的桦树等乔木的枝条为好。应根据培养菌材的时间培养菌枝，掌握在菌材培养期之前1～2个月进行。培养时间过早，菌枝已朽，营养耗尽，蜜环菌生长势衰退；时间过晚，树枝上不未感染菌索，或菌索只附在树枝表面，翻动时较易脱落。

2. 菌枝培养

选择直径1～2 cm，如手指粗细的树枝斜砍成6～10 cm长的小段。蜜环菌索多在韧皮部与木质部之间生长，斜砍的断面积大，从斜面上发出的菌索多，可提高菌材的接菌率。培养菌枝一般用坑培法或半坑培法，挖30 cm深、60 cm见方的坑，坑底先铺1 cm厚的湿润树叶，树叶压实，然后摆一层树枝，树枝上均匀撒一层人工培养的三级菌种，菌枝应摆于枝与枝间隙中间，在菌种上再摆一层树枝，然后盖一薄层沙土，土的厚度以盖严树枝和填好枝间空隙为准，不宜太厚。依次排列8～10层。层数不宜过多，以免影响通气，从而抑制好气的蜜环菌生长，最后顶部覆盖5～6 cm 厚沙土，沙土上面盖一层树叶以保温、保湿。

用野生蜜环菌及菌棒培养菌枝时，底层树枝摆好后，树根或菌棒可横向交叉摆放，棒与棒间距离 3～4 cm，两棒空隙处可顺向充填树枝，填土后，在菌棒上再摆1～2层树枝。依法排放 6～8 层，菌枝培养好后，如需扩大培养，应按上法铺好底层树枝，并在 1 根菌枝与 1 根树枝间隔摆入，填土后如法培养。其方法同上。如预先将砍好的树枝浸泡在 0.25％硝酸铵溶液中 10～30 min，经处理后的树枝，发菌效果十分显著。

优质菌枝的标准是：无杂菌感染，菌枝是培养菌材的菌种，菌枝表面应附着有蜜环菌索，剥去树皮应有蜜环菌丝生长，以菌枝两头长出有白色顶尖，以有毛刷状细嫩菌索的菌枝质量最佳。培养菌枝时间的长短也影响菌枝质量，培养菌枝的时间短，树枝营养消耗少，其质量最佳。

(二)段木栽培

蜜环菌的段木栽培方法一般可分箱培法、窖培法和堆培法 3 种，现将有关方法介绍如下：

1. 箱培法

箱培法即箱内层积培养法，具体做法是：先将箱底钻几个洞孔，再铺一薄层小石子，撒上 3 cm 厚的潮湿木屑和砂，将砍好鱼鳞口的新鲜木段平行紧靠排于木屑和砂的表面，然后在木段上和间隙处均匀地撒一些种材。或将新鲜木段和培养好的木段表面及间隙处均匀地撒一些种材。或将新鲜木段与培养好的菌材层积排列，再撒些湿木屑和砂填充空隙，这样一层一层堆积，堆至略低于木箱的高度，以便浇水不流失即可。

2. 窖栽法

在室外选择没有遮阳条件的空旷场地作窖，先挖成长 1～1.5 m，深 0.5～0.8 m，宽 0.7～1 m(比菌材长度稍长)的窖，窖底整平，先平放两根长木段，再把培菌的木段架铺其上，使之有利于排水透气。第一层木段铺好后，撒上菌种材碎块，每 10 根木段撒种材 500～1 000 g。并用枯枝落叶、苔藓及腐殖质土壤填充空隙，然后再铺第二层木段、种材及枯枝落叶、苔藓、腐殖土。依次将接过种的段木分层排放在沟中，共排放 4 层，每层之间的凹隙用木屑菌种补空，并用土壤填平所有的空隙。到最后一层盖上腐殖壤土，使之堆成扁圆形覆土层。这样一直铺到接近地面，最后用腐殖质土壤覆盖，使其与地面齐平即可。窖上可盖薄膜、防止雨淋造成窖内太湿，影响发菌。

3. 堆培法

堆培法即在平地建堆培养，与窖栽法大致相同，只是不挖窖。一般适宜在有荫蔽的场地进行。要选用温暖、潮湿而又排水良好的场所，堆后要用枯枝落叶及青苔填充空隙，上面及四周除盖枯枝落叶、青苔外，还要加盖少量腐殖质土。如遇天旱，要及时浇水，保持湿润，以促进菌索生长。

（三）树桩栽培

选刚砍伐的新鲜树桩，在树干及树根上，用接种斧，打出"品"字形接种缺口，然后把栽培菌种的枝条段塞进接种口，用土覆盖，按常规方法管理。

（四）代料栽培

人工栽培利用枝条、木屑、农作物秸秆等原料，按配方（见原种培养基）称量拌料后，装入瓶中或塑料袋内，经灭菌、接种，置于 25 ℃培育蜜环菌，待菌丝及菌索长满瓶或袋后，再解口供氧，调节适宜的温度、湿度、光照，也能形成子实体。

四、采收加工

蜜环菌在子实体平展之前必须采收。采收过迟，菌盖张开，降低商品价值。采收时宜从菌柄基部整丛采收，以减少菌柄折断和菌盖破损。采收的子实体可就近鲜销，也可干制或盐渍后外销。

第三节　蜜环菌液体深层发酵培养

一、工艺流程

蜜环菌液体深层发酵工艺见图 14-3。

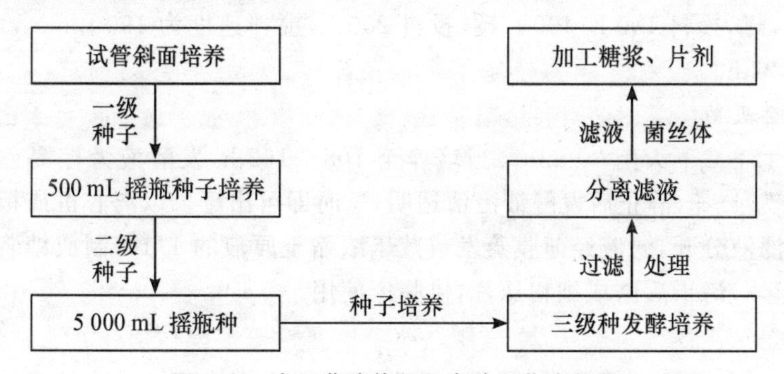

图 14-3　蜜环菌液体深层发酵工艺流程图

二、生产技术

1. 菌种选择

采用蜜环菌 Am71-3。

2. 培养基配方

①斜面培养基。去皮马铃薯 200 g(或麦麸 50 g 煮汁)切碎煮沸 30 min 过滤，滤液加入葡萄糖 20 g，琼脂 20 g，补加水至 1 000 mL，pH 值自然，溶化分装试管，消毒后放成斜面。

②种子培养基。葡萄糖 200 g，去皮马铃薯 200 g(或 50 g 麦麸)，磷酸二氢钾 1.5 g 煮汁，硫酸镁 0.75 g，补加自来水至 1 000 mL，蚕蛹粉 5.0 g，pH 值自然，维生素 B_1 10 mg。

③发酵培养基。蔗糖 2%，葡萄糖 1%，豆饼粉 1%，蚕蛹粉 1%，硫酸镁 0.075%，磷酸二氢钾 0.15%，pH 值自然。

3. 接种量

每一斜面接一摇瓶一级种子，一级种子接二级种子，接种量为 10%，二级接三级种子接种量为 5%～10%。

4. 种子培养条件

一级种子：在旋转式摇床上培养 120～148 h，温度 24～26 ℃(偏心距为 4～6 cm，转速 240 r/min)。

二级种子：在往返式摇床上(冲程 7 cm，转速 90 r/min)，培养 72～96 h，温度 26～28 ℃。

种子罐：40 L 罐，投料 20 L，26～28 ℃，搅拌速度为 200 r/min，通气量(1∶0.5)～(1∶0.3)，培养 96～120 h。

5. 发酵培养条件

200 L 罐，投料 100 L；400 L 罐，投料 250 L，搅拌速度为 190 r/min，培养时间为 168～192 h。

6. 消毒灭菌

均在 121 ℃下灭菌 30 min。当培养至 168～192 h，发酵液为棕褐色，布满菌丝，pH 值为 4～5，静止后发酵液澄清透明，这时即可出罐。以离心机或板框过滤，使菌体与滤液分开，滤液经薄膜蒸发或减压浓缩至原液的 1/10，制成糖浆供药用。滤渣(菌丝体)烤干后磨成细粉压片，供临床使用。

菌类园艺工国家职业标准

3.4　技师

职业功能	工作内容	技能要求	相关知识
四、培训指导	(一)培训	1.能够参与编写初级、中级、高级工培训教材 2.能够培训初级、中级、高级工	1.教育学基本知识 2.心理学基本知识 3.教学培训方案制定方法
	(二)指导	能够指导初级、中级、高级工的日常工作	

4.比重表

4.1　理论知识

项目		初级(%)	中级(%)	高级(%)	技师(%)
基本要求	1.职业道德	5	5	5	5
	2.基础知识	25	20	15	—
相关知识	1.食、药用菌菌种制作	30	30	30	30
	2.食、药用菌栽培	30	35	40	35
	3.食、药用菌产品加工	10	10	10	—
	4.食、药用菌菌场组建与管理	—	—	—	25
	5.培训指导	—	—	—	5
合计		100	100	100	100

4.2　技能操作

项目		初级(%)	中级(%)	高级(%)	技师(%)
技能要求	1.食、药用菌菌种制作	40	40	40	35
	2.食、药用菌栽培	45	45	45	35
	3.食、药用菌产品加工	15	15	15	—
	4.食、药用菌菌场组建与管理	—	—	—	20
	5.培训指导	—	—	—	10
合计		100	100	100	100

第十五章　食用菌常见病虫害识别与防治

知识目标

- 掌握食用菌不同生产阶段常见病虫害的识别与防治知识。

能力目标

- 能识别食用菌病虫害的种类及为害症状。
- 能制定病虫害的综合防治措施。
- 能处理生产实践中发生的病虫害并进行综合防治。

素质目标

- 能够将菌类园艺工国家职业标准与学习、实践相融合。

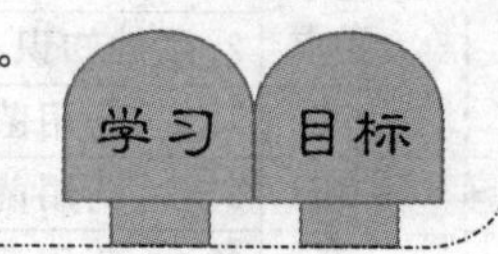

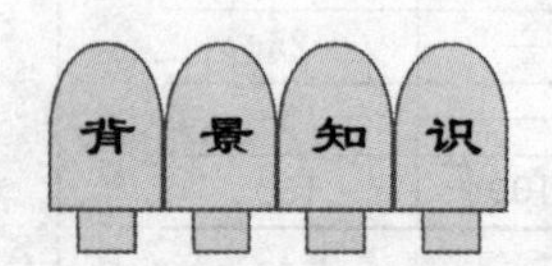

第一节　概　述

食用菌在其生长和发育过程中，会受到多种害虫、杂菌的为害，影响了食用菌的产量和品质，严重时甚至导致绝收。人工栽培的食用菌，按照发病的原因，可以分为病原性病害(侵染性病害)和生理性病害(非侵染性病害)两大类。侵染性病害具有相互传染性，由真菌、细菌、病毒等引起，其中为害最多的是竞争性杂菌。为害食用菌的害虫主要有昆虫、线虫、螨类及软体动物等，其中以双翅目的菇蚊、菇蝇类种类多，数量大，发生普遍和为害最为严重。

食用菌病虫害的防治中必须坚持“以防为主，防重于治”的原则，采取生态防治、物理防治、生物防治和化学防治相结合的综合防治措施，确保食用菌生产达到

高产、优质、高效和安全的目的。本章以菌丝体阶段(也包括栽培袋发菌阶段)和子实体阶段(包括子实体自身生长阶段和覆土栽培品种的覆土层)以及后期贮藏阶段进行划分,介绍常见的病虫害及其防治措施。

表 15-1　食用菌综合防治措施

防治措施	具体范畴	使用建议
生态防治	环境控制、原料选择使用、品种选择、栽培管理措施等	提倡多使用
物理防治	设障阻隔、灯光诱杀、日光暴晒、低温处理、高温灭菌等	提倡多使用
生物防治	利用细菌、真菌、病毒本身或其代谢产物等	未来趋势,积极倡导
化学防治	使用化学药剂进行防治	补救措施,少使用

第二节　常见病虫害识别与防治

一、菌丝体阶段常见病虫害(动物为害)的识别与防治

(一)菌丝体阶段常见病害的识别与防治

1.为害症状

与菌丝体争夺营养,分泌毒素,抑制菌丝生长,在菌丝体阶段普遍发生,造成的为害一般比较严重,具体症状见表 15-2。

表 15-2　菌丝体阶段常见病害为害症状

时期		主要表现
木霉	初期	产生灰白色棉絮状的菌丝
	中期	从菌丝层中心开始向外扩展
	后期	菌落转为深绿色并出现粉状物的分生孢子,菌落为浅绿、黄绿、蓝绿等颜色
青霉	初期	与食用菌菌丝相似,不易区分,菌落初为白色
	中期	菌落很快转为松棉絮状,气生菌丝密集
	后期	逐渐出现疏松单个的浅蓝色至绿色粉末状菌落,大部分呈灰绿色
曲霉	初期	白色绒毛状菌丝体
	中期	扩展较慢,菌落较厚
	后期	很快转为黑色或黄绿色的颗粒性粉状霉层
链孢霉	初期	菌落初为白色粉粒状
	中期	菌落很快变为橘黄色绒毛状,蔓延迅速
	后期	在培养料表面形成一层团块状的孢子团,呈橙红色或粉红色
毛霉	初期	菌落初为白色,棉絮状
	中期	老后变为黄色、灰色或浅褐色
	后期	不形成黑色颗粒状霉层(孢子囊)
根霉	初期	菌落初为白色棉絮状,菌丝白色透明,与毛霉相比,气生菌丝少
	中期	后变为淡灰黑色或灰褐色
	后期	在培养料表面形成一层黑色颗粒状霉层(孢子囊)

续表 15-2

时期		主要表现
细菌	母种	细菌菌落多为白色、无色或黄色，黏液状，常包围食用菌接种点
	培养料	呈现黏湿、色深、散发出恶臭气味
酵母菌	前期	菌落表面光滑、湿润，有黏稠性，不透明，大多呈乳白色，少数呈粉红色
	中后期	被酵母菌感染的培养料会产生浓重的酒味
黏菌	初期	黏菌营养体生长，床面出现白色、黄白色、鲜黄色或土灰色菌落，没有菌丝
	中期	继续扩展，前缘呈现扇状或羽毛状，边缘清晰
	后期	培养料变潮湿，逐渐腐烂，菌丝消失，子实体水浸状腐烂

2. 发生规律

高温、高湿、灭菌不彻底、通风不良、环境卫生差等是造成污染的主要原因；病原物一般随空气、培养料、工具、人员、覆土、水源等带入栽培环境或传播。

3. 防治措施

表 15-3　菌丝体阶段常见病害的综合防治

生态防治	物理防治	生物防治	化学防治
1. 选择适宜本地区的栽培模式 2. 选择高产、抗病、适合本地区和所选栽培模式的品种 3. 配方 C/N 合理 4. 根据栽培品种的特点和栽培季节掌握好制种和栽培的最佳时间	1. 培养料使用前要暴晒 2. 栽培环境设置防虫网、利用黑光灯诱杀 3. 创造适宜生长的环境条件	使用微生物或其代谢产物喷洒、拌料，如农用抗生素，但现在处于起步阶段	1. 使用食用菌登记使用药品 2. 不能使用禁用药品 3. 防治方法见表 15-4

表 15-4　菌丝体阶段常见病害的化学防治

药剂名称	使用方法	防治对象	农药类别
石炭酸	3%～4%溶液环境喷雾	细菌、真菌	非食用菌登记使用药品；非 2004 年 1 月欧盟禁用农药；非《中华人民共和国农药管理条例》不允许使用的药品
甲醛	环境、土壤熏蒸、患部注射	细菌、真菌	
新洁尔灭	0.25%水溶液浸泡、清洗	真菌	
高锰酸钾	0.1%药液浸泡消毒	细菌、真菌	
硫酸铜	0.5%～1%环境喷雾	真菌	
波尔多液	1%药液环境喷洒	真菌	
石灰	2%～5%溶液环境喷洒，1%～3%比例拌料	真菌	
漂白粉	0.1%药液环境喷洒	细菌	

续表 15-4

药剂名称	使用方法	防治对象	农药类别
来苏儿	0.5%～0.1%环境喷雾;1%～2%清洗	细菌、真菌	
硫磺	小环境燃烧	细菌、真菌	
多菌灵	1∶800 倍药液喷洒,0.2%比例拌料	真菌	
苯来特	1∶500 倍药液拌土;1∶800 倍药液拌料	真菌	
百菌清	0.15%药液环境喷雾	真菌	
代森锌	0.1%药液环境喷洒	真菌	
霉得克	拌料、喷雾	细菌、真菌	食用菌登记使用药品
菇丰	拌料、喷雾	木霉	
克霉灵	100 倍液拌料,30～40 倍液注射或喷雾	细菌、真菌	
优氯克霉灵	拌料、喷雾	木霉	

(二)菌丝体阶段常见虫害(动物为害)的识别与防治

1. 为害症状

菌丝体阶段常见的虫害(有害动物)主要有菇蚊、瘿蚊、菇蝇、螨类、线虫等。菇蚊、瘿蚊、菇蝇均以幼虫为害食用菌的菌丝体,螨类和线虫也直接取食菌丝。

2. 发生规律

温度适宜,湿度大,环境卫生条件差病害容易发生。

3. 防治措施

菌丝体阶段常见虫害(动物为害)的综合防治参照表 15-3,化学防治见表 15-5。

表 15-5　菌丝体阶段常见虫害的化学防治

药剂名称	使用方法	防治对象	农药类别
石炭酸	3%～4%溶液环境喷雾	成虫、虫卵	非食用菌登记使用药品、非 2004 年 1 月欧盟禁用农药、非《中华人民共和国农药管理条例》不允许使用的药品
漂白粉	0.1%药液环境喷洒	线虫	
硫磺	小环境燃烧	成虫	
50%二嗪农	1 500～2 000 倍药液喷雾	双翅目昆虫	
45%马拉松	2 000 倍药液喷雾	双翅目昆虫、跳虫	
48%乐斯本	2 000 倍药液喷雾	双翅目昆虫	
10%氯氰菊酯	2 000 倍药液喷雾	双翅目、鞘翅目昆虫	
80%敌百虫	1 000 倍药液喷雾	双翅目昆虫	
20%速灭杀丁	2 000 倍药液喷雾	双翅目昆虫	
25%菊乐合酯	1 000 倍药液拌覆土	双翅目昆虫、跳虫	
除虫菊粉	20 倍药液喷雾	双翅目昆虫	

续表 15-5

药剂名称	使用方法	防治对象	农药类别
鱼藤精	1 000 倍药液喷雾	双翅目昆虫、跳虫、鼠妇	
氨水	小环境熏蒸	双翅目昆虫、螨类	
73%克螨特	1 200～1 500 倍药液喷雾	螨类	
锐劲特	5%悬浮剂 2 000 倍药液喷雾	昆虫、螨类等	食用菌登记使用药品
菇净	1 500 倍药液喷雾	昆虫、螨类	

(三)菌丝体阶段常见生理性病害的识别与防治

菌丝体阶段常见的生理性病害主要有菌丝徒长和菌丝萎缩。

表 15-6　菌丝体阶段常见生理性病害的识别与防治

项别	原因	主要症状	防治措施
菌丝徒长	菇床的空气相对湿度过大，通风不良	气生菌丝旺盛出现	避免中午喷水、加大通风、降低
	环境和培养料温度过高	覆土层出现“菌被”	菇房温度、及时用齿耙划破徒长的菌丝层、慎重选用气生型菌株
菌丝萎缩	C/N 太低导致氨中毒	菌丝死亡	调节合理的 C/N
	发酵时间过长，培养料过于酸化腐熟	菌丝成细线状	适度发酵
	覆土喷水过多造成培养料过湿缺氧	菌丝萎缩	浇水不可过多、过急
	CO_2 浓度过高	菌丝发黄死亡	加强通风
	温度过高造成“烧菌”	菌丝萎缩、死亡	控制环境和料温适度

二、子实体阶段常见病虫害(动物为害)的识别与防治

(一)子实体阶段常见病害的识别与防治

1. 为害症状

子实体阶段常见病害如湿泡病、干泡病、软腐病、斑点病(细菌性)、鸡爪菌病等，病原菌分别为菌盖疣孢霉、菌生轮枝霉、树状甸枝霉、托拉斯假单胞杆菌、总状炭角菌其为害症状见表 15-7。其他的病害还有白色石膏霉病、褐色石膏霉病、胡桃肉状菌病等，常造成子实体分化受阻、畸形、变色、出现病斑、散发异味、腐烂等。

表 15-7 子实体阶段常见病害为害症状

项别	为害时期（部位）	主要表现
湿泡病	菇蕾	表面覆盖白色绒毛状菌丝的马勃状组织块并逐渐变褐，渗出暗褐色汁液
	菌柄	变褐，基部有绒毛状病菌菌丝
	初期	严重时分化受阻，形成畸形菇；轻度感染时，菌柄肿大出现褐色斑点
	末期	出现角状淡褐色斑点，病菇变褐腐烂渗出褐色的汁液并散发恶臭气味
干泡病	菇蕾	形成与褐腐病相似的组织块，颜色暗、质地干、不分化菌柄和菌盖
	菌盖	产生许多不规则针头大小褐色斑点，逐渐扩大产生灰白色凹陷
	菌柄	菌柄加粗变褐，外层组织剥裂
	后期	干裂枯死、菌盖畸形、菇体腐烂速度慢、不分泌褐色汁液、无特殊臭味
软腐病	初期	料面上出现一层灰白色棉毛状（也称蛛网状）菌丝，蔓延迅速
	中期	扩展至整个菇床，把子实体全部"吞没"，只看到一团白色的菌丝
	后期	菌丝水红色，蔓延至整个子实体，淡褐色水渍状软腐，不畸形，手触即倒
斑点病	初期	病斑很小，淡黄色
	中期	扩大为暗褐色圆形或梭形中间凹陷的病斑，几个到几十个，表面有菌脓
	后期	斑点干后菌盖开裂，形成不规则的子实体
软腐病	初期	菌盖上可出现淡黄色水渍状斑点
	中期	迅速扩展，当病斑遍及整个菌盖或延至菌柄，子实体变为褐色
	后期	子实体软腐，有黏性，散发出恶臭气味，湿度大时菌盖上可见乳白色菌脓
鸡爪菌病	初期	菌丝体白色，易与食用菌菌丝混淆
	中期	料袋内形成菌索，分泌黄褐色色素；覆土层中出现极其粗壮的丛生的菌索
	后期	在覆土层表面形成丛生的子实体

2. 发生规律

出菇环境高温、高湿、通风不良等是造成感染的主要原因。

3. 防治措施

子实体阶段常见病害的综合防治措施参照“表 15-3”,化学防治措施参照“表 15-4”。

(二)子实体阶段常见虫害(动物为害)的识别与防治

子实体阶段常见的虫害和有害动物主要有跳虫、蛞蝓和其他的害虫、有害动物。

1. 为害症状

跳虫为害时造成实体缺刻(也为害菌丝体,咬食菌丝使菌丝萎缩死亡);蛞蝓直接取食菇蕾、幼菇或成熟的子实体留下缺刻;为害菌丝体的害虫也为害子实体。

2. 发生规律

潮湿,有机质丰富,温、湿度适宜是造成感染的主要原因。

2. 防治规律

子实体阶段常见虫害(动物为害)的综合防治措施参照“表 15-3”,化学防治措施参照“表 15-5”。

(三)子实体阶段常见生理性病害的识别与防治

子实体阶段的生理性病害主要表现为畸形。

表 15-8 子实体阶段常见的生理性病害及防治

原因	主要症状	防治措施
CO_2 浓度高	灵芝长成鹿角状、平菇只长菌柄不长菌盖	改善环境条件,可以得到缓解或彻底改善
温度过低	香菇形成菌柄、菌盖不分化的“荔枝菇”;平菇形成“瘤盖菇”	
湿度过大	菌盖上又长出小菇蕾,出现二次分化现象	
光线不足	香菇和平菇出现菌柄偏长、菌盖过小的“高脚菇”	
用药不当	造成严重畸形	

三、贮藏期常见病虫害的识别与防治

食用菌产品在保鲜和加工后,也常常会受到病虫的为害。但由于保鲜和加工的方法和程度不同,受到的为害程度也不同。这里主要介绍干制品在贮藏期间常见虫害的识别与防治。

表 15-9 贮藏期常见的生理性病害及防治

虫害种类	为害症状	防治措施
谷蛾	边蛀边吐丝,将子实体粉末及其粪便粘在一起	保持干品干燥、环境清洁、通风
锯谷盗	幼虫和成虫为害食用菌干品,常造成菇体霉变	虫口数量大时采用化学防治

另外,长角谷盗、粉斑螟蛾、露尾虫、烟草甲虫等也常为害贮藏中的食用菌。

<table>
<tr><th colspan="6">食用菌常见病虫害病原物、有害动物组图</th></tr>
<tr><td colspan="2">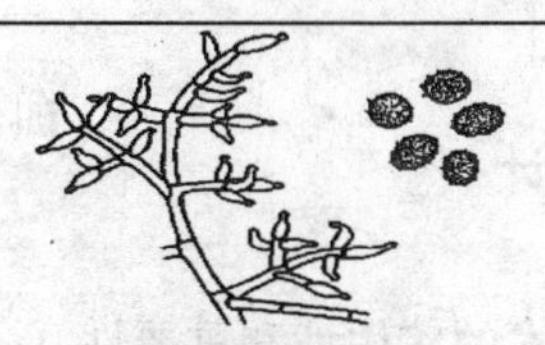
木霉微观形态</td><td colspan="2" rowspan="2">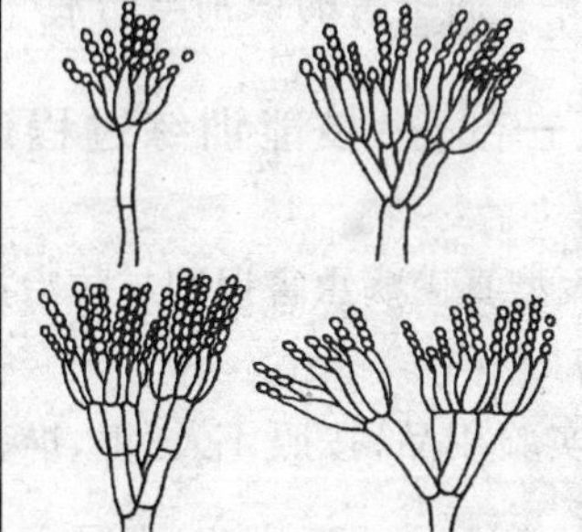
青霉微观形态</td><td colspan="2">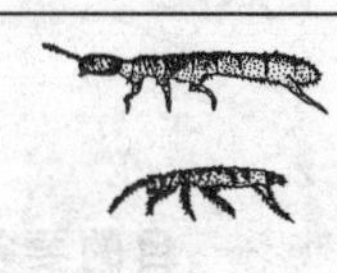
跳虫形态</td></tr>
<tr><td colspan="2">曲霉微观形态</td><td colspan="2">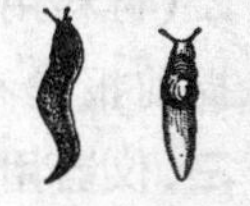
蛞蝓形态</td></tr>
<tr><td colspan="2">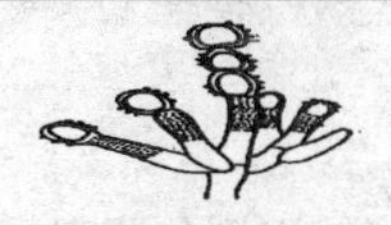
白色石膏霉微观形态</td><td colspan="2">
毛霉微观形态</td><td colspan="2">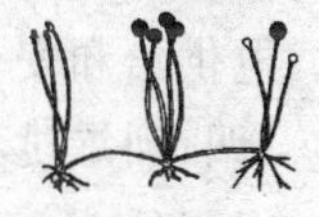
根霉微观形态</td></tr>
<tr><td colspan="2">
菇蚊形态</td><td colspan="2">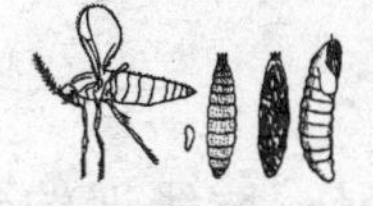
菇蝇形态</td><td colspan="2">
瘿蚊形态</td></tr>
<tr><td colspan="3">  
疣孢霉微观形态及为害症状</td><td colspan="3">
轮枝霉微观形态及为害症状</td></tr>
<tr><td colspan="2">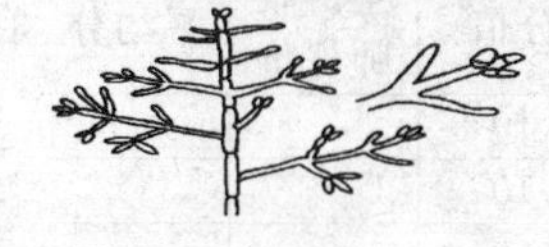
树状匍枝霉微观形态</td><td colspan="2">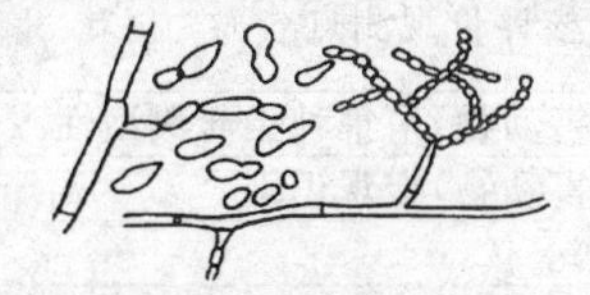
链孢霉微观形态</td><td colspan="2">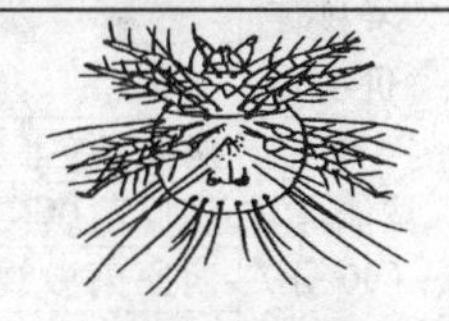
螨虫微观形态</td></tr>
<tr><td colspan="3">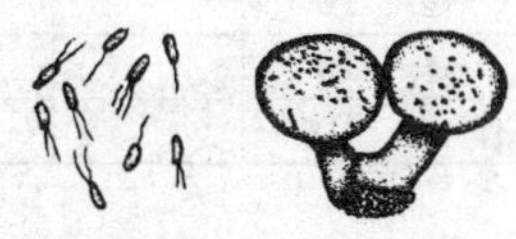
托拉斯假单胞杆菌微观形态及为害症状</td><td colspan="3">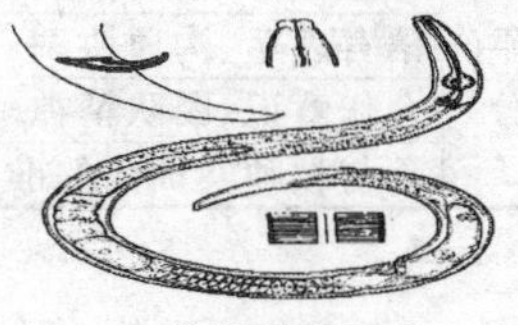
线虫微观形态</td></tr>
</table>

技能训练

实验实训 15-1:药用大型真菌主要病虫害的识别与防治

技能训练

第一部分:技能训练过程设计

一、目的要求讲解

向学生讲明药用大型真菌病虫害识别与防治技术的实用性和重要性。

二、材料用品准备

提前报批和准备实验用品;按照 4 人/组,准备 6 组实训用品。

三、仪器用具准备

按照综合实训的要求准备好仪器、材料、用具;课程开始前主讲教师和实验员要对仪器、设备、设施的使用状态进行检查和必要的维修;检查水、电供给和安全状况。

四、训练过程设计

1. 在教师演示、讲解、指导的基础上,学生进行病原菌采集、识别与鉴定。
2. 操作结束后组织学生进行演示、讲解。

五、技能训练评价(略)

六、技能训练后记(略)

第二部分:技能训练考核评价

一、基本信息(略)

二、考核评价形式与标准

1. 考核评价形式(略)
2. 考核评价标准

考核评价项目	考核评价观测点	分值	主讲教师评价	平均分
技能考核(60 分)	病原菌(害虫、有害动物)采集种类与典型性	10		
	病原菌(害虫、有害动物)宏观识别	10		
	病原菌微观鉴定	10		
	讲解效果(或实训报告)	30		
素质评价(40 分)	专业思想、学习态度	10		
	语言表达、沟通协调	10		
	合作意识、团队精神	10		
	参与教师实训前的准备和实训后的处理工作	10		

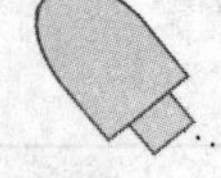
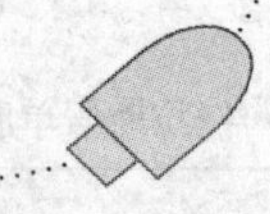

技能训练　续上页　技能训练

第三部分:技能训练技术环节

一、目的要求

在病虫害为害症状宏观观察的基础上,通过微观镜检观察进一步确认主要病虫害的种类,在此基础上能制定出配套的综合防治措施。

二、材料用品

被侵染的各级菌种、培养料、吸水纸、火柴、无菌水、乳酚油(浮载剂)、革兰氏染液、香柏油、福尔马林、橡胶手套、杀菌杀虫相关药品等。

三、仪器用具

显微镜、放大镜、解剖镜、接种针、尖头镊子、载玻片、盖玻片、酒精灯、广口瓶、捕虫网、毒瓶、量筒、量杯、塑料喷壶、医用注射器、扫除工具等。

四、方法步骤

(一)生产场地实地观察、取样

1. 病害观察

到生产场地实地观察菌种、栽培袋、子实体的病害,并取样。

2. 虫害观察

到生产场地实地观察菌种、栽培袋、子实体的病害,并取样。

3. 动物为害观察

到生产场地实地观察菌种、栽培袋、子实体的病害,并取样。

(二)室内镜检观察、诊断

1. 外观观察

取被为害的菌种、栽培袋、子实体等,用肉眼或放大镜观察,初步确定病原物种类和害虫、有害动物的种类。

2. 镜检观察

按照微生物镜检的常规操作进行显微观察,进一步确定病原物种类和害虫、有害动物的种类。

(三)综合防治

在上述实训工作的基础上,在老师的指导下以小组为单位汇总观察

 续上页

结果，确认病虫害种类，认真分析病虫害发生的原因，制定配套的综合防治措施并到为害现场具体实施。

五、实训作业

完成下表。详细记录病虫害的观察与识别情况以及所采取的综合防治措施，对防治效果进行跟踪记录。

为害症状	观察结果	防治措施	防治效果	记录人	记录时间

参考文献

[1]杨新美.中国食用菌栽培学.北京:农业出版社,1988.

[2]杨新美.食用菌研究法.北京:中国农业出版社,1998.

[3]常明昌.食用菌栽培学.北京:中国农业出版社,2003.

[4]汪昭月.食用菌科学栽培指南.北京:金盾出版社,1999.

[5]刘祖同,罗信昌.食用蕈菌生物技术及应用.北京:清华大学出版社,2002.

[6]裴黎.现代DNA分析技术理论与方法.北京:中国人民公安大学出版社,2002.

[7]邹承鲁. 当代生物学.北京:中国致公出版社,2000.

[8]孔祥彬,张春庆,许子锋.DNA指纹图谱技术在作物品种(系)鉴定与纯度分析中的应用.生物技术,2005, 15(4):74-77.

[9]吴学谦,李海波等.DNA分子标记技术在食用菌研究中的应用及进展.浙江林业科技,2004, 24(2)75-80.

[10]黄年来.中国食用菌百科.北京:农业出版社,1993.

[11]王爱成,李柏.灵芝.北京:科学技术出版社,2002.

[12]林志彬.灵芝的现代研究.北京:北京医科大学出版社,2001.

[13]王波,鲜灵.图说灵芝高效栽培关键技术.北京:金盾出版社,2004.

[14]卯晓岚,蒋长坪,欧珠次旺.西藏大型经济真菌.北京:科学技术出版社,1993.

[15]卯晓岚.中国经济真菌.北京:科学出版社,1998.

[16]王波.最新食用菌栽培技术.成都:四川科学技术出版社,2001.

[17]王传福.新编食用菌生产手册.郑州:中原农民出版社,2002.

[18]张金霞.食用菌安全优质生产技术.北京:中国农业出版社,2004.

[19]谢宝贵,吕作舟,江玉姬.食用菌贮藏与加工实用技术.北京:中国农业出版社,1994.

[20]张晓云,李朝谦,杨春清.不同生长期赤灵芝子实体含量变化研究.食用菌,2008(1):10-11.

[21]徐德华.一种特制灵芝酒的试制报告.怀化师专学报,1996(10):179-182.

[22]张金霞,郑素月.中国的食用菌栽培种类概况.第二届中国蘑菇节暨亚洲食用菌质量标准与国际贸易论坛.漳州,2008,176-180.

[23]黄年来.食用菌病虫害防治手册.北京:中国农业出版社,2001.

[24]丁湖广.云芝的特性及人工栽培技术.特种经济动植物.2004(7):39.

[25]周选围,林娟.云芝的特性及人工栽培技术.中国林副特产.1999,51(4):23-24.

[26]刘松根.云芝肝泰软胶囊工艺研究及质量控制.海峡药学.2007,19(6):29-30.

[27]国家食品药品监督管理局.云芝肝泰胶囊.国家中成药汇编.中成药地方标准上升国家标准部分内科、肝胆分册,2002.

[28]国家药典委员会.中华人民共和国药典2005年版一部.北京:化学工业出版社,2005.

[29]张向荣,琚小龙,等.苯酚-硫酸法测定云芝多糖含量.基层中药杂志,2002,16(4):8-10.

[30]丁自勉.灵芝.北京:中国中医药出版社,2001.

[31]兰进,徐锦堂,贺秀霞.药用真菌栽培实用技术.北京:中国农业出版社,2001.

[32]林树钱.中国药用菌生产与产品开发.北京:中国农业出版社,2001.

[33]陈士瑜.珍稀菇菌栽培与加工.北京:金盾出版社,2003.

[34]郭维利.食用药用菌和发酵产品生产技术.北京:科学技术文献出版社,1991.

[35]洪震.食用菌细菌实验技术及发酵生产.北京:中国农业科技出版社,1992.

[36]崔颂英.食用菌生产与加工.北京:中国农业大学出版社,2007.

[37]黄毅.食用菌栽培(上、下册).北京:高等教育出版社,1998.

[38]吕作舟.食用菌无害化栽培与加工.北京:化学工业出版社,2008.

[39]丁湖广,丁荣峰.15种名贵药用真菌栽培实用技术.北京:金盾出版社,2006.

[40]吕作舟.食用菌栽培学.北京:高等教育出版社,2006.

[41]高杰,等.茯苓多糖提取方法研究.吉林中医药,2007(9).

[42]张璐,刘强.茯苓多糖制备工艺及药理作用研究进展.中国实验方剂学杂志,2006,12(4):61-63.

[43]薛正莲,欧阳明,王岚岚.茯苓菌液体培养条件的优化及其多糖的提取.工

业微生物,2006,36(2):44-47.

[44]林标声,杨生玉,胡晓冰,等. 茯苓液体培养法中羧甲基茯苓多糖(CMP)的提取、纯化及鉴定. 河南大学学报(自然科学版),2008,38(3):296-300.

[45]付杰,王克勤,方红,等. 茯苓药源及生产栽培现状. 中药研究与信息,2002,4(2):24-25.

[46]王德芝. 食用菌生产技术 . 北京:中国轻工业出版社,2007.

[47]林晓民,李振岐。中国大型真菌的多样性. 北京:中国农业出版社,2005.

[48]潘崇环. 食用菌优质高效栽培指南. 北京:中国农业出版社,2000.

[49]马向东,陈红歌. 食用菌栽培新技术. 郑州:河南大学出版社,2002.

[50]张松. 食用菌学. 广州:华南理工大学出版社,2000.

[51]吴经纶,等. 中国香菇生产. 北京:中国农业出版社,2000.

[52]郭美英. 中国金针菇生产. 北京:中国农业出版社,2000.

[53]朱兰宝. 中国黑木耳生产. 北京:中国农业出版社,2000.

[54]徐锦堂. 中国药用真菌学. 北京:北京医科大学、中国协和医科大学联合出版社,1997.

[55]李庆典. 药用真菌高效生产新技术. 北京:中国农业出版社,2006.

[56]徐锦堂. 药用植物栽培与药用真菌培养研究. 北京:地质出版社,2006.

图书在版编目(CIP)数据

药用大型真菌生产技术/崔颂英主编. —北京:中国农业大学出版社,2009.9
高职高专教育“十一五”规划教材
ISBN 978-7-81117-839-5

Ⅰ.药… Ⅱ.崔… Ⅲ.药用菌类:菌类植物-栽培 Ⅳ.S567.3

中国版本图书馆 CIP 数据核字(2009)第 138169 号

书　　名 药用大型真菌生产技术
作　　者 崔颂英　主编

策划编辑 姚慧敏　陈巧莲　伍　斌　　**责任编辑** 姚慧敏
封面设计 郑　川　　**责任校对** 王晓凤　陈　莹
出版发行 中国农业大学出版社
社　　址 北京市海淀区圆明园西路 2 号　　**邮政编码** 100193
电　　话 发行部 010-62731190,2620　　读者服务部 010-62732336
编辑部 010-62732617,2618　　出　版　部 010-62733440
网　　址 http://www.cau.edu.cn/caup　　**e-mail** cbsszs @ cau.edu.cn
经　　销 新华书店
印　　刷 北京时代华都印刷有限公司
版　　次 2009 年 9 月第 1 版　　2009 年 9 月第 1 次印刷
规　　格 787×980　16 开本　18.25 印张　330 千字　彩插 2
定　　价 28.00 元

图书如有质量问题本社发行部负责调换